普通高等职业教育计算机系列规划教材

计算机应用基础教程
（Windows 7+Office 2010）
（第2版）

卢 珊　杨 玲　朱晓萍　主　编

李 艳　姚 灵

刘 薇　常明迪　副主编

电子工业出版社

Publishing House of Electronics Industry

北京·BEIJING

前言 Preface

计算机应用基础是高等院校及高等职业院校开设范围最广的一门计算机公共课程。本书根据理论和实践为一体的教学模式,以"培养计算机应用能力与信息素养"为教学目标,以实际案例的应用,结合知识要点循序渐进地进行编写,通过步骤详解,最后完成从样品到作品的教学过程,最终使学生能够独立创作出自己的作品。为学生了解信息技术的发展趋势、熟悉计算机操作环境及工作平台、具备使用常用工具软件处理日常事务和培养学生必要的信息素养等奠定良好的基础。

本书的内容是根据近几年计算机基础课程教学改革后,对计算机应用基础教材从内容到组织模式更加符合当前高职教育教学的需要来确定的。全书共 5 章,包括:计算机基础知识及中文 Windows 7 的使用、计算机网络及 Internet 基础、文字处理软件 Word 2010 的使用、电子表格软件 Excel 2010 的使用和演示文稿软件 PowerPoint 2010 的使用。办公软件章节后面有相应的实训任务,部分章节有相关知识点的扩展,保证知识的系统性、完整性,还能拓宽知识面。

教材中的实例、实训的安排体现了编者的良苦用心,目的是提升学生的学习兴趣,进而提高学生的动手能力。同时很多素材来源于校园、来源于学生生活,让学生在学习的同时了解学校、热爱生活。

本书是辽宁省交通高等专科学校信息工程系计算机基础教研室全体教师集体智慧的结晶,由卢珊、杨玲、朱晓萍担任主编,李艳、姚灵、刘薇、常明迪担任副主编,其他参编人员有白夏清、张翠玲、王亚美、单立娟、赵春亮、白明宇、郗江月、张一豪、时延鹏、杨瑛。

本书后三章的教学内容是相对独立的,在教学过程中可根据实际情况确定顺序。

高职教育的发展需要参与者,更需要改革、探索者。我们会不断总结高职高专教学成果,探索高职高专教材的建设规律。

为了方便教师教学,本书配有电子教学课件及相关资源,请有此需要的教师登录华信教育资源网(www.hxedu.com.cn)注册后进行免费下载,如有问题可在网站留言板留言或与电子工业出版社(hxedu@phei.com.cn)和编者(yl2007@lncc.edu.cn)联系。

教材建设是一项系统工程,需要在实践中不断加以完善及改进,书中难免存在疏漏和不足,恳请读者给予批评和指正。

编 者

目录 Contents

第1章 认识计算机与操作系统的使用 (1)
- 1.1 认识计算机 (1)
  - 1.1.1 计算机的诞生与发展 (1)
  - 1.1.2 计算机系统构成 (3)
- 1.2 操作系统的使用 (8)
  - 1.2.1 Windows 7 基础 (8)
  - 1.2.2 管理文件和文件夹 (15)
  - 1.2.3 控制面板 (20)
  - 1.2.4 附件 (25)
- 1.3 键盘与指法基准键位练习 (27)
  - 1.3.1 键盘结构 (27)
  - 1.3.2 指法基准键位 (28)
  - 1.3.3 指法和指法基础键位练习 (30)
  - 1.3.4 中文输入 (30)

第2章 网络应用与安全 (32)
- 2.1 组建网络共享资源 (32)
  - 2.1.1 TCP/IP 通信协议概述 (32)
  - 2.1.2 配置家庭网络 (33)
  - 2.1.3 共享文件夹、打印机 (38)
- 2.2 访问互联网 (41)
  - 2.2.1 什么是 Internet (41)
  - 2.2.2 接入 Internet (41)
  - 2.2.3 浏览器的使用 (44)
  - 2.2.4 电子邮件 (48)
  - 2.2.5 搜索引擎的使用 (52)
- 2.3 网络常用软件 (52)
  - 2.3.1 压缩/解压工具软件 (52)
  - 2.3.2 下载工具软件 (53)

2.4 网络安全 ··· (56)
　　2.4.1 网络安全的重要性及面临的威胁 ··· (56)
　　2.4.2 计算机病毒及其防治 ··· (56)
2.5 网络实训 ··· (59)

第3章 Word 2010 的使用 ·· (61)

3.1 Word 2010 入门 ·· (61)
　　3.1.1 启动 Word 2010 与退出 ·· (61)
　　3.1.2 Word 2010 窗口介绍 ·· (62)
　　3.1.3 Word 2010 界面环境设置 ·· (63)
　　3.1.4 文档的基本操作 ·· (66)
3.2 案例1——制作公文 ··· (71)
　　3.2.1 案例说明 ··· (71)
　　3.2.2 制作步骤 ··· (72)
　　3.2.3 相关知识点 ·· (76)
3.3 案例2——科技小论文排版 ·· (81)
　　3.3.1 案例说明 ··· (81)
　　3.3.2 制作步骤 ··· (82)
　　3.3.3 相关知识点 ·· (86)
3.4 案例3——图文混排 ··· (87)
　　3.4.1 案例说明 ··· (88)
　　3.4.2 制作步骤 ··· (88)
　　3.4.3 相关知识点 ·· (99)
3.5 案例4——求职登记表与工资统计表 ·· (101)
　　3.5.1 案例说明 ··· (102)
　　3.5.2 案例4A：制作求职信息登记表 ··· (102)
　　3.5.3 案例4B：计算工资统计表 ·· (105)
　　3.5.4 相关知识点 ·· (110)
3.6 案例5——长文档排版 ·· (115)
　　3.6.1 案例说明 ··· (115)
　　3.6.2 制作步骤 ··· (116)
　　3.6.3 相关知识点 ·· (123)
3.7 案例6——利用邮件合并制作批量信函 ··· (128)
　　3.7.1 案例说明 ··· (128)
　　3.7.2 制作步骤 ··· (129)
　　3.7.3 工资条的制作 ·· (133)
　　3.7.4 相关知识点 ·· (135)
3.8 综合实训 ··· (139)

第4章 Excel 2010 的使用 ··· (149)

4.1 案例1——制作职工档案表 ·· (149)
　　4.1.1 案例说明 ··· (149)

		4.1.2 制作步骤	（150）
		4.1.3 相关知识点	（155）
	4.2	案例 2——学生成绩表	（162）
		4.2.1 案例说明	（162）
		4.2.2 制作步骤	（162）
		4.2.3 相关知识点	（170）
	4.3	案例 3——学生成绩统计表	（172）
		4.3.1 案例说明	（173）
		4.3.2 制作步骤	（173）
		4.3.3 相关知识点	（179）
	4.4	案例 4——图表	（183）
		4.4.1 案例说明	（183）
		4.4.2 制作步骤	（183）
		4.4.3 相关知识点	（192）
	4.5	案例 5——销售清单	（193）
		4.5.1 案例说明	（194）
		4.5.2 制作步骤	（194）
		4.5.3 相关知识点	（201）
	4.6	综合实训	（202）
第 5 章	PowerPoint 2010 的使用		（209）
	5.1	案例 1——果蔬趣图欣赏	（209）
		5.1.1 案例说明	（209）
		5.1.2 制作步骤	（210）
		5.1.3 相关知识点	（215）
	5.2	案例 2——春节贺卡	（218）
		5.2.1 案例说明	（219）
		5.2.2 制作步骤	（219）
		5.2.3 相关知识点	（225）
	5.3	案例 3——电影倒计时动画	（228）
		5.3.1 案例说明	（229）
		5.3.2 制作步骤	（229）
		5.3.3 相关知识点	（232）
	5.4	案例 4——动态数据图表制作	（235）
		5.4.1 案例说明	（235）
		5.4.2 制作步骤	（236）
		5.4.3 相关知识点	（239）
	5.5	综合实训	（241）
参考文献			（247）

第1章 认识计算机与操作系统的使用

1.1 认识计算机

计算机（Computer）全称通用电子数字计算机，俗称电脑，是一种能够按照程序运行，自动、高速处理海量数据的现代化智能电子设备。"通用"是指计算机可服务于多种用途，"电子"是指计算机是一种电子设备，"数字"是指在计算机内部一切信息均用 0 和 1 的编码来表示。计算机的出现是 20 世纪最卓越的成就之一，极大地促进了生产力的发展。

1.1.1 计算机的诞生与发展

从古老的"结绳记事"，到算盘、加法器等，人类的计算工具一直在不断地被发明和改进，早期的计算机大多是机械式的，随着科学技术的发展，计算机的计算速度更快、精度更高。

1. 第一台电子计算机

阿塔纳索夫-贝瑞计算机（Atanasoff-Berry Computer，ABC）是世界上第一台电子计算机，是艾奥瓦州立大学的约翰·文森特·阿塔纳索夫（John Vincent Atanasoff）和他的研究生克利福特·贝瑞（Clifford Berry）在 1937 年至 1941 年间开发的。

2. 第一台得到应用的电子计算机

第二次世界大战期间，美国军方为了解决计算大量军用数据的难题，成立了由宾夕法尼亚大学的莫奇利和埃克特领导的研究小组。经过三年紧张的工作，ENIAC 在 1946 年 2 月 14 日问世，标志着电子计算机时代的到来，如图 1-1 所示。ENIAC 证明电子真空技术可以大大地提高计算速度。

基本参数：重达 30 吨；每秒 5000 次加法运算；耗电 150 千瓦/小时；18800 个电子管；占地 170 平方米。

不过，ENIAC 本身存在两大缺点：①没有存储器；②它用布线接板进行控制，甚至要搭接几天，计算速度也就被这一工作抵消了。

3. 冯·诺依曼计算机

现在使用的计算机，其基本工作原理是存储程序和程序控制，它是由世界著名数学家冯·诺依曼提出的，因此，冯·诺依曼被称为"计算机之父"。简单来说，冯·诺依曼的精髓贡献有两点：二进制思想与程序内存思想。EDVAC（Electronic Discrete Variable Automatic Computer，离散变量自动电子计算机）方案明确奠定了新机器由五个部分组成，包括运算器、逻辑控制装置、存储器、输入和输出设备，并描述了这五部分的职能和相互关系。设计思想之一是二进制，他根据电子元件双稳工作的特点，建议在电子计算机中采用二进制。程序内存是冯·诺伊曼的另一杰作。冯·诺伊曼提出了程序内存的思想：把运算程序存放在机器的存储器中，程序设计员只需要在存储器中寻找运算指令，机器就会自行计算，这样，就不必每个问题都重新编程，从而大大加快了运算进程。这一思想标志着自动运算的实现，标志着电子计算机的成熟，已成为电子计算机设计的基本原则。

著名的"冯·诺依曼计算机"，标志着电子计算机时代的真正开始，指导着以后的计算机设计。自然界的一切事物总是在发展着，随着科学技术的进步，今天人们又认识到"冯·诺依曼计算机"的不足，它妨碍着计算机速度的进一步提高，于是有人提出了"非冯·诺依曼"计算机的设想。

4. 计算机的普及与推广

现代计算机的发展经历了四个阶段，分别是电子管时代（1946—1958 年）、晶体管时代（1959—1964 年）、中小规模集成电路（1965—1970 年）、大规模超大规模集成电路（1971 年至今）。直到 1981 年 IBM 公司推出微型计算机也就是 PC，应用于学校和家庭，计算机才开始普及。1984 年 1 月，Apple（苹果）的 Macintosh（麦金塔）发布。图形用户界面与鼠标、网络，促使计算机民用普及。图 1-2 所示为第一只鼠标和它的发明者 Douglas Englebart 博士。

图 1-1　ENIAC

图 1-2　第一只鼠标及其发明者

5. 计算机的应用现状

当今，说到计算机的应用基本上都要与网络结合，资源与服务更大范围的整合，为计算机的发展与应用提供了前所未有的空间。笔记本、平板电脑、掌上电脑、超级本等被越来越多普通人拥有和使用，新的技术与概念也不断推出，比如云计算（cloud computing），是基于互联网的相关服务的增加、使用和交付模式，通常涉及通过互联网来提供动态易扩展且经常是虚拟化的资源。云是网络、互联网的一种比喻说法。过去在图中往往用云来表示电信网，后来也用云来表示互联网和底层基础设施的抽象。狭义云计算指 IT 基础设施的交付和使用模式，即通过网络以按需、易扩展的方式获得所需资源；广义云计算指服务的交付和使用模式，即通过网络以按需、易扩展的方式获得所需服务。这种服务可以是 IT 和软件、互联网相关，也可是其他服务。它意味着计算能力也可作为一种商品通过互联网进行流通。IT 行业的高速发展也成就了一批著名的公司，比如微软、苹果、Facebook 等。

6. 计算机未来的发展趋势

基于集成电路的计算机短期内还不会退出历史舞台。但一些新的计算机正在加紧研究，这些计算机是：超导计算机、纳米计算机、光计算机、DNA 计算机和量子计算机等。目前推出的一种新的超级计算机采用世界上速度最快的微处理器之一，并通过一种创新的水冷系统进行冷却。IBM 公司 2001 年 8 月 27 日宣布，他们的科学家已经制造出世界上最小的计算机逻辑电路，也就是一个由单分子碳组成的双晶体管元件。这一成果将使未来的计算机芯片变得更小、传输速度更快、耗电量更少。2012 年 4 月，麻省理工大学的唐爽与其导师崔瑟豪斯找到了另外一种合金材料"铋锑合金薄膜"，它不仅具有多数石墨烯的特殊性质，还有一些更为复杂和有趣的特殊功能和性质。比如，一旦这种材料制成计算机芯片，其速度将会比现有硅材料的芯片快很多倍，电子在这种新材料中的传播速度将比在硅中快几百倍。科学界预计，这种铋锑合金薄膜材料极有可能成为下一代计算机芯片和热电发电机的革命性材料。

1.1.2 计算机系统构成

完整的计算机系统由硬件系统和软件系统两大部分组成，硬件（Hardware）指组成计算机的物理器件，是计算机系统的物质基础。软件（Software）指运行在硬件系统之上的管理、控制和维护计算机外部设备的各种程序、数据以及相关文档的总称。微型计算机系统构成示意图如图 1-3 所示。

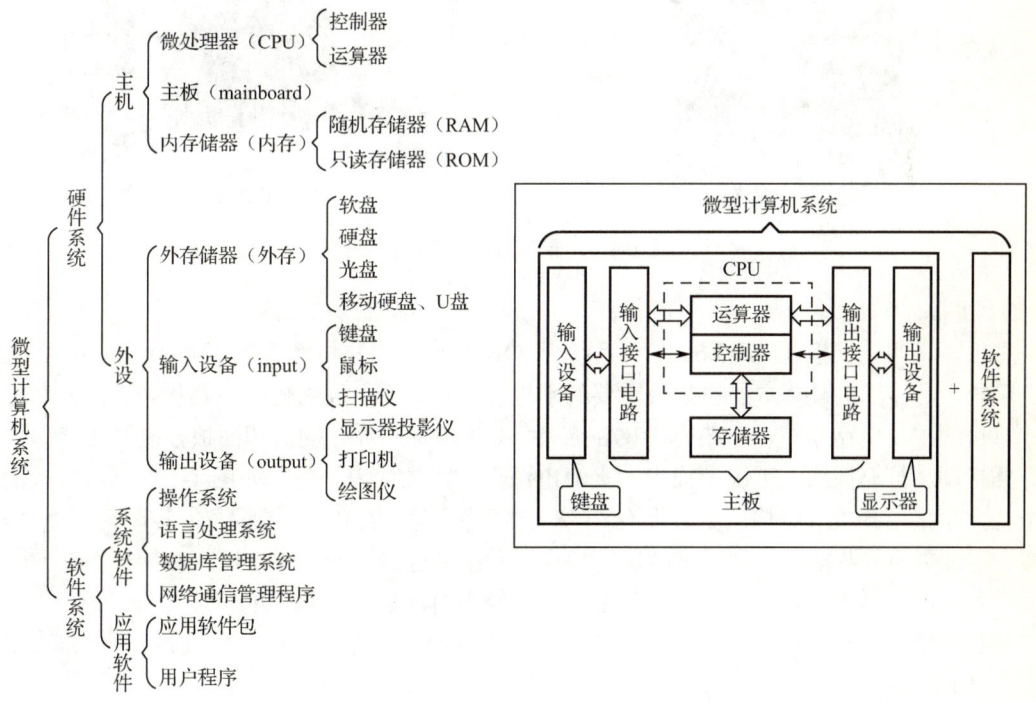

图 1-3 微型计算机系统构成

课堂练习 1-1：利用"设备管理器"查看计算机硬件配置：处理器型号；内存大小；显卡

型号；操作系统类型等信息。

1. 打开设备管理器

方法一：在桌面的"计算机"图标上右击鼠标，选择"属性"选项，在计算机"属性"面板中可以看到计算机的系统属性和"设备管理器"的内容。

方法二：在桌面的"计算机"图标上右击鼠标，选择"管理"选项，从计算机"管理"面板左侧窗格中可以单击"设备管理器"按钮。

方法三：单击"开始"菜单选择"控制面板"选项，将"控制面板"窗口的查看方式切换为"小图标"后即可看见"设备管理器"按钮。

2. 计算机硬件

（1）主机。

主机包括中央处理器（CPU）、内存、主板（总线系统）等，这些硬件都插放于计算机机箱中，所以有人把计算机分成机箱和显示器两部分，即用机箱代指主机，当然，这种说法并不准确。如图1-4所示为机箱背面的各种接口与计算机主机内部结构。

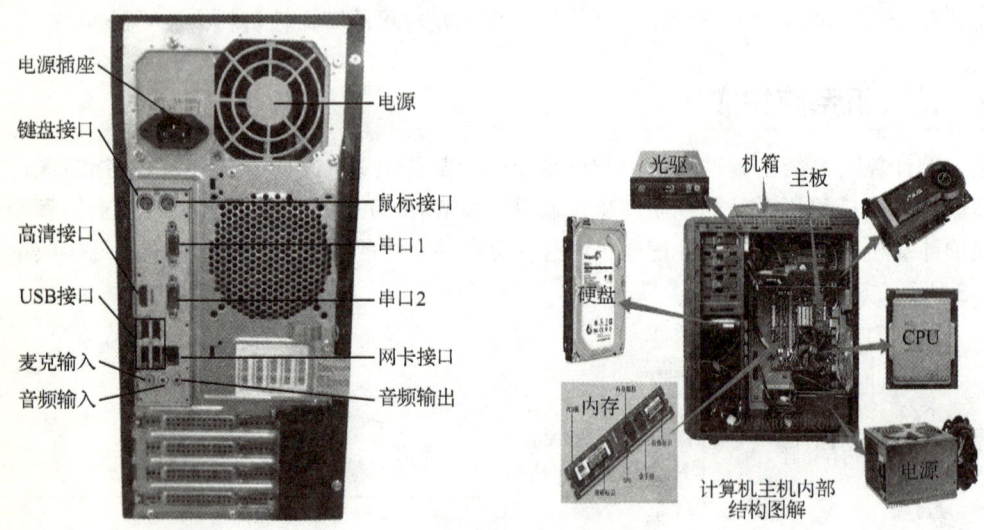

图1-4 机箱接口及内部结构

① 主板。

主板，又叫主机板（Mainboard）、系统板（Systemboard）和母板（Motherboard）；它安装在机箱内，是计算机最基本的也是最重要的部件之一。主板一般为矩形电路板，上面安装了组成计算机的主要电路系统，一般有BIOS芯片、I/O控制芯片、键盘和面板控制开关接口、指示灯插接件、扩充插槽、主板及插卡的直流电源供电接插件等元件，如图1-5所示。主板的另一个特点是采用开放式结构。主板上有6~8个扩展插槽，供PC外围设备的控制卡（适配器）插接。通过更换这些插卡，可以对微机的相应子系统进行局部升级，使厂家和用户在配置机型方面有更大的灵活性。总之，主板在整个微机系统中扮演着举足轻重的角色。可以说，主板的类型和档次决定着整个微机系统的类型和档次，主板的性能影响着整个微机系统的性能。

② CPU。

CPU是Central Processing Unit的缩写，即中央处理器，是计算机中最关键的部件，它由控制器、运算器、寄存器组和辅助部件组成。几种类型的CPU芯片如图1-6所示。

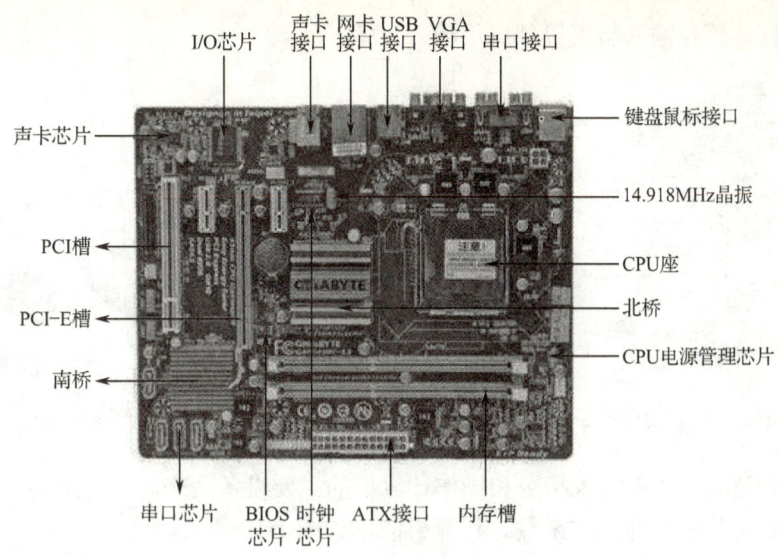

图 1-5 主板

③ 内存。

内存储器（简称内存或主存）是计算机的记忆部件，负责存储临时的程序和数据，如图 1-7 所示。

图 1-6 几种类型的 CPU　　　　　图 1-7 内存

CPU 能直接访问内存。ROM 存放固定不变的程序、数据和系统软件，其中的信息只能读出不能写入，断电后信息不会丢失。RAM 是一种读/写存储器，其内容可以根据需要随时读出或写入，断电后信息丢失。

(2) 外设。

① 外存。

外存储器也称辅助存储器，简称外存或辅存。

外存的容量比主存大、读取速度较慢、通常用来存放需要永久保存的或暂时不用的各种程序和数据。外存设备种类很多，目前计算机常用的外存包括硬盘存储器、只读光盘（CD-ROM）存储器，以及 USB 接口存储器——U 盘、移动硬盘，还有存储卡，如图 1-8 和图 1-9 所示。

② 输入设备。

向计算机输入数据和信息的设备是计算机与用户或其他设备通信的桥梁。输入设备是用户和计算机系统之间进行信息交换的主要装置之一。键盘、鼠标、摄像头、扫描仪、光笔、手写输入板、游戏杆、语音输入装置等都属于输入设备。

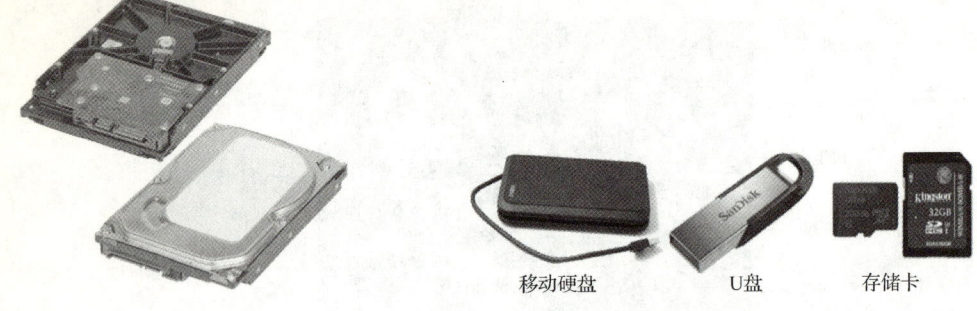

图 1-8　硬盘存储器　　　　　图 1-9　移动硬盘、U 盘和存储卡

键盘：键盘是给计算机输入指令和操作计算机的主要设备之一，中文汉字、英文字母、数字符号以及标点符号就是通过它来输入计算机的，如图 1-10 所示。

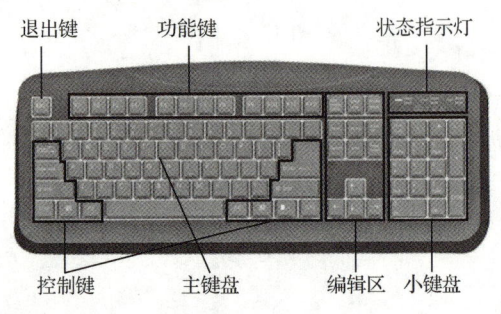

图 1-10　键盘

鼠标：鼠标是计算机的基本控制输入设备，比键盘更易用。这是由于 Windows 具有的图形特性需要用鼠标指定并在屏幕上移动点击决定的。图 1-11 展示了有线鼠标和无线鼠标的外观。

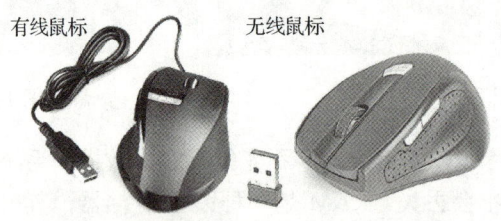

图 1-11　鼠标

扫描仪：扫描仪（见图 1-12）是一种计算机外部设备，通过捕获图像并将之转换成计算机可以显示、编辑、存储和输出的数字化输入设备。照片、文本页面、图纸、美术图画、照相底片、菲林软片，甚至纺织品、标牌面板、印制板样品等都可作为扫描对象。

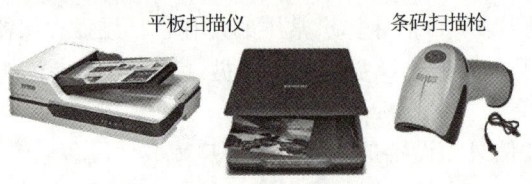

图 1-12　扫描仪

③ 输出设备。

显示器：显示器（见图 1-13）通常也被称为监视器，根据制造材料的不同，可分为阴极射线管显示器（CRT）、液晶显示器 LCD、等离子显示器 PDP 等。

打印机：日常工作中往往需要把在计算机里生成的文档和图片打印出来，这就需要使用打印机来完成。常用打印机的种类如图 1-14 所示。

图 1-13　显示器

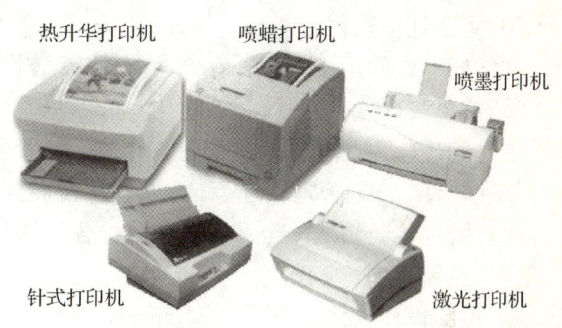

图 1-14　打印机

3. 计算机软件基础

计算机软件是计算机系统中与硬件相互依存的另一部分，是包括程序、数据及相关文档的完整集合，软件分类如图 1-15 所示。

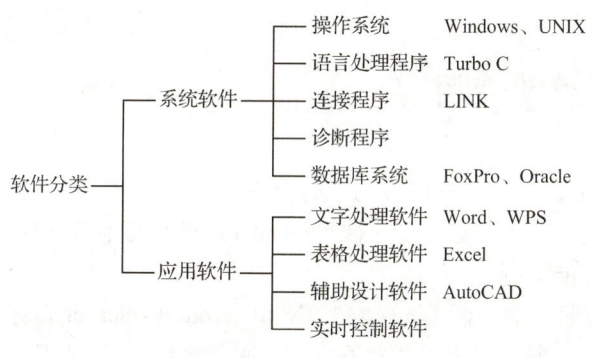

图 1-15　软件分类

（1）系统软件。

系统软件是管理、控制和维护计算机，使其高效运行的软件。它包括操作系统、数据库管理系统、编译系统和系统工具软件。

① 操作系统：计算机软件中最重要的程序，用来管理和控制计算机系统中的硬件和软件资源。比如，Microsoft 公司的 Windows、IBM 公司的 OS/2 等都是优秀的操作系统。

② 数据库管理系统：对计算机中所存放的大量数据进行组织、管理、查询并提供一定处理功能的大型系统软件。

当前数据库管理系统可以划分为两类：一类是小型的数据库管理系统，如 Visual FoxPro；另一类是大型的数据库管理系统，如 SQL Sever、Oracle 等。

③ 编译系统：必须和计算机语言及计算机程序设计结合起来，将各种高级语言编写的源程序翻译成机器语言表示的目标程序的软件，如 C++语言、BASIC 语言等。

④ 系统工具：指为了帮助用户使用与维护计算机，提供服务性手段，支持其他软件开发而编制的一类程序，主要有工具软件、编辑程序、调试程序、诊断程序等。

（2）应用软件。

应用软件是为了某种特定的用途而开发的软件。它可以是一个特定的程序（如一个图像浏览器），也可以是一组功能联系紧密、可以互相协作的程序的集合（如微软的 Office 软件）。按照功能，大致可以将应用软件划分为 4 类。

① 文字处理软件。

文字处理软件用于输入、存储、修改、编辑、打印文字材料等，例如 Word、WPS 等。

② 信息管理软件。

信息管理软件用于输入、存储、修改、检索各种信息，如工资管理软件、人事管理软件、仓库管理软件、计划管理软件等。这些软件发展到一定水平后，各个单项的软件相互联系起来，计算机和管理人员组成一个和谐的整体，各种信息在其中合理地流动，形成一个完整、高效的管理信息系统，简称 MIS。

③ 辅助设计软件。

辅助设计软件用于高效绘制、修改工程图纸，进行设计中的常规计算，根据需求寻求好的设计方案。

④ 实时控制软件。

实时控制软件用于随时搜集生产装置、飞行器等的运行状态信息，以此为依据按预定的方案实施自动或半自动控制，安全、准确地完成任务。

1.2 操作系统的使用

操作系统（OS）是管理计算机硬件与软件资源的程序，用来实现计算机资源管理，程序控制和人机交互等功能；是直接运行在"裸机"上的最基本的系统软件，任何其他软件都必须在操作系统的支持下才能运行。

常用操作系统：在服务器方面 Linux、UNIX 和 Windows Server 占据了市场的大部分份额；在超级计算机方面，Linux 取代 UNIX 成为了第一大操作系统；个人电脑方面常用的有 Windows、UNIX、Mac OS、Linux 操作系统等。

Windows 操作系统是一款由美国微软公司开发的窗口化操作系统，它问世于 1985 年，采用了 GUI 图形化操作模式，比起从前的指令操作系统如 DOS 更为人性化。Windows 操作系统是目前世界上使用最广泛的操作系统，最新的版本是 Windows 10。本书着重介绍 Windows 7 操作系统（旗舰版）。

1.2.1 Windows 7 基础

Windows 7 是由微软公司（Microsoft）开发的操作系统，内核版本号为 Windows NT 6.1。Windows 7 可供家庭及商业工作环境、笔记本电脑、平板电脑、多媒体中心等使用。Windows

7 也延续了 Windows Vista 的 Aero 风格，并且在此基础上增添了些许功能。

1. Windows 7 的安装

Windows 7 有三种方式：升级安装、全新安装、多系统共享安装。

2. Windows 7 的启动与退出

启动已安装好 Windows 7 操作系统的计算机，计算机自检完成后，计算机进入 Windows 7 界面，即登录到 Windows 7 操作系统。Windows 7 安装后初始启动时，桌面只有"计算机""回收站"、Internet Explorer 图标，如图 1-16 所示。

图 1-16　Windows 7 初始界面

Windows 7 是一个单用户多任务的操作系统，有时前台运行一个程序，后台可能还同时运行多个程序，所以必须按照正确的步骤退出系统，否则可能造成升序数据和处理信息的丢失，严重时可能会损坏系统。正常的退出步骤如下：

① 保存所有应用程序的处理结果，关闭正在运行的应用程序。

② 单击"开始"菜单中的"关机"按钮，如图 1-17 所示，即可退出 Windows 7。

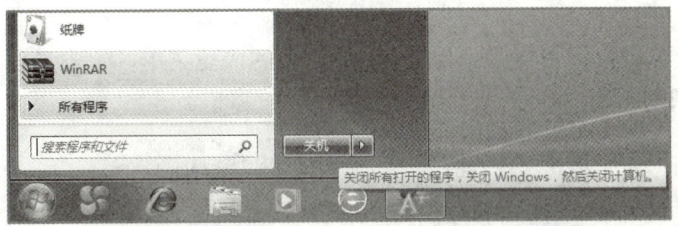

图 1-17　"开始"菜单弹出窗口

在单击"关机"按钮，退出 Windows 7 之前，还可以将鼠标指向"关机"按钮右侧的▶按钮，如图 1-18 所示，然后在弹出菜单中选择对应的命令。

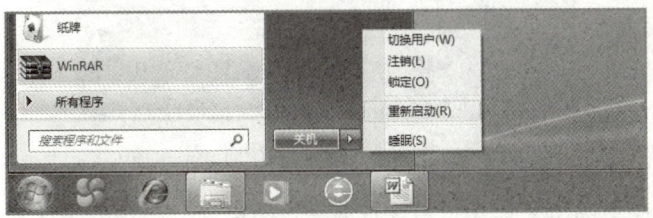

图 1-18　"关机"菜单窗口

- 单击"切换用户（W）"按钮，将当前用户切换到其他用户。
- 单击"注销"按钮，将注销当前已注册的用户并关闭所使用的所有程序。
- 单击"锁定"按钮，计算机进入待机状态（计算机的待机状态是系统将当前状态保存于内存中，然后退出系统，此时电源消耗降低，维持 CPU、内存和硬盘最低限度的运行；按任意键可以激活系统，计算机迅速从内存中调入待机前状态进入系统，这是重新开机最快的方式，但是系统并未真正关闭，适用短暂停止）。
- 单击"重新启动（R）"按钮，重新进入 Windows 7。
- 单击"睡眠"按钮，表示暂不退出 Windows 7。

3. Windows 7 桌面

Windows 7 窗口界面叫做桌面，如图 1-19 所示。

图 1-19　Windows 7 桌面

在桌面空白处单击鼠标右键弹出如图 1-20 所示的快捷菜单，单击最后一个选项"个性化（R）"，则会打开如图 1-21 所示的"个性化"属性设置窗口。

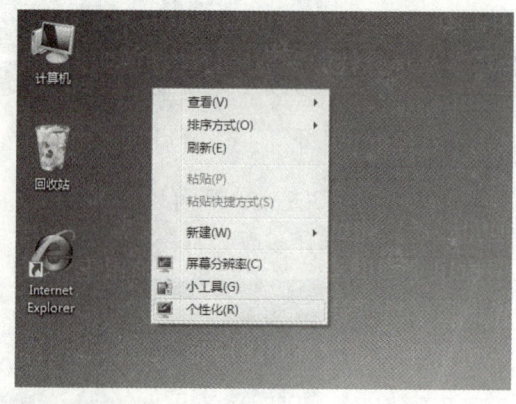

图 1-20　单击右键弹出的快捷菜单界面

如图 1-21 窗口所示的"个性化"属性设置窗口中的左侧窗格有"控制面板主页""更改桌面图标""更改鼠标指针""更改账户图片"4 个按钮。

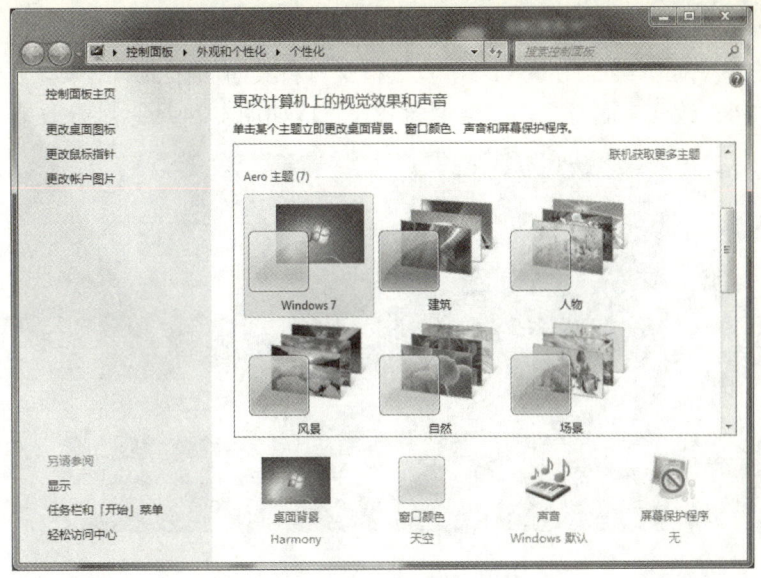

图 1-21 "个性化"属性设置窗口

课堂练习 1-2：

（1）在桌面上显示所有系统图标。

（2）在桌面上仅显示"计算机""回收站"和"控制面板"图标，不显示"网络"和"用户的文件"图标。

在图 1-21 所示个性化窗口中，单击"更改桌面图标"按钮，打开如图 1-22 所示的"桌面图标设置"窗口，在桌面图标栏中，选中"用户的文件""控制面板""网络"3 项复选框，即在图标名称前的方框中单击选中符号"√"，并单击"应用"按钮，则在桌面上显示该图标；否则在桌面上隐藏该图标。如图 1-23 所示为添加所有图标后的桌面。

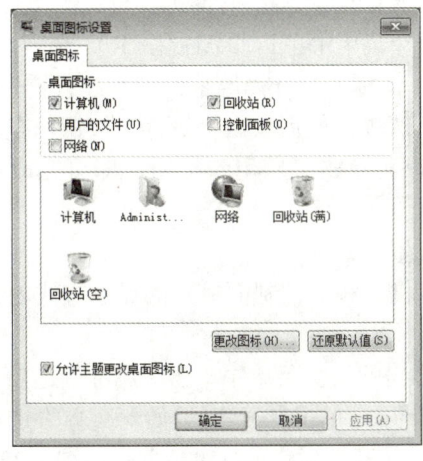

图 1-22 "桌面图标设置"窗口　　　　　图 1-23 添加图标后的桌面窗口

课堂练习 1-3： 隐藏桌面的所有图标。

提示： 隐藏桌面上的所有图标的方法是，在 Windows 7 桌面空白处单击鼠标右键，并在弹出的快捷菜单中单击"查看"选项，然后在下一级弹出的快捷菜单中撤选"显示桌面图标（D）"

复选框，即可实现隐藏桌面上的所有图标。

相反的，选中"显示桌面图标（D）"复选框又可将桌面图标显示出来。

课堂练习 1-4：改变桌面背景，将桌面背景设置成如图 1-24 所示风景效果。

图 1-24 桌面背景更改

提示：在如图 1-21 所示个性化属性设置窗口中，单击"桌面背景"图标，再单击"浏览"按钮，选择本书提供的素材文件夹中的图片"桌面背景.jpg"，最后单击"保存修改"按钮，立即完成背景设置。

课堂练习 1-5：改变 Windows 7 的主题。

将系统提供的"风景"主题作为桌面背景，图片每隔 5 分钟更换一张。

提示：在如图 1-21 所示的窗口中单击"Aero 主题"栏中的"风景"主题；单击"桌面背景"图标，打开"桌面背景"窗口，将"更改图片时间间隔"设置为 5 分钟，在图 1-25 所示框内位置进行设置。

课堂练习 1-6：设置屏幕保护程序。

设置屏幕保护程序为"三维文字"，文字为"辽宁交专"，等待时间为 5 分钟。

提示：在桌面空白处单击鼠标右键，在弹出的快捷菜单中单击"个性化（R）"选项，在"个性化"选项窗口中，单击右下角的"屏幕保护程序"图标，打开"屏幕保护程序设置"窗口，在"屏幕保护程序"下拉列表中，选择"3D 文字"选项，然后单击"设置"按钮，在自定义文字框中输入"辽宁交专"，单击"确定"按钮后，再单击"应用"按钮，即可完成设置，如图 1-26 所示。

课堂练习 1-7：个性化任务栏与"开始"菜单设置。

① 改变"开始"菜单的显示方式，设置"计算机"和"控制面板"的显示方式为"显示为菜单"。

提示：在"任务栏"的空白处右击鼠标，并在弹出的快捷菜单中单击"属性"选项，打开"任务栏和「开始」菜单属性"对话框，如图 1-27 所示；单击打开"「开始」菜单"选项卡，如图 1-28 所示；单击"自定义"按钮，打开"自定义「开始」菜单"对话框，如图 1-29 所示；在"计算机"及"控制面板"中选中"显示为菜单"单选按钮，单击"确定"按钮。此时「开始」菜单中的"计算机"与"控制面板"菜单项增加扩展标记▶，可以显示相应文件夹窗口的内容，如图 1-30 所示。

第1章　认识计算机与操作系统的使用

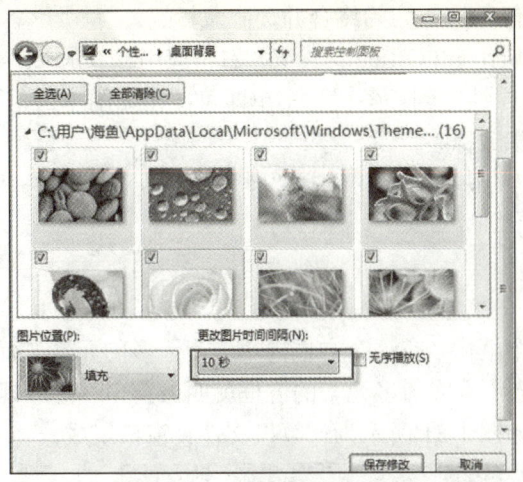

图 1-25 "桌面背景"窗口

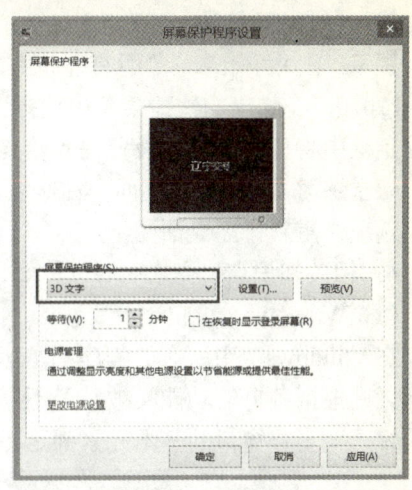

图 1-26 "屏幕保护程序设置"窗口

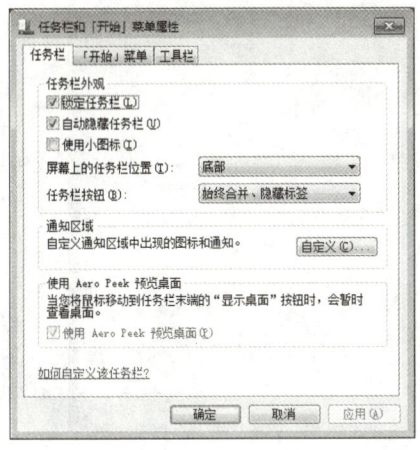

图 1-27 "任务栏"选项卡窗口

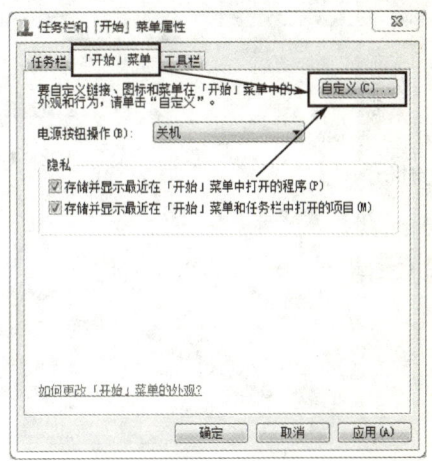

图 1-28 "「开始」菜单"选项卡窗口

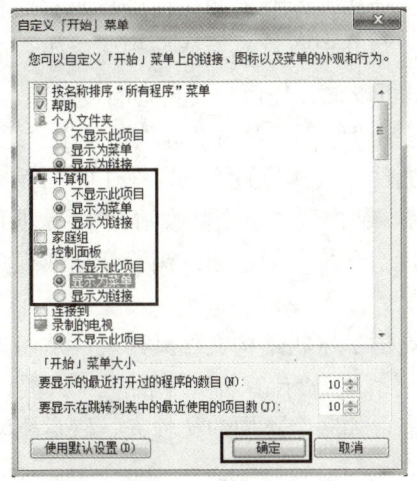

图 1-29 "自定义「开始」菜单"对话框

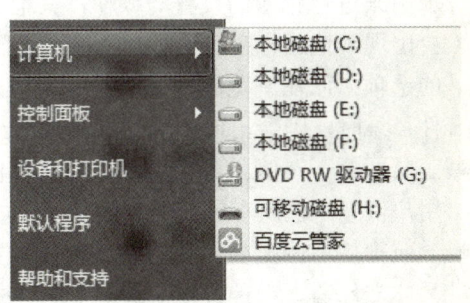

图 1-30 "计算机"显示为菜单项

② 将应用程序 Word 锁定于任务栏；设置任务按钮为始终合并，隐藏标签。

提示：在"开始"菜单所有程序中，找到 Microsoft Office 文件夹，右击应用程序 Microsoft Word 2010，在弹出的快捷菜单中选择"将此程序锁定到任务栏"菜单即可；在如图 1-27 所示的对话框中将任务栏按钮设置为"始终合并，隐藏标签"。

课堂练习 1-8：右击桌面空白区域，在弹出的快捷菜单中选择"排序方式"命令中的"名称"选项，重新排序桌面图标。

4. 相关知识点

（1）Windows 7 窗口。

在 Windows 7 中所有的程序都是运行在一个框内，在这个方框内集成了诸多的元素，而这些元素则根据各自的功能又被赋予不同名字，这个集成诸多元素的方框就叫做窗口。窗口具有通用性，大多数窗口的基本元素都是相同的。如图 1-31 所示为计算机文件夹窗口组成。

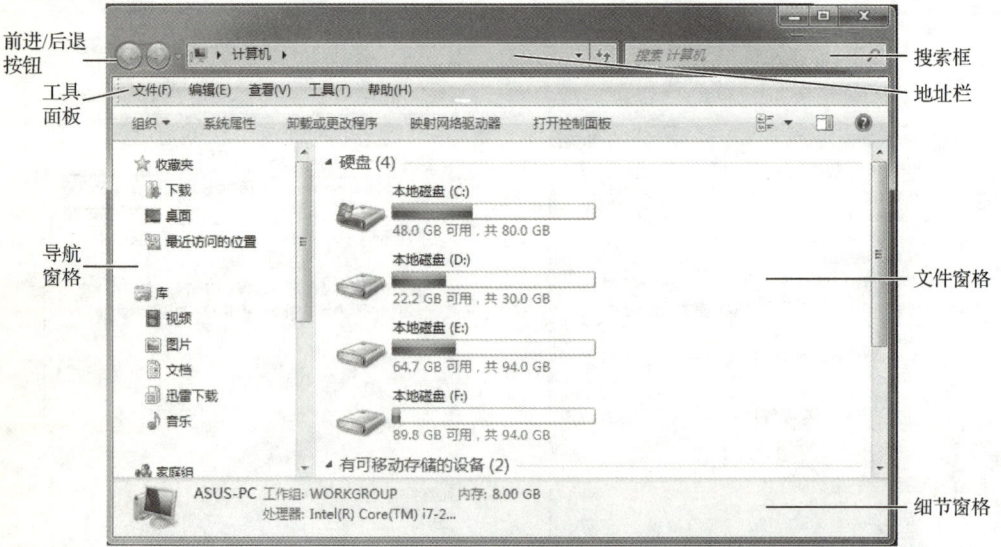

图 1-31　窗口组成

- 在窗口的左上角，是醒目的"前进"与"后退"按钮；在其右侧的地址栏路径框则不仅给出当前目录的位置，其中的各项均可点击，帮助用户直接定位到相应层级；而在窗口的右上角，则是功能强大的搜索框，在这里可以输入任何想要查询的搜索项。
- 工具面板则可视作新形式的菜单，其标准配置包括"组织"等诸多选项，其中"组织"项用来进行相应的设置与操作，其他选项根据文件夹具体位置不同，在工具面板中还会出现其他的相应工具项，如浏览"回收站"时，会出现"清空回收站""还原项目"的选项；而在浏览图片目录时，则会出现"放映幻灯片"的选项；浏览音乐或视频文件目录时，则会出现相应的播放按钮。
- 工具面板下左侧是导航窗格，导航窗格给用户提供了树状结构文件夹列表，从而方便用户快速定位所需的目标，其主要分成"收藏夹""库""计算机""网络"4 大类。
- 导航窗格右侧是文件窗格，用于显示主要的内容，如多个不同的文件夹、磁盘驱动、具体文件等。它是窗口中最主要的组成部分。
- 窗口最下方是细节窗格（状态栏），用于显示当前用户选定对象的详细信息或当前操作的状态及提示信息。

（2）Windows 7 菜单。

Windows 7 操作系统中，菜单分成两类，即右键快捷菜单和下拉菜单。
- 右键快捷菜单：用户可以在文件、桌面空白处、窗口空白处、盘符等区域上右击，即可弹出快捷菜单，其中包含对选择对象的操作命令。
- 下拉菜单：用户只需单击不同的菜单命令，即可弹出下拉菜单。例如在"计算机"窗口中单击"组织"项的箭头，即可弹出一个下拉菜单。

（3）Windows 7 对话框。

在 Windows 7 操作系统中，对话框是用户和计算机进行交流的中间桥梁。用户通过对话框的提示和说明，可以执行进一步操作。

一般情况下，对话框中包含各种各样的选项，具体体现如下：
- 选项卡。选项卡多用于把一些比较复杂的对话框分为多页，实现页面的切换操作。
- 文本框。文本框可以让用户输入和修改文本信息。
- 按钮。按钮在对话框中用于执行某项命令，单击按钮可实现某项功能。

1.2.2 管理文件和文件夹

在计算机系统中，信息是以文件的形式保存的，用户所做的工作都是围绕文件展开的。文件即存储在计算机存储器中的具有名称的一组相关信息的集合。文件名是存取文件的依据，即"按名存取"。

1. 文件的命名

文件名的一般形式为：主文件名[.扩展名]。

其中，主文件名用于辨别文件的最基本信息，即用户命名的文件名；扩展名用于说明文件的类型，用方括号括起来，表示可选项，若有扩展名，必须用一个圆点"."与主文件名分隔开。

文件名的命名规则是：长度不能超过 255 个字符，可以包含英文字母（不区分大小写）、汉字、数字符号和一些特殊符号，如$、#、@、-、!、()、{}、&等。但是，文件名不能包含以下字符：\、/、:、*、?、"、<、>、|。

扩展名由创建文件的应用程序自动生成，不同类型的文件，显示的图标和扩展名是不同的。表 1-1 给出了常见扩展名的含义。

表 1-1 常见文件扩展名

扩展名	文 件 类 型	扩展名	文 件 类 型
.doc、.docx	Word 文件 新建 Microsoft Word 文档.docx	.xls、.xlsx	Excel 电子表格文件 新建 Microsoft Excel 工作表.xlsx
.ppt、.pptx	PowerPoint 演示文稿文件 新建 Microsoft PowerPoint 演示稿.pptx	.txt	文本文件 新建文本文档.txt
.com、.exe	可执行文件	.bmp、.jpg、.png	图形文件
.sys	系统文件	.bat	批处理文件
.rar、.zip	压缩包	.iso	镜像文件
.rm、.avi	视频文件	.html	网页
.mid	声卡声乐文件	.tmp	临时文件

在素材文件夹中认识各种文件及其扩展名。

2. 文件夹

文件夹是一个存储文件的实体，其中可以包含各种文件及文件夹。文件夹的特点如下：
① 文件夹中不仅可以存放文件，还可以存放子文件夹。
② 只要存储空间允许，文件夹中可以存放任意多的内容。
③ 删除或移动文件夹，该文件夹中包含的所有内容都会相应地被删除或移动。
④ 文件夹可以设置为共享，允许网络上的其他用户能够访问其中的数据。

注意： 文件夹没有扩展名！

3. 文件操作

（1）创建文件或文件夹。

在要创建文件或文件夹的位置右击鼠标，在弹出的快捷菜单中选择"新建"命令，在弹出的快捷菜单中选择"文件"或"文件夹"。

（2）移动和复制文件或文件夹。

- 选中文件或文件夹，右击鼠标，在弹出的快捷菜单中选择"剪切"选项（或按快捷键 Ctrl+X），在新位置右击鼠标，在弹出的快捷菜单中选择"粘贴"选项（或按快捷键 Ctrl+V），即完成文件或文件夹的移动。
- 选中文件或文件夹，右击鼠标，在弹出的快捷菜单中选择"复制"选项（或按快捷键 Ctrl+C），在新位置右击鼠标选择"粘贴"选项（或按快捷键 Ctrl+V），即完成文件或文件夹的复制。

图 1-32　回收站图标

（3）删除和恢复文件或文件夹。

选中文件或文件夹，右击鼠标，在弹出的快捷菜单中选择"删除"选项（或按快捷键 Delete），在确认删除对话框中单击"是"按钮，即完成文件或文件夹的删除。默认情况下，此种方法删除的文件或文件夹将被放入"回收站"中，即如图 1-32 所示图标。

也可以在开始删除文件时直接删除，而不放入回收站。方法：选中文件或文件夹，在按住 Shift 键的同时右击鼠标，在弹出的快捷菜单中选择"删除"选项（或按快捷键 Delete），在确认删除对话框中单击"是"按钮，即完成文件或文件夹的彻底删除。

"回收站"占用的是硬盘上的存储空间，其中的文件可以恢复到原来删除的位置。双击打开"回收站"窗口，右击鼠标选择要恢复的文件，在如图 1-33 所示的快捷菜单中选择"还原"选项，即将文件恢复。若要彻底删除文件，则选中"回收站"中相应文件，右击鼠标，在弹出的快捷菜单中选择"删除"选项。

在"回收站"图标上右击鼠标，在弹出的快捷菜单中选择"属性"选项，弹出"回收站属性"对话框，如图 1-34 所示，可完成回收站属性的设置。

注意： 对可移动磁盘上的文件进行删除时，文件将被直接删除，并不放入回收站中。

课堂练习 1-9： 文件管理练习。

任务要求： ①在 D 盘中创建名为"自己"的文件夹；②在其中创建"计算机文化"的文件夹和一个名为"自我介绍.txt"的文本文件；③打开"计算机文化"文件夹，在其中创建名为"计算机发展史.txt"的文本文件；④将"自我介绍.txt"文件移动到桌面上，并改名为"我的介绍.doc"；⑤将"计算机文化"文件夹复制到桌面上；⑥删除原来 D 盘中"计算机文化"文件夹中"计算机发展史.txt"的文本文件。

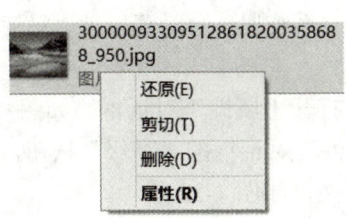

图1-33 回收站内文件选项

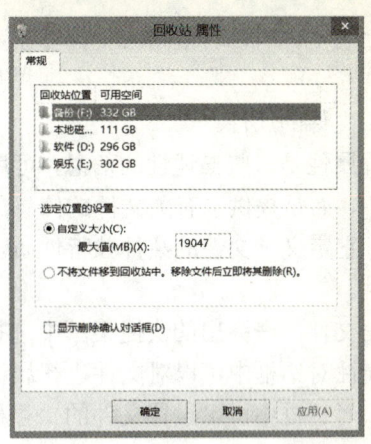

图1-34 "回收站 属性"对话框

提示： 若建立的文本文件未显示扩展名，可在打开的计算机窗口中，单击顶端的工具面板菜单栏里的"组织"选项卡，如图1-35所示，然后双击"文件夹和搜索选项"，进入计算机"文件夹选项"设置对话框，如图1-36所示，在"文件夹选项"对话框中，单击"查看"功能选项，在中下位置，撤选"隐藏已知文件类型的扩展名"复选框，如图1-37所示。

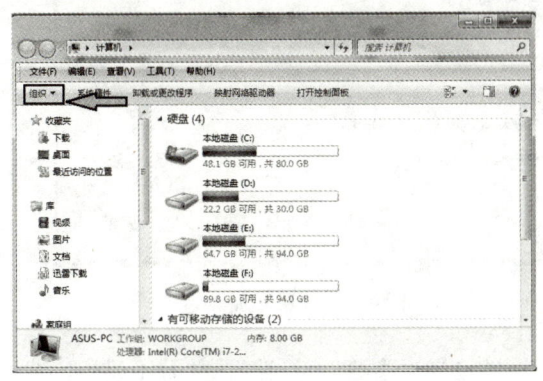

图1-35 "组织"菜单项

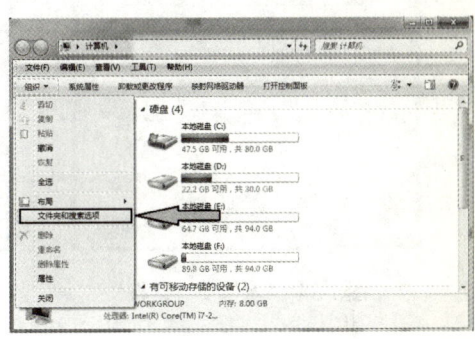

图1-36 双击"文件夹和搜索选项"

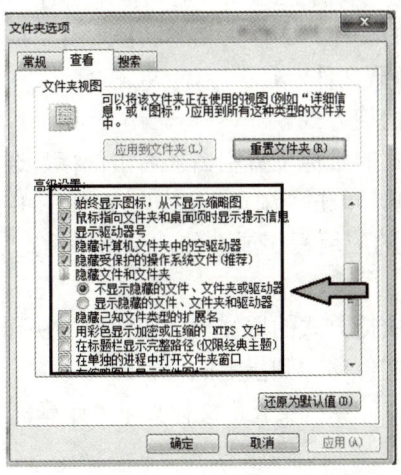

图1-37 "文件夹选项"对话框

重命名文件时,右击相应文件,在弹出的对话框中选择"重命名"选项,输入新的文件名即可。

(4)文件的属性。

文件属性是一些描述性的信息,可用来帮助用户查找和整理文件。属性未包含在文件的实际内容中,而是提供了有关文件的信息。文件属性是指将文件分为不同类型的文件,以便存放和传输,它定义了文件的某种独特性质。常见的文件属性有系统属性、隐藏属性、只读属性和归档属性。

右击文件,在弹出的快捷菜单中选择"属性"选项,打开"属性"对话框,如图 1-38 所示,在属性对话框中可以对文件进行属性设置。单击"属性"对话框的"高级"按钮,在"高级属性"对话框中,可设置文件的"存档"等其他高级属性,如图 1-39 所示。

图 1-38 "属性"对话框　　　　　图 1-39 "高级属性"对话框

课堂练习 1-10:将桌面上"我的介绍.doc"属性设为"隐藏""只读",并且不显示,然后再去掉文件的隐藏属性。

提示:在如图 1-37 所示的"文件夹选项"对话框中选择"隐藏文件和文件夹"下的单选按钮,依次选择"不显示隐藏的文件、文件夹和驱动器"及"显示隐藏的文件、文件夹和驱动器",即可完成不显示或显示隐藏文件。

(5)设置文件或文件夹的快捷方式。

方法一:在要创建快捷方式的目标位置空白处右击鼠标,选择"新建"→"快捷方式"命令,弹出如图 1-40 所示对话框,单击"浏览"按钮,在如图 1-41 所示"浏览文件或文件夹"窗口中查找需要创建快捷方式的应用程序或文件,单击"确定"按钮后按步骤提示完成余下操作。

方法二:右键单击要建立快捷方式的原文件,在弹出的快捷菜单中选择"创建快捷方式"选项,将产生的快捷方式图标文件移动到指定的位置即可。

课堂练习 1-11:为桌面上"计算机文化"文件夹中"计算机发展史.txt"文件建立名为"发展史"的快捷方式,存放在 D 盘"自己"文件夹中。

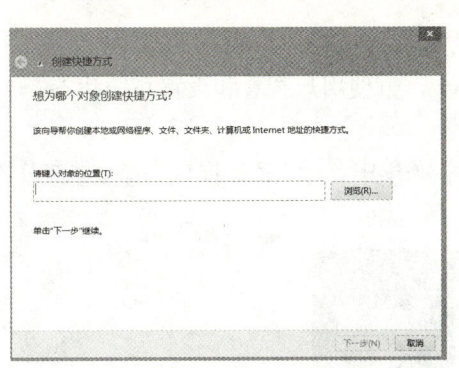
图 1-40 "创建快捷方式"对话框

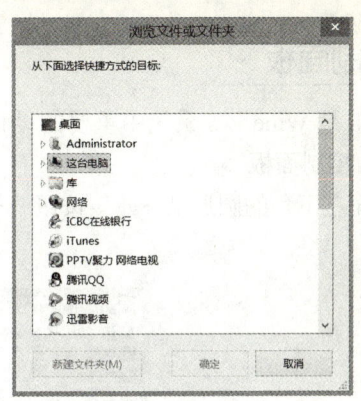
图 1-41 "浏览文件或文件夹"窗口

(6) 搜索文件或文件夹。

在 Windows 7 中，通过"开始"菜单中的"搜索框"选项，如图 1-42 所示，也可以通过"计算机"或"资源管理器"窗口中工具栏上的"搜索框"来调用其文件与文件夹搜索功能，如图 1-43 所示。

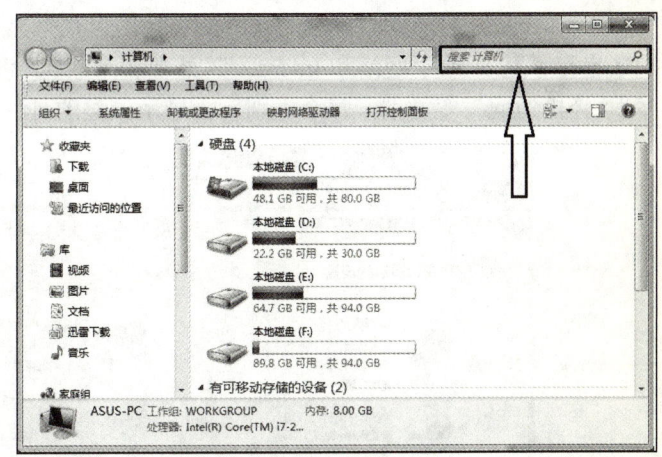

图 1-42 "开始"菜单中的搜索框　　　　图 1-43 "计算机"窗口中的搜索框

在文件名未知或知道不全的情况下，可用通配符辅助搜索。星号（*）可以在文件中代表任意的字符串；问号（?）可以代表文件中的一个字符。

课堂练习 1-12：①搜索计算机中所有扩展名为.txt 的文本文件；②搜索给定的"素材"文件夹中名为 ABC.PPTX 的文件，将其移动到桌面上；③搜索给定的"素材"文件夹中前两个字母为 AB，第 3 个字母未知，第 4 个字母为 C 的文本文件，并将其移动到桌面上。

1.2.3 控制面板

控制面板是 Windows 系统中重要的设置工具之一,方便用户查看和设置系统状态。

1. 启动控制面板

单击桌面左下角的圆形"开始"按钮,从"开始"菜单中选择"控制面板"命令,如图 1-44 所示。

图 1-44 启动"控制面板"

2. 控制面板的查看方式

Windows 7 系统的控制面板默认以"类别"的形式来显示功能菜单,分为"系统和安全""用户账户和家庭安全""网络和 Internet""外观和个性化""硬件和声音""时钟、语言和区域""程序""轻松访问"等类别,每个类别下会显示该类的具体功能选项,如图 1-45 所示。

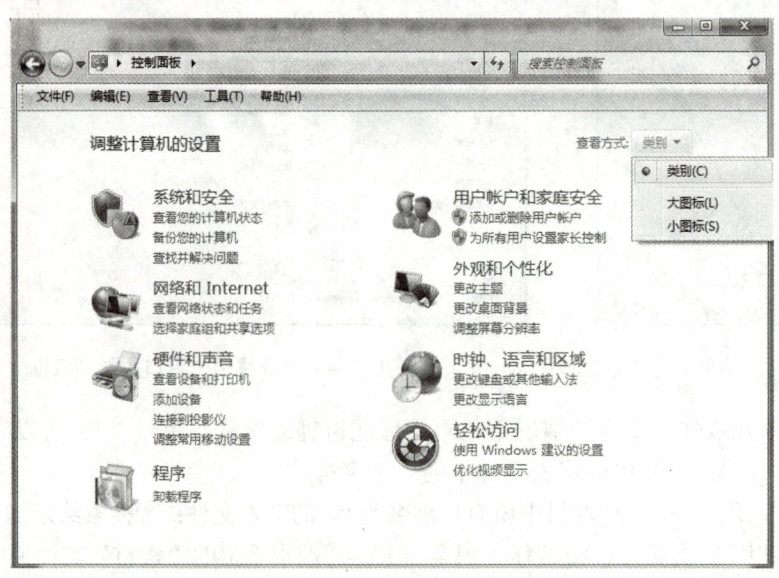

图 1-45 控制面板"类别"视图

除了"类别",Windows 7 控制面板还提供了"大图标"和"小图标"的查看方式,只需单击控制面板右上角"查看方式"旁边的小箭头,从中选择自己喜欢的形式就可以了,如图 1-46 和图 1-47 所示。

图 1-46　控制面板"大图标"查看方式

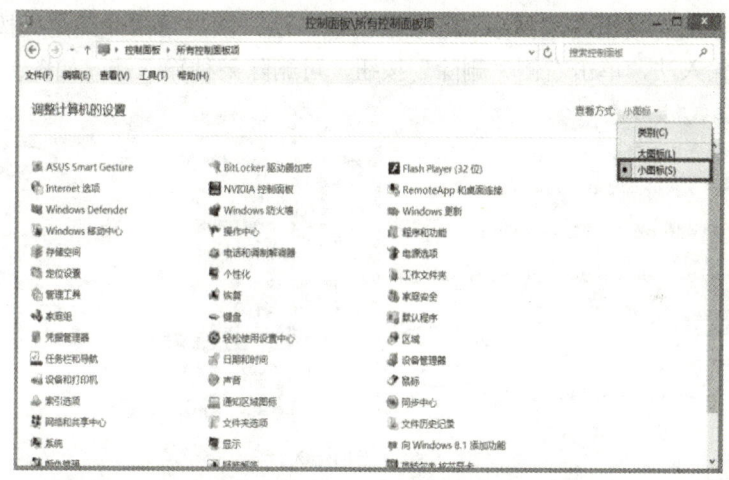

图 1-47　控制面板"小图标"查看方式

3. 利用控制面板设置计算机环境

(1) 鼠标设置。

在"控制面板"中打开鼠标设置,在"类别"查看方式下选择"硬件和声音"分类;或在桌面右击,在"个性化"窗口中选择"更改鼠标指针"。"鼠标属性"对话框如图 1-48 所示。

课堂练习 1-13:将鼠标指针方案设置为"三维白色",并显示指针轨迹,轨迹设置为短,滚动滑轮一次滚动一个屏幕。

(2) 中文输入法的设置。

在"控制面板"的"类别"查看方式"时钟、语言和区域"分类中选择"更改键盘或其他输入法";或右击输入法图标,在弹出的快捷菜单中选择"设置"选项。单击"键盘和语言"选项卡的"更改键盘"按钮,打开"文本服务和输入语言"对话框,如图 1-49 所示。

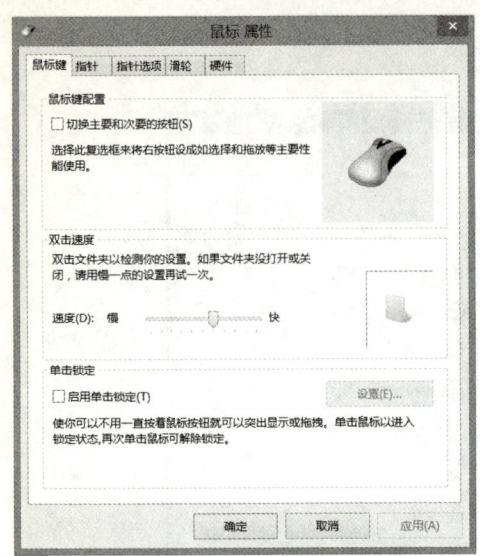
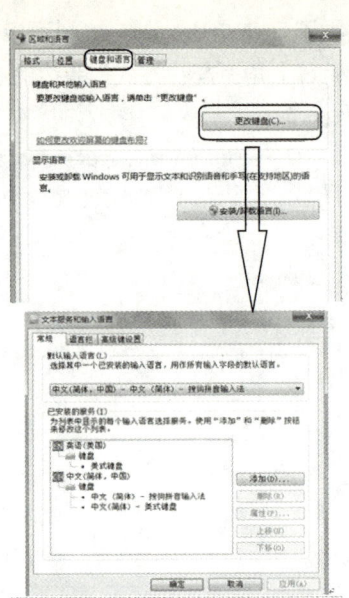

图 1-48 "鼠标 属性"对话框　　　　图 1-49 "文本服务和输入语言"窗口

单击右侧"添加"按钮,选择添加已安装的输入法,然后单击"确定"按钮,如图 1-50 所示;选中某个输入法,单击右侧"删除"按钮,可删除某种输入法,如图 1-51 所示。

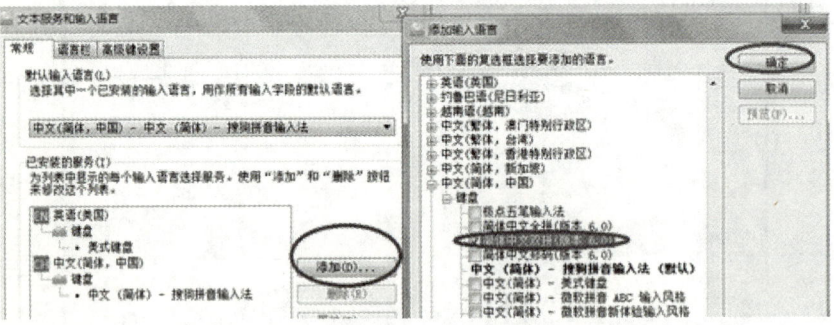

图 1-50　添加输入法

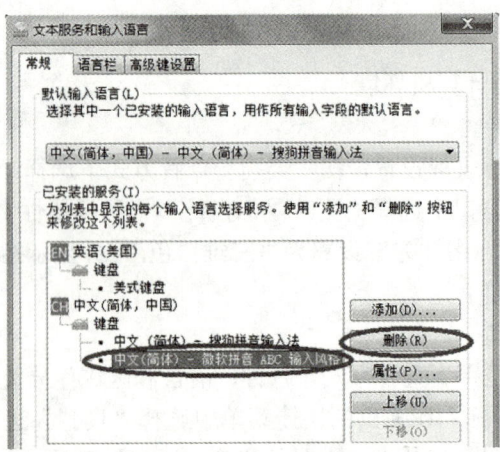

图 1-51　删除输入法

在"文本服务和输入语言"对话框中,单击打开"高级键设置"选项卡,如图 1-52 所示。在该对话框中可以设置输入法的切换快捷键,如图 1-53 所示。

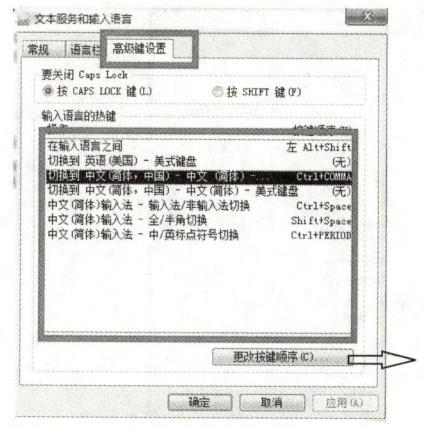

图 1-52 "高级键设置"对话框

图 1-53 设置输入法切换快捷键

课堂练习 1-14:删除"全拼"输入法,并将"搜狗拼音"输入法按键设置为 Ctrl+Shift+0 快捷键。

(3)设置日期和时间。

在"控制面板"中选择"时钟、语言和区域"分类,可打开"日期和时间"属性对话框;或右键单击计算机桌面右下角系统时钟区,在弹出的快捷菜单中选择"调整日期/时间(A)"命令也可打开如图 1-54 所示对话框。

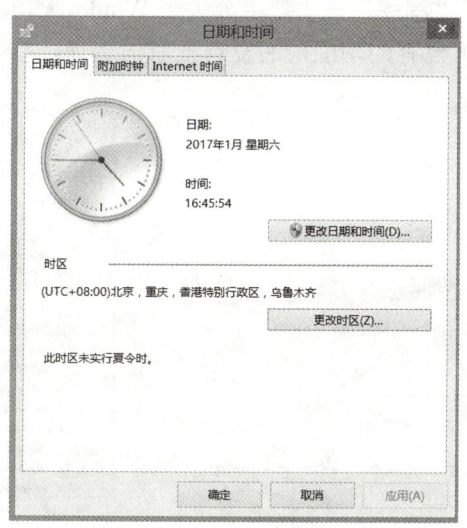

图 1-54 "日期和时间"对话框

在"日期和时间"选项卡中,单击"更改日期和时间(D)…"按钮,可以修改日期(年、月、日),时间(时、分、秒),修改后单击"确定"按钮即可;单击"更改时区(Z)…"按钮,可以打开"时区设置"对话框,在该对话框中的"时区"下拉列表中可以选择时区,选择后单击"确定"按钮退回到"日期和时间"选项卡中。

课堂练习 1-15:分别查看首尔、悉尼、雅典等地的当前时间。

(4)卸载或更新程序。

在"控制面板"中选择"程序"→"程序和功能"选项,打开如图 1-55 所示窗口。

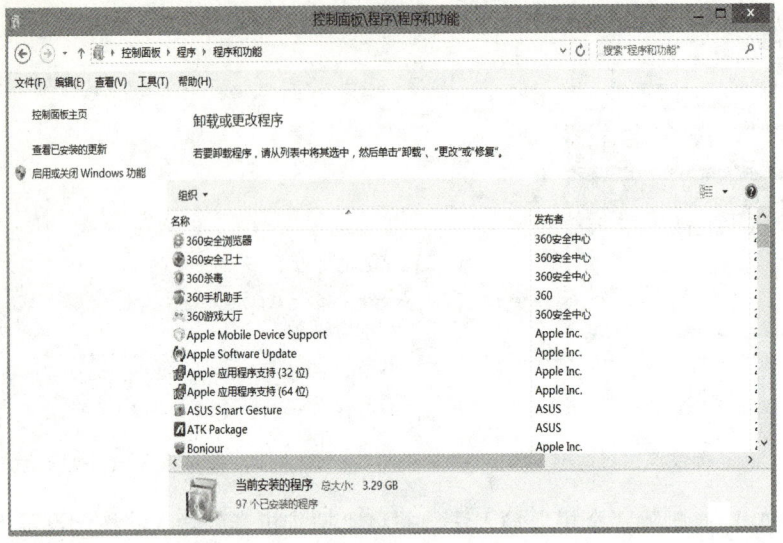

图 1-55 "程序和功能"窗口

在"程序和功能"窗口右下侧的程序列表框中,单击选中要删除的程序项,然后在列表框的标题栏处单击"卸载/更新"命令按钮即可完成相应的操作。

(5)删除系统组件。

在"控制面板"中选择"程序"→"启用或关闭 Windows 功能"选项,如图 1-56 所示,打开如图 1-57 所示窗口。将已有的功能前的复选框取消选择,单击"确定"按钮后即可删除组件。

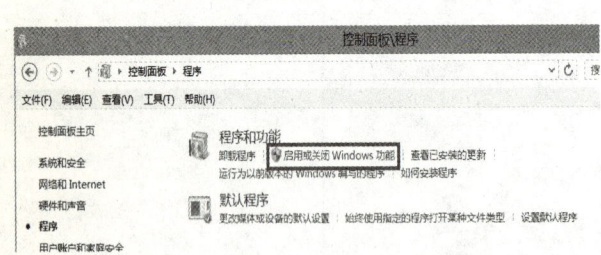

图 1-56 控制面板"程序"窗口

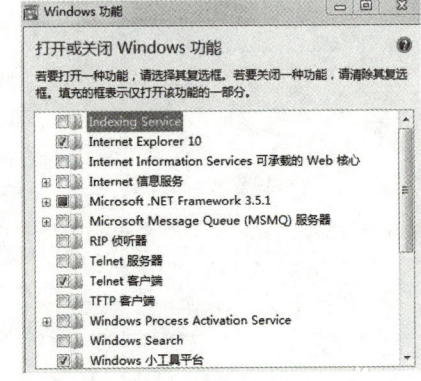

图 1-57 "打开或关闭 Windows 功能"窗口

课堂练习 1-16:删除系统中的游戏组件;删除 QQ 程序;安装给定的极点五笔程序。

(6)设置用户账户。

Windows 7 具有多用户管理功能,可以让多个用户共用一台计算机,每个用户都可以建立自己专用的运行环境。账户类型分为管理员、标准用户两种。管理员对计算机具有最大的操作权限。

在"控制面板"中选择"用户账户和家庭安全"→"用户账户"选项,打开"管理账户"窗口,如图 1-58 所示。在此窗口中可选择一个已有账户进行密码、图片等设置;也可单击"创建一个新账户",在如图 1-59 所示窗口中填写相应内容,单击"创建账户"按钮,完成创建账户操作。

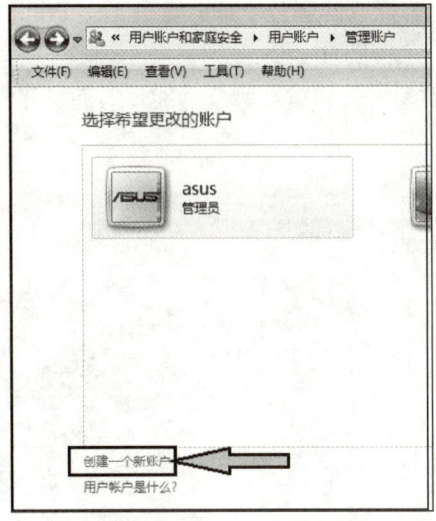

图 1-58 "管理账户"窗口

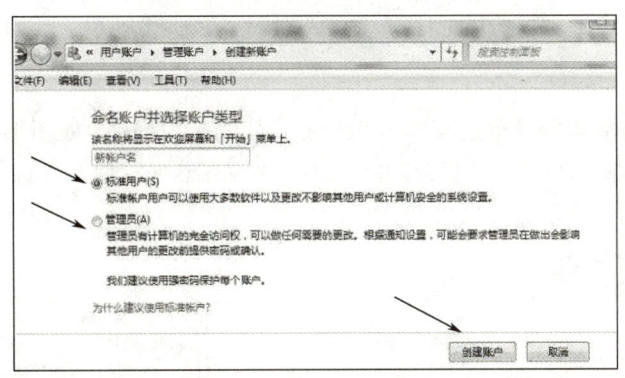

图 1-59 "创建新账户"窗口

打开"开始"菜单,单击"切换用户(W)"按钮,将当前用户切换到其他用户。

课堂练习 1-17:用自己的姓名建立一个账户,账户图标自选,并设置密码。切换用户到自己的账户,设置桌面、屏保等系统环境。

1.2.4 附件

Windows 7 附件为用户提供了一系列实用的工具程序,如画图、录音机、系统工具、记事本、写字板和截图工具等。可以通过选择"开始"→"所有程序"→"附件"命令选项将其打开。

1. 画图

"画图"是 Windows 提供的位图(.BMP)绘制程序,它有一个绘制工具箱、调色板,用来创建和修饰图画。用它制作的图画可以打印也可以作为桌面背景,或者粘贴到另一个文档中。

启动"画图"程序的方法是：选择"开始"→"所有程序"→"附件"→"画图"命令选项，打开画图程序的窗口，如图 1-60 所示。

课堂练习 1-18：保存当前桌面的屏幕抓图，保存为"我的桌面.bmp"，至 D 盘"自己"文件夹中。

操作提示：在屏幕上显示要抓取的图片，单击键盘上的 PrintScreen 键，然后打开系统"画图"并粘贴，可以看到抓取的全屏图片。

课堂练习 1-19：使用"画图"绘制给定图片，保存名为"我的图片.jpg"，至 D 盘"自己"文件夹中，如图 1-61 所示。

图 1-60 "画图"程序窗口　　　　　　　　图 1-61 图片效果图

2. 计算器

"计算器"是一个能实现简单运算和科学计算功能的应用程序，如图 1-62 所示。Windows 7 提供了标准型、科学型、程序员等多种功能，通过"计算器"窗口的"查看"菜单可以选择计算器的类型，如图 1-63 所示。

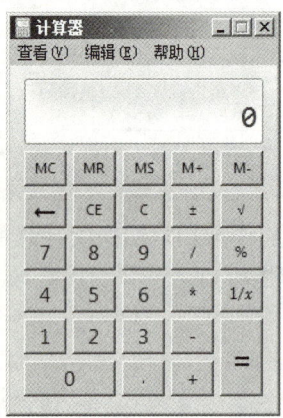
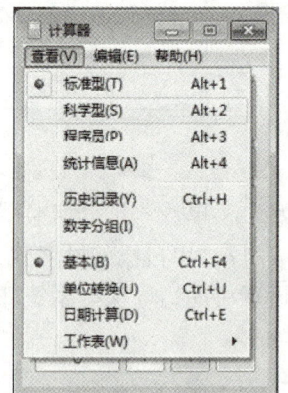

图 1-62 计算器标准型　　　　　　　　图 1-63 "计算器"窗口中的"查看"菜单

3. 记事本

"记事本"是一个纯文本文件编辑器，具有运行速度快、占用空间少等优点。当用户需要编辑简单的文本文件时，可以选用"记事本"程序。

打开"记事本"程序，可以在记事本中输入并编辑文字，如图 1-64 所示。

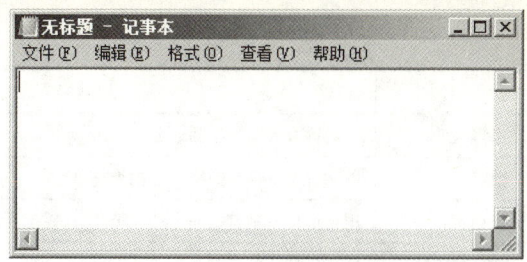

图1-64 "记事本"程序

文件编辑完成后,选择"文件"→"保存"命令选项,弹出"另存为"对话框。在"另存为"对话框中,选择文件保存的目标位置,单击"保存"按钮即可。

课堂练习 1-20:用记事本录入以下文字内容,将文件命名为"自我介绍.txt"保存至 D 盘"自己"文件夹下,文字内容为:

姓名:

生日:

联系方式:

爱好:

4. 截图工具

Windows 7 操作系统自带一款截图工具,通过附件可以启动,如图 1-65 所示,在"新建"下拉列表中选择合适的截图模式,如图 1-66 所示,就可以开始截图了。

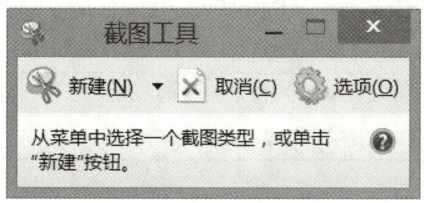　　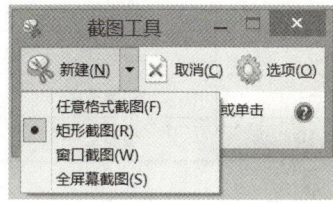

图1-65 "截图工具"程序窗口　　　　图1-66 "新建"截图菜单

1.3 键盘与指法基准键位练习

1.3.1 键盘结构

计算机键盘主要由主键盘区、小键盘区和功能键组构成。主键盘即通常的英文打字机用键(键盘中部);小键盘即数字键组(键盘右侧与计算器类似);功能键组指键盘上部的 F1 键~F12 键。

这些键一般都是触发键,不要按下不放,应一触即放。

下面将常用键的键名、键符及功能列入表 1-2 中。

表 1-2 常用键符、键名及功能表

键符	键名	功能及说明
A~Z（a~z）	字母键	字母键有大写和小写之分
0~9	数字键	数字键的下挡为数字，上挡为符号
Shift	换挡键	用来选择双字符键的上挡字符
CapsLock	大小写字母锁定键	计算机默认状态为小写（开关键）
Enter	回车键	输入行结束、换行、执行 DOS 命令
Backspace	退格键	删除当前光标左边一个字符，光标左移一位
Space	空格键	在光标当前位置输入空格
PrtSc（Print Screen）	屏幕复制键	DOS 系统：打印当前屏（整屏） Windows 系统：将当前屏幕复制到剪贴板（整屏）
Ctrl 和 Alt	控制键	与其他键组合，形成组合功能键
Pause/Break	暂停键	暂停正在执行的操作
Tab	制表键	在制作图表时用于光标定位，光标跳格（8 个字符间隔）
F1~F12	功能键	各键的具体功能由使用的软件系统决定
Esc	退出键	一般用于退出正在运行的系统
Del（Delete）	删除键	删除光标所在字符
Ins（Insert）	插入键	插入字符、替换字符的切换
Home	功能键	光标移至屏首或当前行首（软件系统决定）
End	功能键	光标移至屏尾或当前行末（软件系统决定）
PgUp（Page Up）	功能键	当前页上翻一页，不同软件赋予不同的光标快速移动功能
PgDn（Page Down）	功能键	当前页下翻一页，不同软件赋予不同的光标快速移动功能

1.3.2 指法基准键位

正确的指法是进行计算机数据快速录入的基础。学习使用计算机，也应以掌握正确的键盘操作方法为基础。

1. 正确的姿势

计算机用户上机操作时，应养成良好的上机习惯。正确的姿势不仅对提高输入速度有很大帮助，而且可以减轻长时间上机操作引起的疲劳。

① 坐姿端正，腰挺直，头稍低，上身略向前倾，眼睛距屏幕 30 厘米左右，重心落在座椅上，全身放松，两脚自然踏地。

② 人稍偏于键盘右方，可移动椅子或者键盘的位置，要调节到人能保持正确的击键姿势为止。

③ 手臂自然下垂，肘部距身体约 10 厘米，手指轻放在基准键上，手腕自然伸直，腕部不要撑靠在工作台或键盘上。

④ 手指以手腕为轴略向上抬起，手指略微弯曲，两手与两臂呈直线，指端第一关节与键盘呈垂直角度。

⑤ 显示器放在键盘的正后方，原稿放在键盘左侧。

2. 正确的输入指法

基准键位是指用户上机时的标准手指位置。它位于键盘的第 2 排,共有 8 个键。其中,F 键和 J 键上分别有一个突起,这是为操作者不看键盘就能通过触摸此键来确定基准位而设置的,从而为盲打提供方便。

所谓盲打就是操作者只看稿纸不看键盘的输入方法。盲打的前提是通过正规训练而熟练使用键盘。

基准键位的拇指轻放在空白键位上。指法规定沿主键盘的 5 与 6、T 与 Y、G 与 H、B 与 N 为界将键盘一分为二,分别让左右两手管理;由食指分管中间两键位(因为食指最灵活),余下的键位由中指、无名指和小拇指分别管理,自上而下各排键位均与之对应,右大拇指管理空格键。主键盘的指法分布如图 1-67 所示。

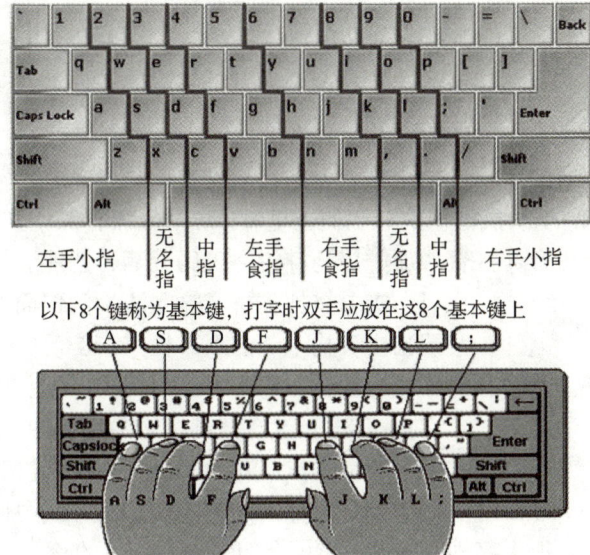

图 1-67　主键盘指法图

小键盘的基准键位是 4、5、6,分别由右手的食指、中指和无名指负责。在基准键位基础上,小键盘左侧自上而下的 7、4、1 这 3 个键由食指负责;同理,中指负责 8、5、2 这 3 个键;无名指负责 9、6、3 和 "."键;右侧的-、+、Enter 键均由小指负责;大拇指负责 0 键。小键盘指法分布如图 1-68 所示。

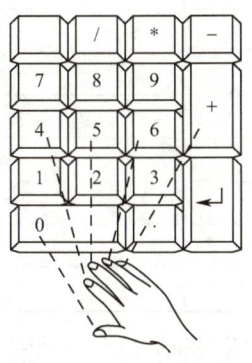

图 1-68　小键盘指法图

1.3.3 指法和指法基础键位练习

① 原位键练习（A S D F 和 J K L ;）。
② 上排键练习（Q W E R 和 U I O P）。
③ 中间键练习（T G B 和 Y H N）。
④ 下排键练习（Z X C V 和 M ，. /）。
⑤ 其他键练习（上挡键的输入）。

注：明确手指分工，坚持正确的姿势与指法，坚持不看键盘（盲打）。

1.3.4 中文输入

如果要在计算机中输入中文，就要用到中文输入法，中文输入法是指为了将汉字输入计算机或手机等电子设备而采用的编码方法，是中文信息处理的重要技术。中文输入法从 1980 年代发展起来的，经历几个阶段：单字输入、词语输入、整句输入。对于中文输入法的要求是以单字输入为基础达到全面覆盖；以词语输入为主，达到快速易用；整句输入还处于发展之中。最初使用的有全拼输入法、双拼输入法和王码五笔输入法。较流行的中文输入法有：搜狗拼音、百度、谷歌拼音、紫光拼音、拼音加加、黑马神拼、王码五笔、智能五笔、万能五笔等。

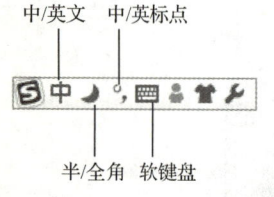

图 1-69　搜狗拼音输入法工具栏

本书以搜狗拼音输入法为例作简要介绍。图 1-69 即为搜狗拼音输入法的工具栏，在这个工具栏上可以通过鼠标单击对应的按钮进行对应的切换，当然也可以通过快捷键进行切换：Shift 键在搜狗拼音中切换中/英文；Ctrl＋.快捷键切换中英文标点；Shift＋Space 快捷键切换全角/半角。这些快捷键都是循环键，就是在两种方式中循环转换。

由于中英文的标点有很大区别，表 1-3 简单介绍了中文标点的输入。需要注意的是，中文标点符号必须在中文输入法的中文标点状态下输入。

表 1-3　常用中文标点符号与键盘对照表

中文标点	键位	中文标点	键位
。句号	.	《〈双、单书名号	<
，逗号	,	〉》单、双书名号	>
；分号	;	……省略号	^
：冒号	:	——破折号	_
？问号	?	、顿号	\
！感叹号	!	·间隔号	@
" "双引号	" "	¥人民币符号	$
' '单引号	' '	—连接号	&
（）括号	( )		

说明：使用键盘中的上档键应按住 Shift 键；自动配对指第一次输入时为左引号、左书名号等，再输入时为右引号、右书名号等；自动嵌套指第一次输入时为双书名号，在配对前再按

时为单书名号。

　　大写字母的输入：按下大写锁定键 Caps Lock 即可输入大写字母；小写字母的输入：按下大写锁定键 Caps Lock 后按下 Shift 键则输入的为小写字母。一般数字可在输入中文或英文时直接输入。

　　对于不认识的字，搜狗输入法有一个"u+…"的妙用。就是首先输入字母 u，然后把不认识的字进行拆分输入，按笔画拆分或按字拆分的方式，即先输入 u 后就进入 u 模式，依一个字的笔顺依次输入这个字的笔画就行了，h 代表横、s 代表竖、p 代表撇、n 代表捺、z 代表折。另外，横 h、竖 s、撇 p、捺 n、折 z 还可以分别用小键盘上的数字键 1、2、3、4、5 代替。

　　按笔画拆分，例如，输入"彳（chì）亍（chù）"，这两个字，把它拆成撇撇竖 upps 和横横竖 uhhs 即可完成。按组成字拆分，如输入"魍（wǎng）魉（liǎng）"，拆成鬼亡 uguiwang 和鬼两 uguiliang，这样也是可以的。按笔画和字混合拆分，如输入"佢"，拆成撇竖巨 upsju。

　　若未能自动显示此功能，可进行如下设置：在搜狗输入法状态下，在输入法状态条上单击鼠标右键，在弹出的菜单中选择"设置属性"菜单，打开搜狗拼音输入法的属性窗口，然后单击左侧的"高级"选项，向下找到"拆分输入"一项，勾选前面的复选框，最后单击"确定"按钮保存退出，这样就可以使用拆分输入功能了。

第 2 章

网络应用与安全

在互联网+的时代，网络已经同水电煤一样成为现代人的生活必需品。这一章介绍如何使用网络。

2.1 组建网络共享资源

现在不论家庭、学生寝室、办公室都有多台计算机，这些计算机想要共享文件或者打印机等资源，就可以通过组建局域网实现。

2.1.1 TCP/IP 通信协议概述

网络中各台计算机想要实现通信和共享资源，就要遵守共同的协议，通常使用的是 TCP/IP 协议。

1. TCP/IP 协议

传输控制协议/因特网互联协议，是 Internet 最基本的协议，Internet 国际互联网络的基础，由网络层的 IP 协议和传输层的 TCP 协议组成。TCP/IP 定义了电子设备如何连入因特网，以及数据如何在它们之间传输的标准。通俗来讲，TCP 负责发现传输的问题，一有问题就发出信号，要求重新传输，直到所有数据安全正确地传输到目的地。而 IP 是给因特网的每一台联网设备规定一个地址。

2. IP 地址

在 Internet 上连接的所有计算机，从大型机到微型计算机都以独立的身份出现，称为主机。为了实现各主机间的通信，每台主机都必须有一个唯一的网络地址，就好像每个住宅都有唯一的门牌一样，以免在传输资料时出现混乱。Internet 的网络地址是指连入 Internet 网络的计算机的地址编号。所以，在 Internet 网络中，网络地址唯一地标识一台计算机。IP（IPv4）地址是一个 32 位的二进制地址，为了便于记忆，将它们分为 4 组，每组 8 位，用小数点分开，用 4 个字节来表示，而且，用点分开的每个字节的数值范围是 0~255，如 202.116.0.1，这种书写方法叫做点数表示法。

3. 子网掩码

用来指明一个 IP 地址的哪些位标识的是主机所在的子网，以及哪些位标识的是主机的位掩码。子网掩码不能单独存在，它必须结合 IP 地址一起使用。子网掩码的作用是将某个 IP 地址划分成网络地址和主机地址两部分。子网掩码是一个 32 位地址，用于屏蔽 IP 地址的一部分以区别网络标识和主机标识，并说明该 IP 地址是在局域网上，还是在远程网上。子网掩码是每个使用互联网的人必须掌握的基础知识，只有掌握了它，才能够真正理解 TCP/IP 协议的设置。子网掩码屏蔽一个 IP 地址的网络部分的"全 1"比特模式。对于 A 类地址来说，默认的子网掩码是 255.0.0.0；对于 B 类地址来说，默认的子网掩码是 255.255.0.0；对于 C 类地址来说，默认的子网掩码是 255.255.255.0。

4. 网关

网关（Gateway）又称网间连接器、协议转换器。网关（Gateway）就是一个网络连接到另一个网络的"关口"。默认网关在网络层上实现网络互连，是最复杂的网络互联设备，仅用于两个高层协议不同的网络互连。网关的结构也和路由器类似，不同的是互联层。网关既可以用于广域网互连，也可以用于局域网互联。

5. DNS 服务器

DNS 域名服务器，是进行域名和与之相对应的 IP 地址转换的服务器。DNS 中保存了一张域名和与之相对应的 IP 地址的表，以解析消息的域名。域名是 Internet 上某一台计算机或计算机组的名称，用于在数据传输时标识计算机的电子方位（有时也指地理位置）。域名是由一串用点分隔的名字组成的，通常包含组织名，而且始终包括 2~3 个字母的后缀，以指明组织的类型或该域所在的国家或地区。例如新浪网的域名为 www.sina.com.cn，而它的服务器 IP 地址为 218.30.13.36。虽然记忆数字很难记准确，但记相关联的字符就容易得多。下面是一些常见域名含义。

- com——Commercial organizations，工、商、金融等企业。
- edu——Educational institutions，教育机构。
- gov——Governmental entities，政府部门。
- net——Network operations and service centers，互联网络、接入网络的信息和运行中心。
- org——Other organizations，各种非营利性的组织。
- cn——China 中国。
- jp——Japan 日本。
- ru——Russian Federation 俄罗斯。

例如，辽宁省交通高等专科学校的域名为 lncc.edu.cn，lncc 表示 Liaoning provincial College of Communications，edu 表示该域名为教育机构，cn 表示中国。

2.1.2 配置家庭网络

1. 组网设备

了解了上述相关概念，想要组建家庭网络还要准备好相关设备，以组建家庭有线网络为例，需要准备好大于等于两台安装并驱动了网卡的计算机、网线、集线器（交换机或路由器）等设备，然后用网线将主机网卡与集线器（交换机或路由器）连接。这一步骤称为物理连接。

网线：最常用的是双绞线，两端连接 RJ-45 水晶头，用于设备间的连接。

网卡：又称为网络适配器，是计算机和计算机之间直接或间接传输介质互相通信的接口，插在计算机的扩展槽中。

集线器：局域网中使用的连接设备，具有多个端口，可连接多台计算机。

交换机：是一种用于电（光）信号转发的网络设备，它可以为接入交换机的任意两个网络节点提供独享的电信号通路。

路由器：是互联网中使用的连接设备，可以将两个网络连接在一起，组成更大的网络。被连接的网络可以是局域网也可以是互联网，连接后的网络都可以称为互联网。路由器可根据网络上信息拥挤的程度，自动地选择适当的线路传递信息。

如图 2-1 所示为上述几种网络设备的实物图片。

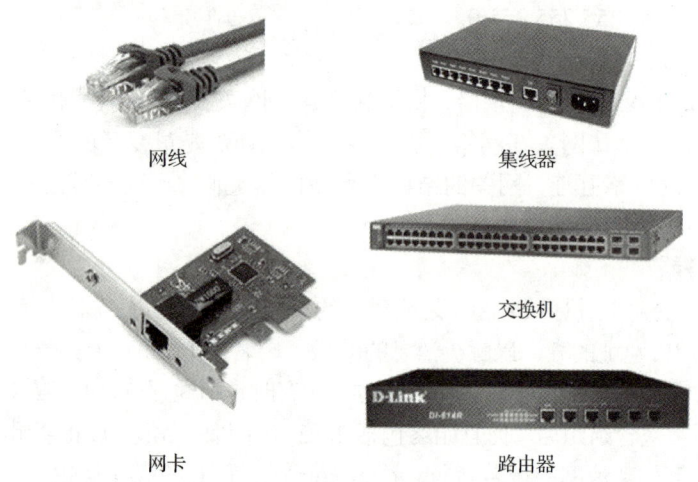

图 2-1　网络设备

2．IP 设置

将各个设备物理连接后，要进行 IP 设置。其操作步骤如下：

① 在通知区域的网络图标上单击右键，在弹出的快捷菜单中选择"打开网络和共享中心"选项，打开如图 2-2 所示窗口。

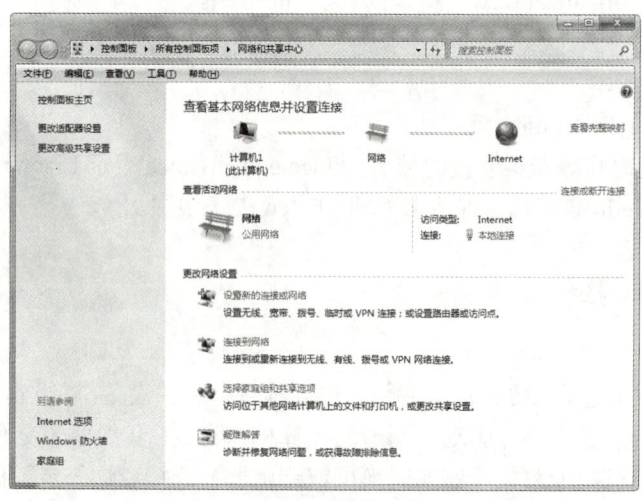

图 2-2　网络和共享中心

② 单击"更改适配器设置"选项,在如图 2-3 所示的"网络连接"窗口双击打开要设置的网络连接。本例设置本地连接,双击"本地连接"图标,打开"本地连接 状态"对话框,如图 2-4 所示。

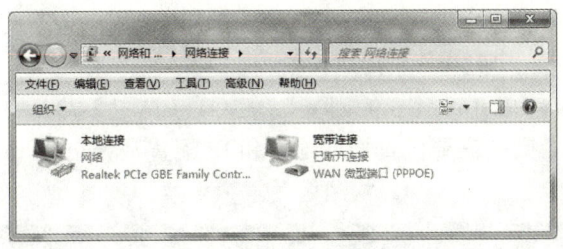

图 2-3　网络连接

③ 在"本地连接 状态"对话框中,单击"属性"按钮,打开"本地连接 属性"对话框,如图 2-5 所示。有 TCP/IPv4 和 TCP/IPv6 两种协议供用户设置。本书以 TCP/IPv4 为例,双击"Internet 协议版本 4（TCP/IPv4）"选项。

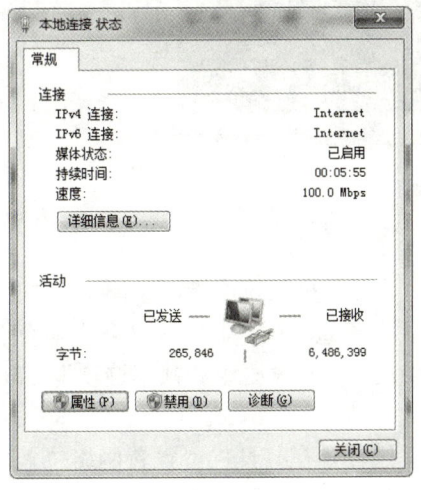

图 2-4　本地连接 状态

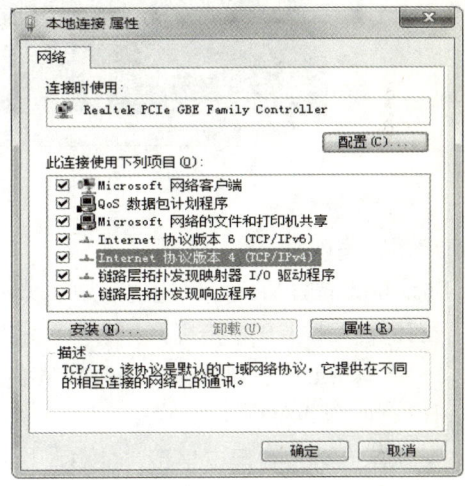

图 2-5　本地连接 属性

④ 打开 TCP/IPv4 对应的属性对话框,如图 2-6 所示,选中"使用下面的 IP 地址"单选按钮后输入 IP 地址、默认网关和 DNS 服务器地址。

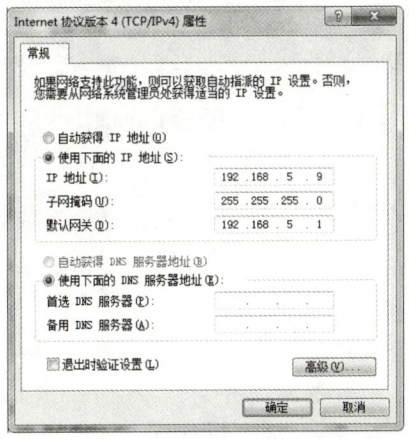

图 2-6　TCP/IPv4 设置

在其他主机中重复以上步骤的设置，注意 IP 地址应不同。

3．测试组建的网络

完成各台主机的 IP 设置后，要测试网络是否连通，方法如下：

单击"开始"→"所有程序"→"附件"→"命令提示符"命令选项，在打开的"命令提示符"窗口中输入命令 ping 192.168.5.10，按 Enter 键。

如果屏幕显示"来自 192.168.5.10 的回复"等字样（见图 2-7），说明当前主机与目标计算机网络连接是畅通的。否则，需要检查物理连接和 IP 配置是否正确。

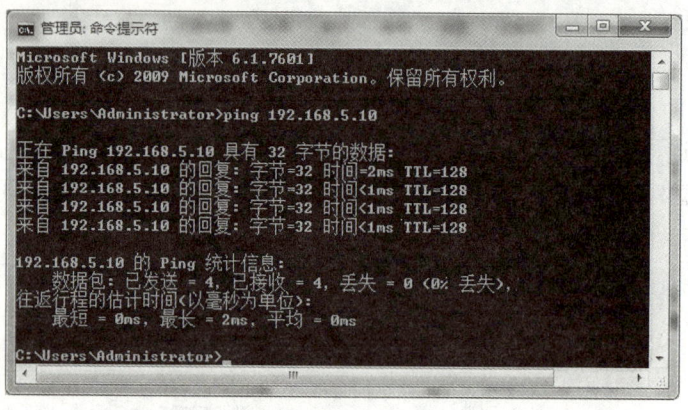

图 2-7　ping 命令结果

4．启用家庭网络

将 IP 地址设置好后，可以通过启用"家庭网络"让计算机互相连接，具体步骤如下：

① 在计算机 1 上，单击"开始"→"控制面板"→"查看网络状态和任务"命令选项，在"网络和共享中心"窗口单击"更改网络设置"栏中的"选择家庭组和共享选项"，弹出"家庭组"窗口，如图 2-8 所示。

② 在"家庭组"窗口中单击"什么是网络位置"选项，在打开的"设置网络位置"窗口中单击"家庭网络"选项，如图 2-9 所示。

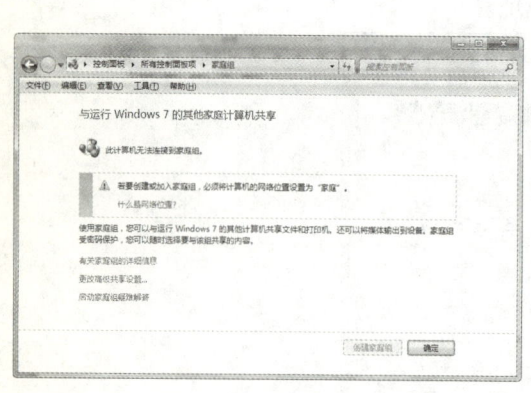

图 2-8　家庭组

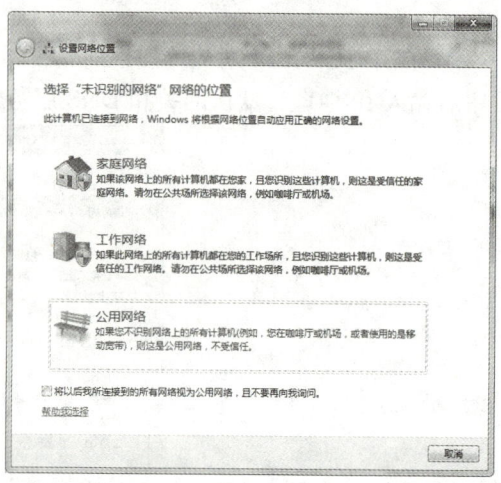

图 2-9　设置网络位置

③ 弹出"创建家庭组"窗口，如图 2-10 所示。选择要共享的内容，单击"下一步"按钮。

④ 打开如图 2-11 所示窗口，该窗口中列出一组密码，凭此密码可将其他运行 Windows 7 系统的计算机加入到当前计算机创建的家庭网络中，记下密码后单击"完成"按钮。

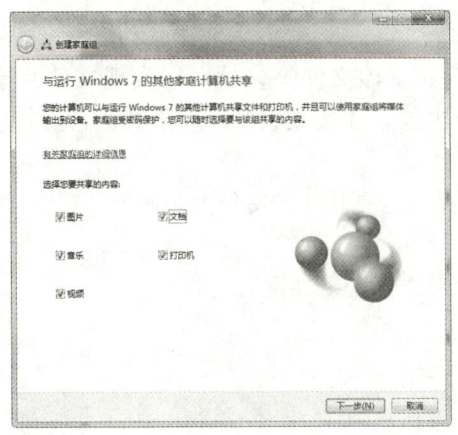
图 2-10　创建家庭组

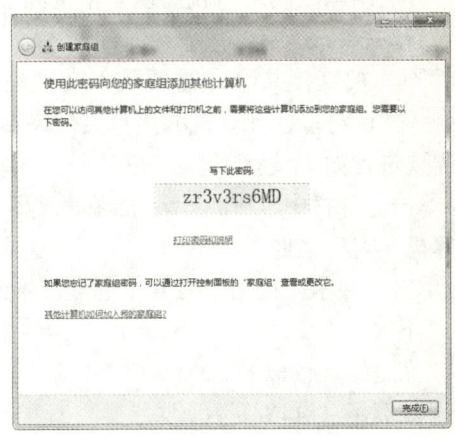
图 2-11　家庭组密码

在启用家庭网络后，通过以下操作将其他运行 Windows 7 系统的计算机如"计算机 2"等加入该网络。

⑤ 在计算机 2 上重复上述①、②、③。

⑥ 在打开的"创建家庭组"窗口中单击"取消"按钮，返回"家庭组"窗口，在该窗口上方选中在计算机 1 上创建的家庭组后，单击"立即加入"按钮。

⑦ 在打开的加入家庭组对话框中，输入计算机 1 中创建家庭组时显示的密码，如图 2-12 所示，单击"下一步"按钮。

⑧ 连接成功后打开如图 2-13 对话框，单击"完成"按钮。

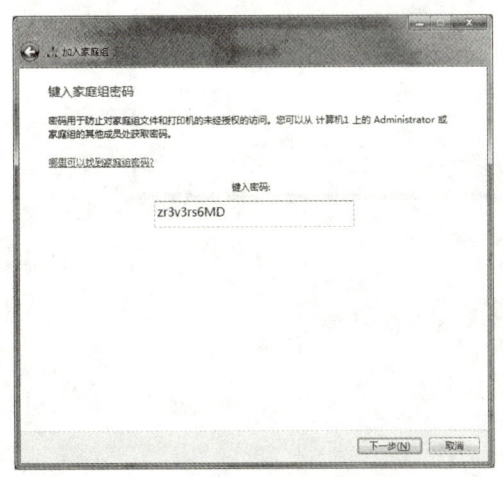
图 2-12　加入家庭组图 1

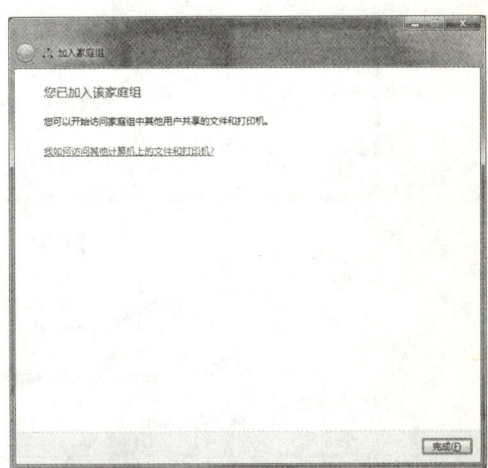
图 2-13　加入家庭组图 2

⑨ 单击任务栏中"Windows 资源管理器"，在打开的窗口左侧导航栏中会多出一个"家庭组"，下端出现前面勾选的共享内容，单击即可访问。

2.1.3 共享文件夹、打印机

配置并启用家庭网络后就可以共享资源了。

1. 共享文件夹

文件不能被直接共享，需要放入文件夹中，共享该文件夹，就可以实现文件共享了。Windows 7 默认将每台计算机的用户文件夹 Users 共享，不需要设置。对于其他想要共享的文件夹，需要进行如下设置。

① 单击任务栏中"Windows 资源管理器"，找到需要共享的文件夹，例如计算机 D 盘中的"计算机学习"文件夹。

② 单击"共享"按钮，有 4 个选项（本例设置"家庭组（读取）"）：
- "不共享"。
- "家庭组（读取）"。
- "家庭组（读取/写入）"。
- "特定用户"。

③ 设置后在资源管理器中可看到共享的文件夹已出现在家庭组中，单击就可以访问该文件夹。也可以通过双击桌面上的"网络"图标，在如图 2-14 所示的"网络"窗口中双击需要访问的主机，弹出"Windows 安全"对话框，在该对话框中，输入想要访问的计算机 2 的用户名和密码，如图 2-15 所示。单击"确定"按钮就可以看到该主机中共享的文件夹，如图 2-16 所示。双击共享文件夹就可以访问到该文件夹中的文件。

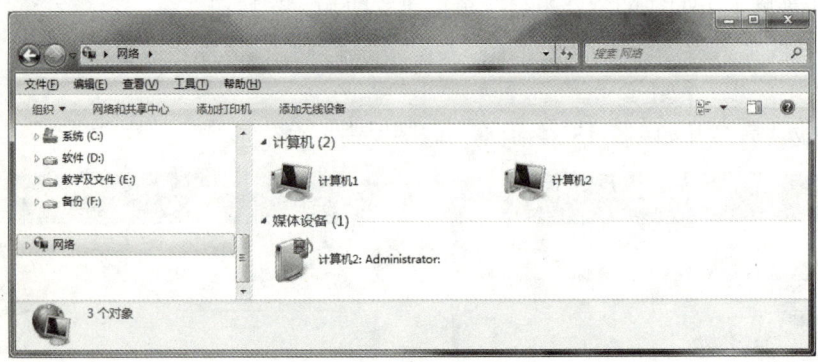

图 2-14 "网络"窗口

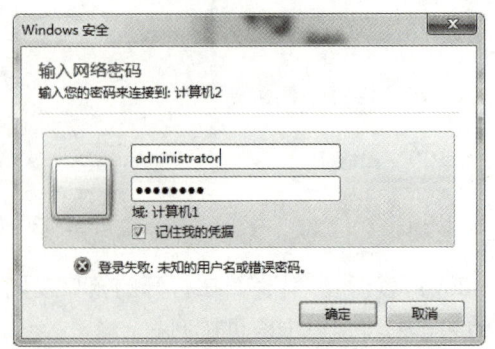

图 2-15 "Windows 安全"对话框

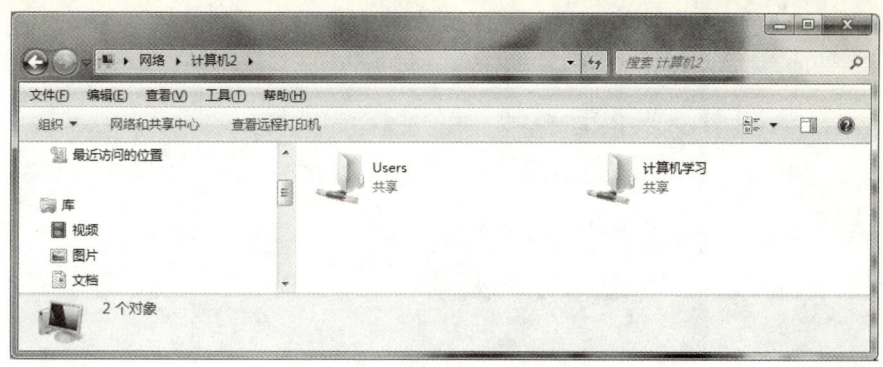

图 2-16 计算机 2 上共享的文件夹

2. 共享打印机

在家庭或者小型办公室中,通常会多台计算机共享一台打印机,这里介绍如何共享打印机,使其他用户通过网络使用该共享打印机,比如计算机 1 想要使用计算机 2 上连接的打印机。

(1) 设置共享打印机。

① 将打印机连接到计算机 2 上,并安装驱动程序。

② 在计算机 2 上单击"开始"→"控制面板"→"查看设备和打印机"命令选项,在打开的"设备和打印机"对话框中,右击想要共享的打印机,在弹出的快捷菜单中选择"打印机属性"选项,如图 2-17 所示。

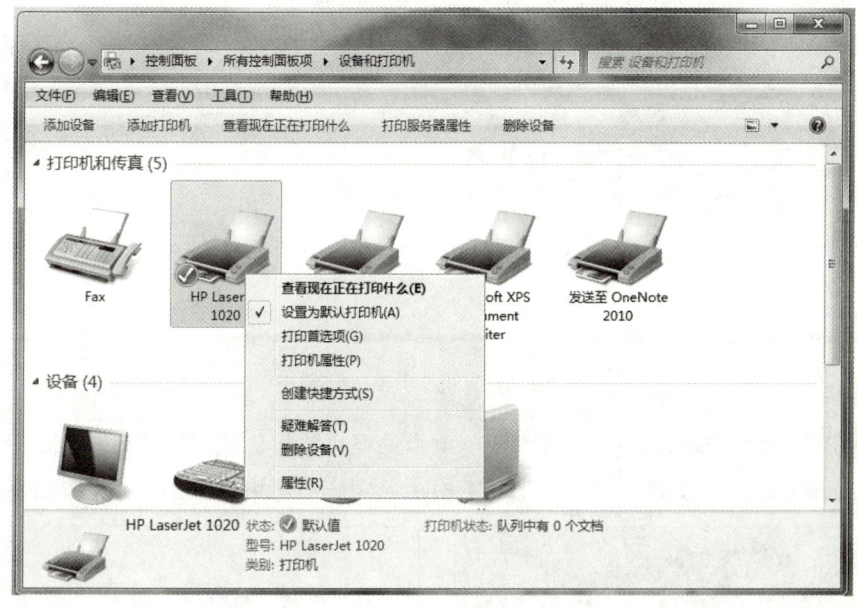

图 2-17 "设备和打印机"对话框

③ 弹出打印机属性对话框,单击打开"共享"选项卡,然后勾选"共享这台打印机"复选框,设置后单击"确定"按钮,完成打印机共享操作,如图 2-18 所示。

(2) 连接共享打印机。

① 在计算机 1 上单击任务栏中的"Windows 资源管理器"图标,在打开的窗口中单击共享打印机所在的主机,这里为计算机 2。

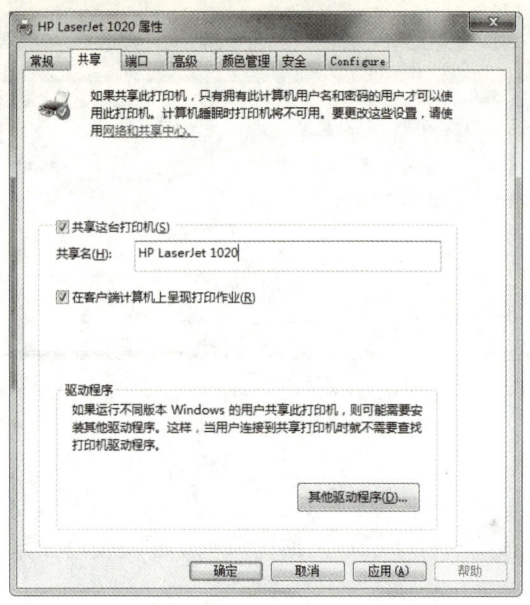

图 2-18　打印机属性对话框

② 弹出"Windows 安全"对话框，在对话框中输入目标计算机中有效的用户名及密码，如果勾选"记住我的凭据"复选框，系统将在以后访问该计算机时不再显示，与共享文件夹相同。确定后显示出计算机 2 上共享的打印机，如图 2-19 所示。

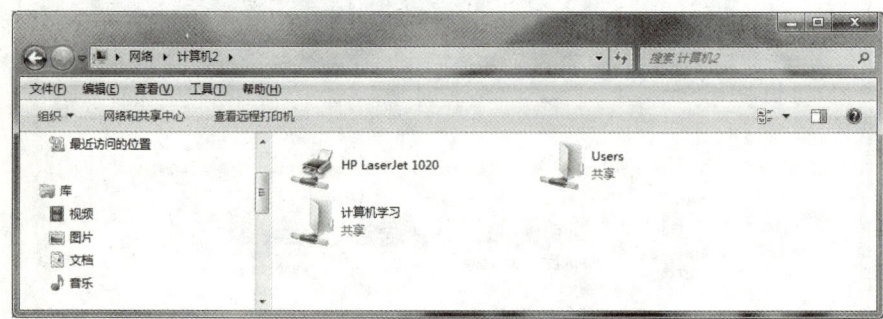

图 2-19　计算机 2 共享的打印机

③ 右击共享的打印机，在弹出的快捷菜单中选择"连接"选项，系统会自动下载安装该共享打印机的驱动程序，如图 2-20 和图 2-21 所示，完成后就可以使用该打印机了。

图 2-20　打印机对话框

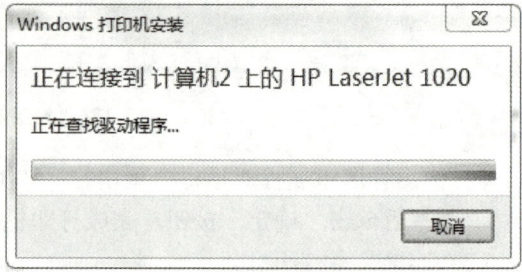

图 2-21　安装共享打印机驱动程序

2.2 访问互联网

2.2.1 什么是 Internet

Internet，中文正式译名为因特网，又叫做国际互联网。它是由那些使用公用语言互相通信的计算机连接而成的全球网络。一旦连接到它的任何一个节点上，就意味着该计算机已经连入 Internet 了。Internet 目前的用户已经遍及全球，有超过几亿人在使用 Internet，并且它的用户数还在以等比级数上升。

Internet 如此受欢迎，是因为它的功能十分广泛，主要包括以下方面。

1. 收发电子邮件

这是最早也是最广泛的网络应用。由于其低廉的费用和快捷方便的特点，仿佛缩短了人与人之间的空间距离，不论身在异国他乡与朋友进行信息交流，还是联络工作都如同与隔壁的邻居聊天一样容易，"地球村"的说法真是不无道理。

2. 上网浏览

这是网络提供的最基本的服务项目。人们可以访问网上的任何网站，并根据自己的兴趣在网上畅游，能够足不出户尽知天下事。

3. 信息查询

利用网络这个全世界最大的资料库，可以利用一些供查询信息的搜索引擎从浩如烟海的信息库中找到自己需要的信息。

4. 电子商务

就是消费者借助网络，进入网络购物站点进行消费的行为。网络上的购物站点是建立在虚拟的数字化空间里，它借助 Web 来展示商品，并利用多媒体特性来加强商品的可视性、选择性。手机 APP 推广使用以及移动支付功能的完善与普及，正使得人们的日常消费越来越方便、快捷。

5. 即时通信与社交网络

随着 QQ、微信等越来越普遍地应用于人们的生活中，每个人都可以通过上网结交世界各地的网上朋友，相互交流思想，真的能做到"海内存知己，天涯若比邻"。

6. 其他应用

现实世界中人类活动的网络版一应俱全，如网上点播、网上炒股、网上求职、艺术展览等。

2.2.2 接入 Internet

1. 接入方式

要想使用 Internet 提供的各种服务与功能，必须先接入 Internet。常用的接入 Internet 的方式有以下几种。

（1）ADSL 拨号连接。

ADSL 拨号连接是目前家庭用户使用最广泛的 Internet 接入方式之一，它需要一根正常使用的电话线、一部 ADSL 调制解调器，通过电话局分配的登录用户名及密码即可访问 Internet。

（2）有线电视网络接入。

某些区级有线电视台提供有线电视上网服务，该方式是通过有线电视网络上网，需要一部电缆调制解调器，将访问互联网的数字信号通过有线电视网络传输。

（3）小区宽带接入。

新建小区在建设时已将网线铺设完毕，用户入住后可通过墙壁上的信息插座接入 Internet。

（4）光纤接入。

大型企业或网吧等单位需要高速网络，通常使用光纤接入，成本较高。

2. 连接 Internet

宽带接入 Internet 的具体步骤如下：

① 在控制面板中，找到"网络和 Internet"选项，单击，进入"网络共享中心"，在"更改网络设置"组中，选择第一个"设置新的连接或网络"。

② 进入"设置链接或网络"窗口后，在选项中选择"连接到 Internet"，如图 2-22 所示，单击"下一步"按钮。

③ 弹出"连接到 Internet"窗口，选择"宽带(PPPoE)(R)"选项，如图 2-23 所示。

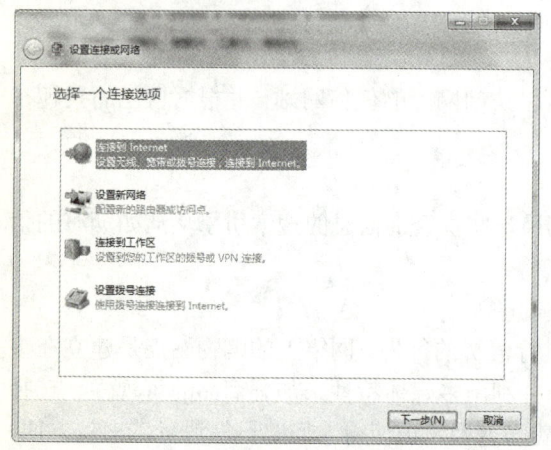
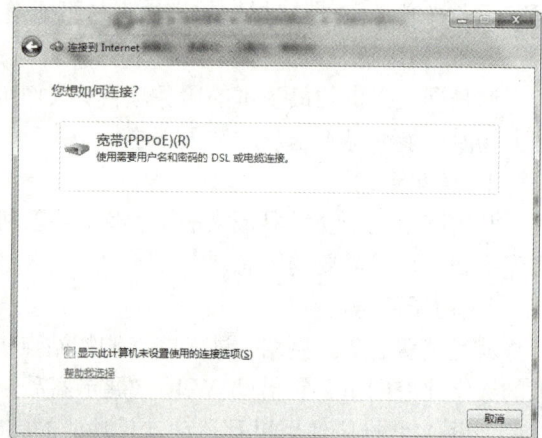

图 2-22　设置连接或网络　　　　　图 2-23　连接到 Internet

④ 单击后，输入用户名和密码，此用户名为运营商提供的账号密码。有两个选项框，第一个不建议勾选，会导致密码泄露，第二个选项建议勾选，这样就不用重复输入密码。下面是连接的名称，可以自由进行修改。单击"连接"按钮，则宽带连接就设置完毕。

⑤ 以后上网只要选择网络选项卡里的宽带连接，单击"连接"按钮即可。

3. 无线路由器设置

现在，很多用户使用手机上网，手机上网除了使用移动数据的方式，最常用的就是 WiFi 接入。用户需要先配置无线路由器，再将手机等无线终端接入 Internet。具体步骤如下：

（1）连接计算机。

用网线把无线路由器和计算机连接，再把调制解调器或者墙壁上的信息插座和无线路由器连接起来。

（2）设置计算机。

单击"开始"→"控制面板"→"网络和 Internet"→"网络和共享中心"→"设置新的连接或网络"命令选项，在单击"创建新连接"按钮之后，输入宽带的用户名和密码，如图 2-24～图 2-26 所示。

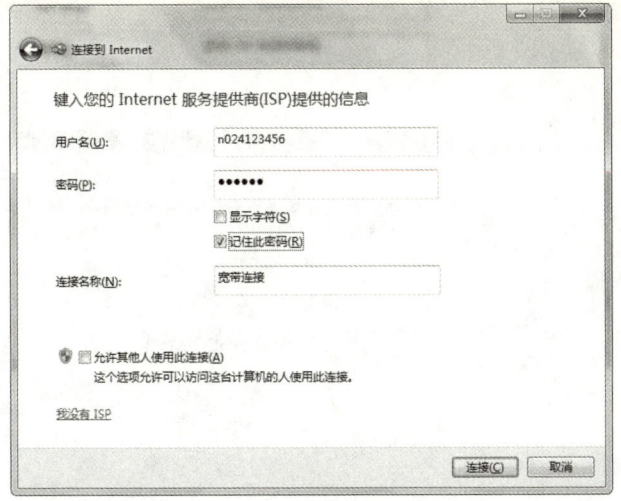

图 2-24　输入宽带用户名和密码 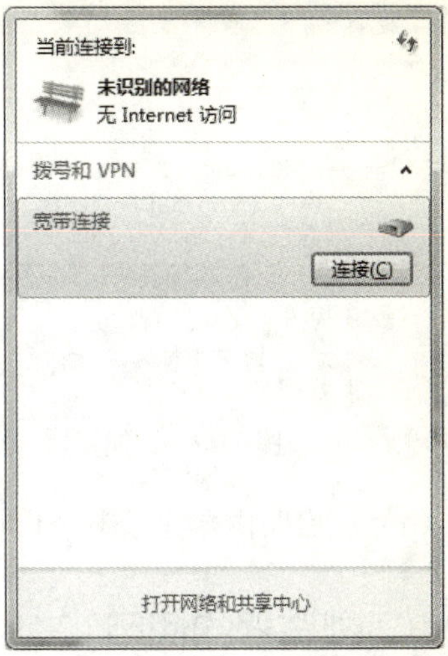　　　　　　　图 2-25　连接宽带

图 2-26　连接 宽带连接

（3）设置无线路由器。

启动 IE 浏览器，在浏览器地址栏输入 http://192.168.1.1，在弹出的窗口输入 admin（默认账户）登录。在出现的"设置向导"页面上，单击"下一步"按钮，选择"让路由器自动选择上网方式"，如图 2-27 所示，单击"下一步"按钮；依次输入上网账号和口令，如图 2-28 所示，单击"下一步"按钮，如图 2-29 所示，在 SSID 后设置 WiFi 账号，选择 WPA-PSK/WPA2-PSK 选项，设置 PSK 密码，单击"下一步"按钮后再单击"完成"按钮，如图 2-30 所示。

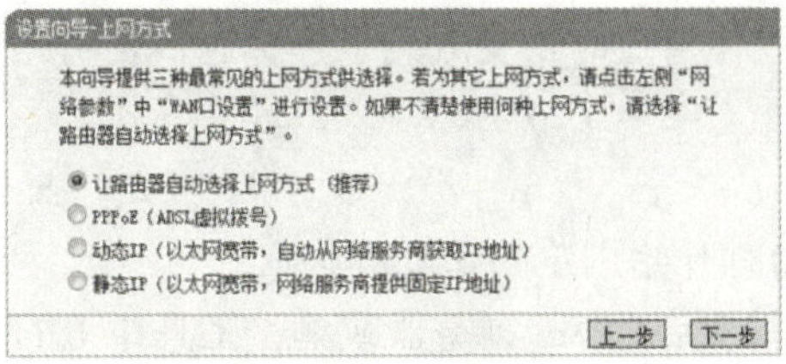

图 2-27　上网方式选择 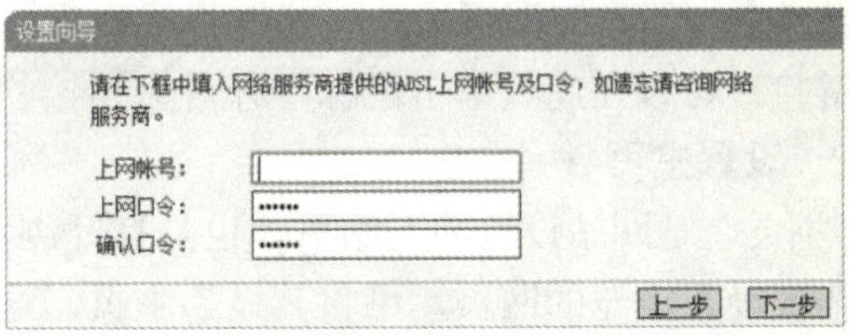　　　　　　　　　图 2-28　上网账号和口令

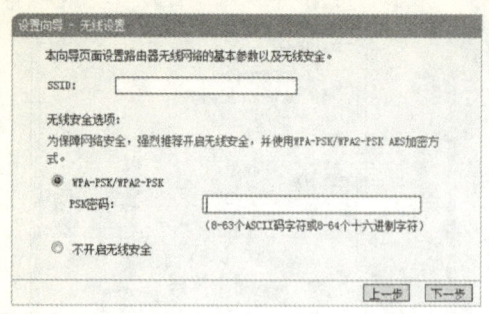

图 2-29　无线设置　　　　　图 2-30　完成无线路由器设置

（4）重启路由器完成整个设置。

2.2.3　浏览器的使用

网页浏览器是个显示网页服务器或档案系统内的文件，并让用户与这些文件互动的一种软件。它用来显示网络中的文字、影像及其他资讯。本节介绍 IE 浏览器的使用。

1．浏览网页

连接到 Internet 以后，单击任务栏快速启动区中的 IE 浏览器图标，就可以打开浏览器，如图 2-31 所示。用户浏览网页最简单的方法就是在地址栏中输入网址，单击"转到"按钮或按 Enter 键即可。

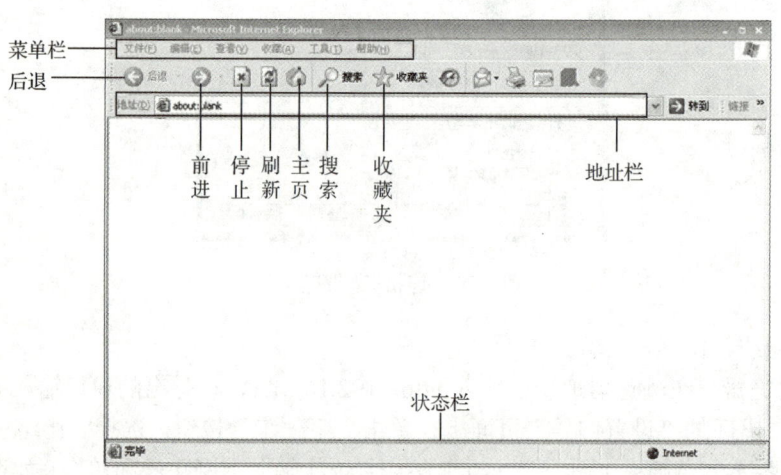

图 2-31　IE 界面

例如，访问新浪网站，则在地址栏中直接输入 www.sina.com.cn 并按 Enter 键，此时就会打开新浪的主页。在网页中的一些图片或文字，当鼠标滑过时，变成为手形标志，表明此处含有超链接，可以在此处单击鼠标打开对应连接的网页。

2．设置主页

"主页"是网站设置的起始页，也是打开浏览器时开始浏览的那一页。

需要经常浏览的网页，可将其设为主页，这样每次启动 IE 浏览器或单击工具栏上的"主页"按钮时就会显示该页。设置操作步骤如下：

① 打开要设置成主页的网页。

② 单击"工具"→"Internet 选项"命令选项。弹出"Internet 属性"对话框，如图 2-32 所示。

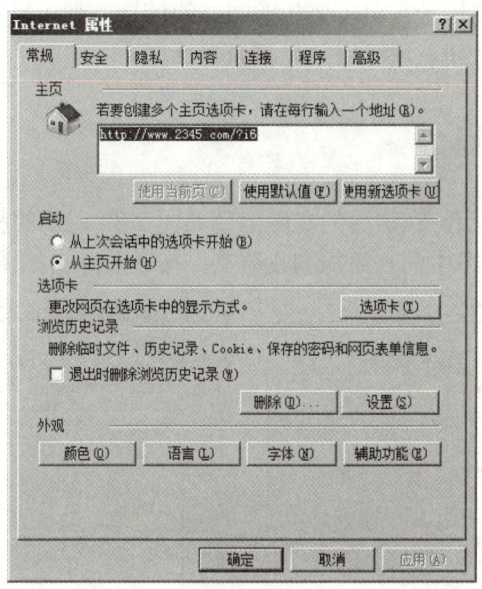

图 2-32 "Internet 属性"对话框

③ 单击打开"常规"选项卡。

④ 在"主页"区域，单击"使用当前页"按钮或者直接在"地址"栏中输入主页的网址即可；如果要恢复原来的主页，只要单击"使用默认值"按钮即可；如果用空白页作主页，单击"使用新选项卡"按钮。

3．使用工具栏上的按钮

在 IE 浏览器的工具栏上有许多非常有用的按钮，下面简单介绍各个按钮的作用和用法。

（1）"主页"按钮。

无论在哪个页面，单击该按钮时都会回到主页。

（2）"后退"和"前进"按钮。

在刚打开浏览器的时候，"后退"和"前进"按钮都是灰色的不可操作状态，当单击某个超链接打开一个新的网页时，"后退"按钮就变成黑色的可操作状态。当浏览的网页逐渐增多，又想退回去查看已浏览过的网页时，单击"后退"按钮即可达到目的。单击"后退"按钮后，"前进"按钮就成为激活状态，单击"前进"按钮，就前进到刚才打开的那一页。"后退"或"前进"按钮通常可转到最近浏览的那一页。

（3）"刷新"按钮。

当长时间浏览网页时，可能这一网页已经更新，另外，当网络比较拥堵时，网页上的有些图片不能显示或不能完全显示，可以单击"刷新"按钮来实现网页的更新。

（4）"停止"按钮。

单击工具栏上的"停止"按钮，就会立即终止浏览器的访问。

（5）"搜索"按钮。

① 单击工具栏中的"搜索"按钮，在浏览器窗口的左侧就会出现搜索窗口。

② 在搜索窗口中的"查找包含下列内容的网页"文本框中输入想要查找的网站的关键词。

③ 单击"搜索"按钮，稍后就可以得到一个与关键词有关的搜索结果列表，想要搜索的网站就在其中。例如，要找教育类的网站，输入"教育"关键词后，单击"搜索"按钮，就会出现与教育有关的很多网站地址，单击要找的网站的链接，就可以打开相应的网站。

④ 再次单击"搜索"按钮，就可以关闭搜索对话框。

4. 收藏网址

（1）添加网址到收藏夹。

收藏网址的操作步骤如下：

① 单击"收藏夹"按钮，在屏幕的左侧出现如图 2-33 所示的收藏夹菜单。

② 单击"收藏夹"菜单中的"添加到收藏夹"按钮，弹出如图 2-34 所示的对话框。

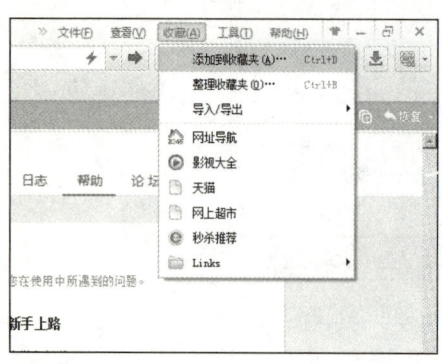 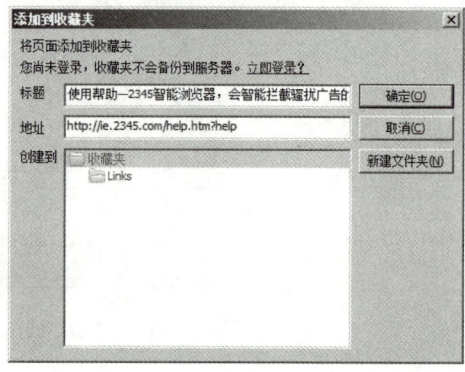

图 2-33　收藏夹菜单　　　　　　　图 2-34　"添加到收藏夹"对话框

③ "添加到收藏夹"对话框的"标题"文本框会自动显示当前 Web 网页的名称，也可以自己起一个名称，单击"确定"按钮，将以此名称保存到收藏夹中。浏览过程中单击工具栏上的"收藏"按钮，选择收藏夹列表中网页名称，可以快速访问到该网页。

（2）整理收藏夹。

① 单击"收藏夹"菜单中的"整理收藏夹"命令，打开"整理收藏夹"对话框，如图 2-35 所示。

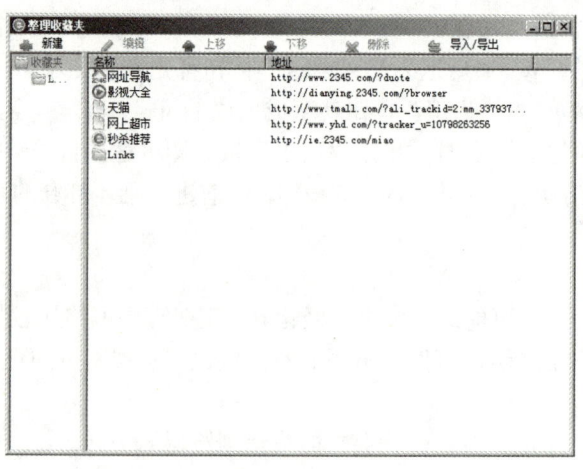

图 2-35　"整理收藏夹"对话框

② 按照对话框中的提示对收藏夹进行整理。要删除某一选项，选中该选项，然后单击"删

除"按钮。

③ 可单击"创建文件夹"按钮,新建一个文件夹,并将各个地址选项移动到文件夹中。

④ 要把地址选项移动到文件夹,先选中地址选项,然后单击"移动到文件夹"按钮,被选中的地址选项便移动到文件夹中。下次需要打开这些地址选项时,只要单击文件夹图标,就会打开文件夹,释放出各地址选项。

5. 保存网页

(1) 保存当前页。

① 在已打开的网页中,单击"文件"→"另存为"命令选项,弹出如图 2-36 所示的对话框。

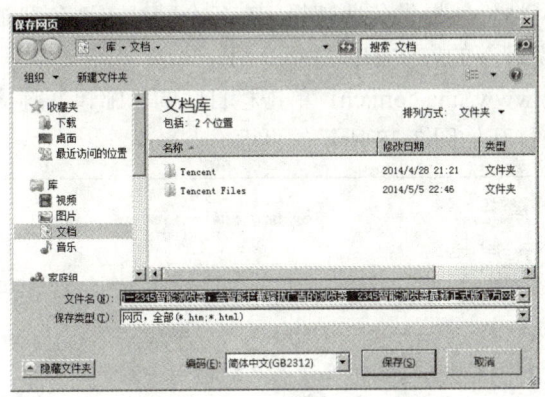

图 2-36 "保存网页"对话框

② 在最上面的下拉列表框中显示网页保存的位置,可以通过单击左侧窗格中的盘符或文件夹名改变保存位置。

③在"文件名"下拉列表框中,输入网页的名称。

④在"保存类型"下拉列表框中,选择文件类型。

(2) 保存网页中的图片。

① 选中要保存的图片,右击鼠标,弹出快捷菜单。

② 单击"图片另存为"命令,弹出"保存图片"对话框。

③ 在"保存图片"对话框中选择保存图片路径、输入文件名、选择好保存文件类型。

④ 单击"保存"按钮,图片保存完毕。

(3) 下载文件。

在资源对应的超链接上单击,弹出如图 2-37 所示的下载对话框,单击"下载"按钮,在保存对话框中输入名称,指定保存的目录,单击"确定"按钮,下载完毕会出现完成提示对话框。

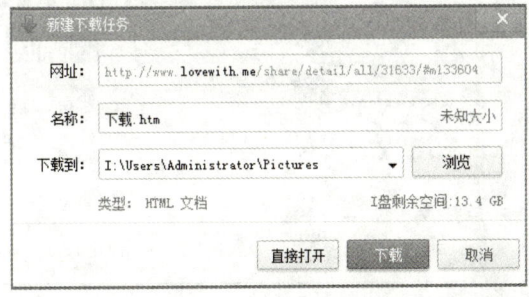

图 2-37 文件下载对话框

2.2.4 电子邮件

电子邮件是 Internet 最重要的服务项目和最早的服务形式之一，它的出现使人类的交流方式发生了重大改变。电子邮件不仅可以传送文字信息，而且可以传送图形、图像、声音等信息，它集电话的实时快捷、邮政信件的方便等优点为一体，以迅速简便、高效节约、功能强大而受到全世界用户的青睐。

1. 申请免费邮箱

目前，国内大部分网站仍然提供免费邮箱。在各个网站申请免费邮箱的步骤大体相同。下面以在新浪网站申请免费邮箱的方法为例进行介绍。

① 打开新浪网主页 www.sina.com.cn，单击栏目区的"邮箱"链接，在打开的页面中单击"注册免费邮箱"按钮，打开如图 2-38 所示的页面。

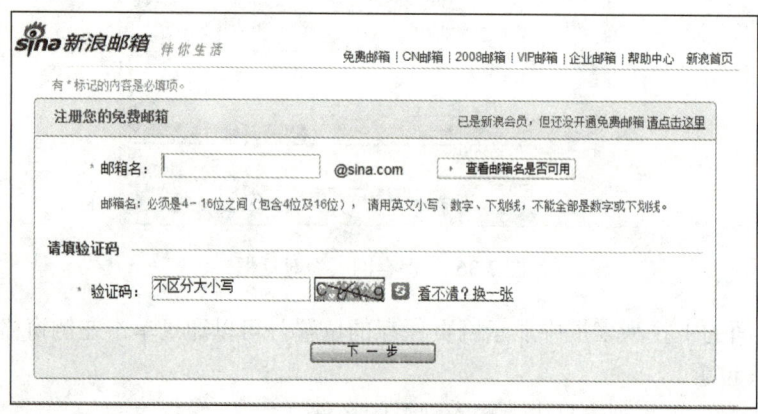

图 2-38 注册邮箱第一步

② 输入想注册的邮箱名称及验证码，单击"下一步"按钮，进入"新浪免费邮箱"的第二个页面，按格式输入一些个人信息后，单击"提交"按钮即可完成邮箱的注册。

2. 登录邮箱阅读邮件

在新浪主页上输入"登录名"和"密码"，并选择"免费邮箱"后，单击"登录"按钮进入免费邮箱页面，如图 2-39 所示。

图 2-39 免费邮箱页面

在邮箱页面中，系统显示收到多少邮件，占用多少空间等信息。单击"收件夹"链接，就可以打开"收件夹"窗口，系统会显示收到的所有邮件列表。在邮件列表框中显示邮件的发信人、发信时间、邮件主题以及此邮件的字节数。单击任意一个邮件的主题，都可以打开这个邮件。进入"阅读邮件内容"页面。如果打开的邮件包含附件文件，那么在邮件正文的下面将显示附件文件的链接，只要单击该链接即可打开或下载附件。

3. 发送/回复电子邮件

单击新浪邮件页面的"写信"按钮，进入写邮件页面，如图 2-40 所示。

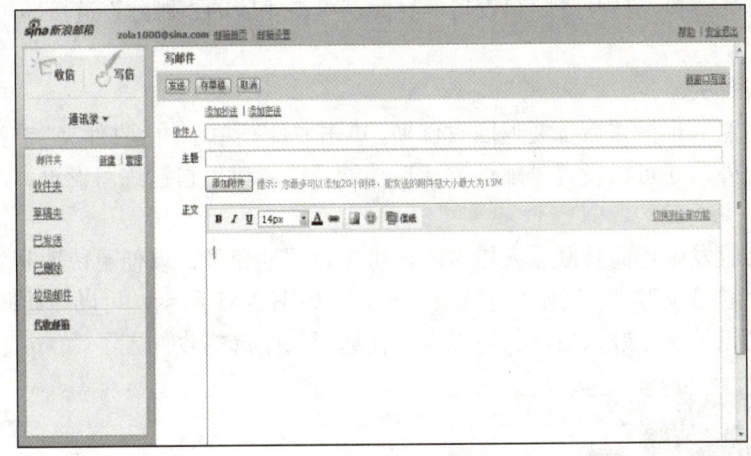

图 2-40 写邮件页面

① 填写收件人地址。在"收件人"文本框内，输入对方的 E-mail 地址。

② 填写"主题"。在"主题"文本框中输入所发出邮件的主题，该主题将显示在收件人收件夹的"主题"区。

③ 书写正文。将光标定位在正文区内，然后输入邮件正文的内容。

④ 添加附件。用户还可以将本地硬盘、磁盘或光盘中的文件以附件的形式发送给对方。单击"添加附件"按钮，打开"选择文件"对话框。在"选择文件"对话框中通过单击要发送文件所在的盘符、文件夹，找到该文件并将其选中，然后单击"打开"按钮，要发送文件的路径和文件名就自动添加到"附件"右侧的地址框中。

⑤ 发送邮件。单击"发送"按钮，系统便将邮件正文和附件一同发送出去。收件人可直接打开收到的附件，也可以通过网络下载到本地计算机上。

⑥ 回复邮件。收到别人寄来的电子邮件后，如果需要回复，可以单击"回复"按钮。单击"回复"按钮以后，系统将自动打开"写邮件"页面。同时寄件人的 E-mail 地址和邮件主题将自动添加到要回复邮件的收件人"地址文本框和主题框文本框"里，其中主题成为"回复：+原邮件的主题"。

⑦ 转发邮件。单击"转发"按钮可以将收到的邮件转发给其他人。转发邮件时系统自动填写邮件主题为："转发：+原邮件的主题"。

4. 处理邮箱中的邮件

（1）重新命名邮件夹。

单击要重新命名的邮件夹前的复选框，选中该邮件夹。单击页面下方的"重命名"链接，弹出"Explorer 用户提示"对话框，在文本框中输入新的名称后，单击"确定"按钮，邮件夹更名完毕。

（2）删除邮件。

删除当前邮件，即已打开的邮件，直接单击"删除"按钮即可把该邮件删除。

删除未打开的邮件夹，选中邮件左侧的复选框，单击"删除"按钮，邮件便被删除。

（3）转移邮件。

选中要转移的邮件，单击"移动到"右侧的下拉按钮，弹出下拉菜单，从中选择相应的选项即可把邮件转移到相应的位置。

（4）删除邮件夹。

单击"管理"链接，打开"邮箱设置"界面，单击相应的"删除"链接即可将相应的邮件夹删除。

（5）返回收件夹。

在进行完任意一项操作后都要返回收件夹，单击左侧菜单中的"收件夹"链接即可返回"收件夹"界面。此外，还可以设置"邮件过滤"功能。读者可以自己练习设置。

5．通讯录

当用户经常收发邮件而且联系人较多时，可以设置通讯录，以便更快速高效地收发邮件。单击邮箱中的"通讯录"，切换到"通讯录"界面，如图 2-41 所示，可以新建联系人，对联系人分组等，当通讯录建立好以后，就可以直接在通讯录中选择收件人了。

图 2-41　邮箱通讯录

6．用 Outlook Express 收发邮件

（1）接收阅读邮件。

① 启动 Outlook Express 程序，在左侧文件夹中的收件箱提示新收的邮件，例如图 2-42 中有 2 封未读邮件。

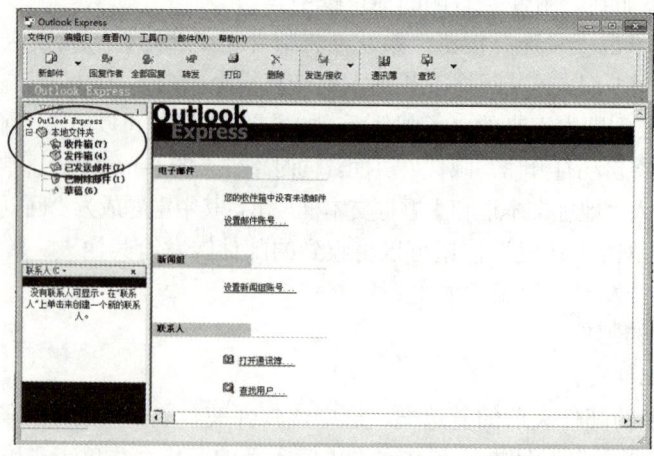

图 2-42　Outlook Express 窗口

② 单击"收件箱中有 2 封未读邮件",进入读邮件窗口,单击右上窗口中的邮件就可以阅读该邮件。若邮件的信息栏中带有回形针符号,表示该邮件中插有附件,可以对附件进行下载,如图 2-43 所示。

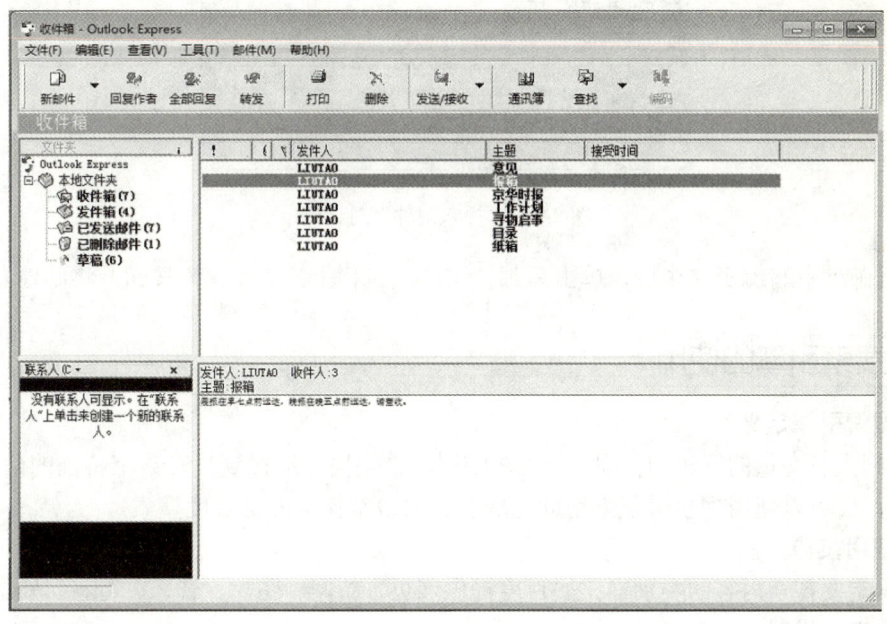

图 2-43　读邮件窗口

(2) 发送邮件。

① 单击 Outlook Express 窗口工具栏上"新邮件"按钮,进入写邮件窗口,如图 2-44 所示。

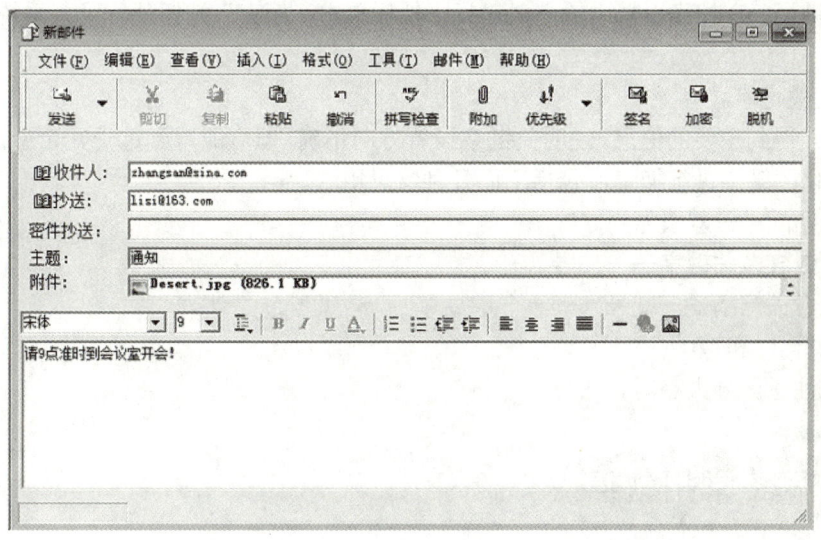

图 2-44　写邮件窗口

② 在写邮件窗口中,输入收件人的电子邮件地址、主题、正文,如果要同时发送附件,单击写邮件窗口工具栏上的"附加"按钮插入附件,打开"插入附件"对话框,在对话框下面的"文件类型"下拉列表中选择"所有文件"选项,如图 2-45 所示。

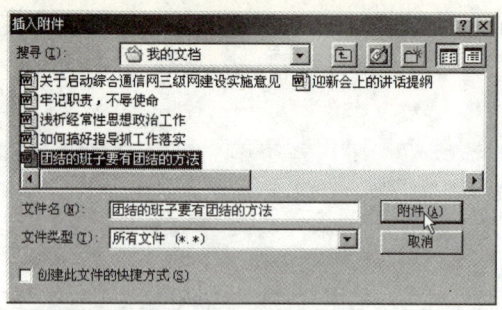

图 2-45 "插入附件"对话框

③ 当邮件书写编辑完毕后,单击写邮件窗口工具栏上的"发送"按钮,将邮件发送出去。

2.2.5 搜索引擎的使用

1. 搜索引擎定义

因特网上有海量的资源和信息,若想在使用时希望快速地找到具有某个特征的信息或者某一类信息,就可以使用搜索引擎来帮助完成。国内最常使用的是百度搜索。

2. 使用技巧

① 确定要搜索内容的类别。比如百度提供网页、新闻、图片、音乐、百科、知道等分类。

② 关键字设置。

选择搜索关键词的原则是,首先确定所要达到的目标,在头脑里要形成一个比较清晰的概念,即要找的到底是什么?是资料性的文档,还是某种产品或服务?然后再分析这些信息都有什么共性,以及区别于其他同类信息的特性,最后从这些方向性的概念中提炼出此类信息最具代表性的关键词。在搜索引擎中输入关键词,然后单击"搜索"按钮就行了,系统很快会返回查询结果。

③ 细化关键字。

如果搜索得到想要的信息,说明关键字设置方向正确,但可能得到过于冗余或泛泛的信息,这时需要细化关键字进行搜索,包括下面几种常见用法。

- 精确匹配——双引号用("")。
- 同时包含多关键字——加号(+)。
- 不包含关键字——减号(-)。
- 通配符(*和?)。
- 英文注意区分大小写。

2.3 网络常用软件

2.3.1 压缩/解压工具软件

在网络上存储和传输文件时,由于文件比较多,可以对多个文件进行打包压缩,待下载后再进行解压缩操作。常用的压缩软件也很多,最为多见的是 WinRAR。下面就将它的用法做简单介绍。

在网站上下载了 WinRAR 软件后，按照提示步骤进行安装，然后就可以进行压缩与解压缩的操作了。比如有 10 张图片，想通过邮件发送给好友，就可以将这些图片压缩，打包后发送。方法是：选择这 10 张图片，右击，在弹出的快捷菜单中选择"添加到压缩文件"或者"添加到 Pictures.rar"选项，如图 2-46 所示，后一种方式直接用图片所在文件夹命名压缩包，前一种方式会出现如图 2-47 所示对话框，在该对话框中可以进行进一步的设置，包括压缩文件名、压缩文件格式、压缩方式、压缩选项等。设置好后，单击"确定"按钮，就开始压缩，如果文件较多、较大，压缩需要一小段时间，压缩完成后，会出现一个压缩包文件，如图 2-48 所示。

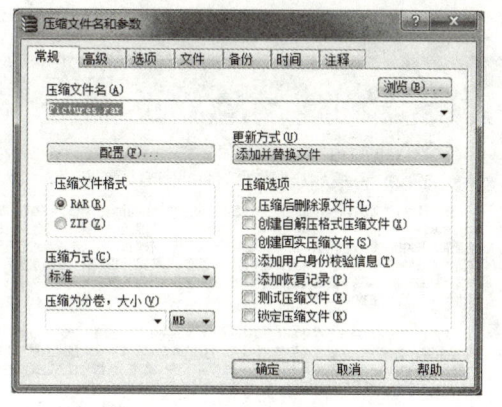

图 2-46　压缩快捷菜单　　　图 2-47　压缩文件名和参数　　　图 2-48　压缩文件

解压缩的过程相当于压缩的逆过程，只需要双击压缩文件，就可以查看压缩包里的文件，如图 2-49 所示，要想还原压缩的文件，在工具栏上单击"解压到"按钮，进行相关设置即可。也可以通过右击压缩文件，通过快捷菜单上的命令快速解压文件。

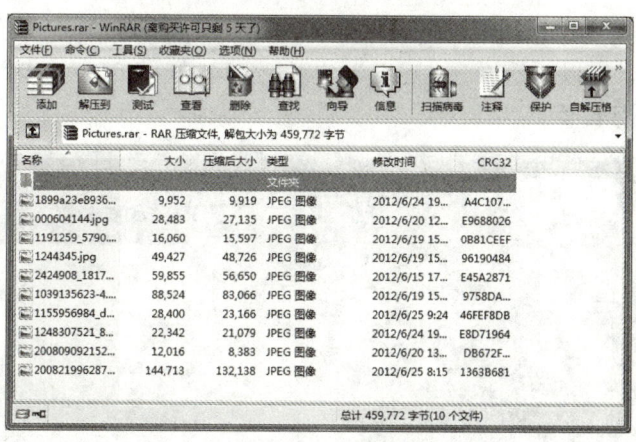

图 2-49　查看压缩文件

2.3.2　下载工具软件

1. 迅雷

迅雷是一款下载软件，支持同时下载多个文件，支持 BT、电驴文件下载，是下载电影、视频、软件、音乐等文件所需要的软件。目前使用广泛的是迅雷。迅雷使用的超线程技术基于网格原理,能够将存在于第三方服务器和计算机上的数据文件进行有效整合,通过这种先进的超线程技术,用户能够以更快的速度从第三方服务器和计算机获取所需的数据文件。这种超线程技术还具有互联网下载负载均衡功能,在不降低用户体验的前提下,迅雷网络可以对服务器资源进行均衡,有效降低服务器负载。

(1)软件安装。

软件下载到本地后,打开软件安装包,出现安装向导后即可开始安装,如图 2-50 所示。此图为迅雷安装协议书与用户须知,单击"接受"按钮进入下一步操作,按照提示进行设置,直到安装完成。

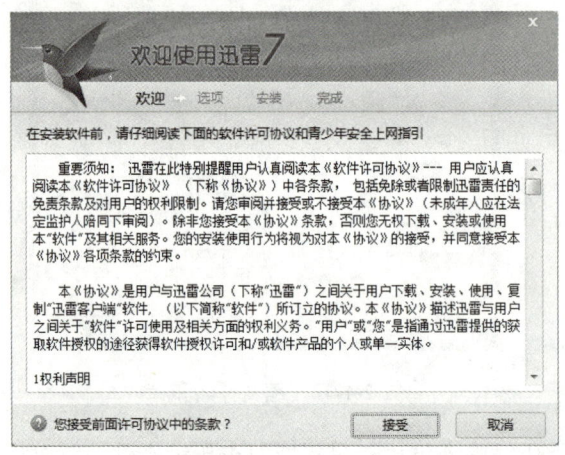

图 2-50　迅雷安装

(2)软件界面。

安装完成后,会自动运行迅雷,出现如图 2-51 所示界面,软件运行后请先设置"设置向导",如图 2-52 所示,可以单击"一键设置"按钮,也可以单击"下一步"按钮按照自己喜欢的方式一步一步地进行设置。

图2-51　迅雷界面

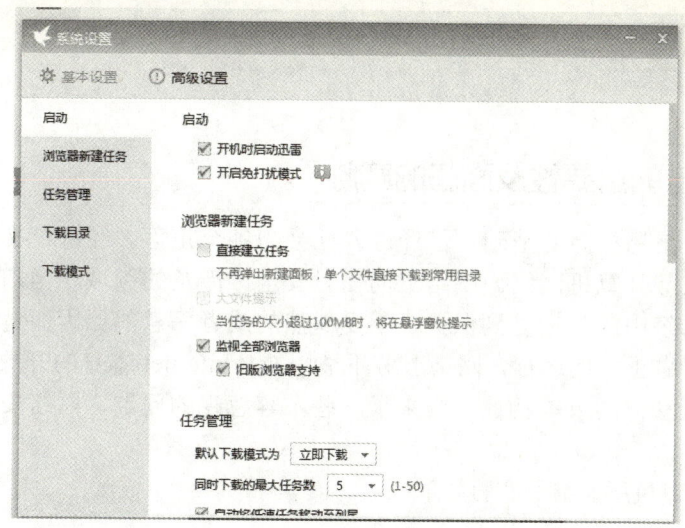

图 2-52　迅雷配置

（3）下载。

下面以在多特软件站下一个软件为例介绍软件下载步骤。

① 右键下载。

首先打开多特迅雷的下载页面，在下载地址栏右击任一下载点，在弹出的快捷菜单中选择"使用迅雷下载"选项，这时迅雷会弹出"新建任务"对话框，如图 2-53 所示。此为默认下载目录，用户可自行更改文件下载目录。目录设置好后单击"立即下载"按钮，下载完成后的文件会显示在左侧"已完成"的目录内，用户可自行管理。

图 2-53　迅雷新建任务

② 直接下载。

如果知道一个文件的绝对下载地址，例如 http://3.duote.com.cn/thunder.exe，那么就可以先复制此下载地址，之后迅雷会自动弹出"新建任务"对话框，也可以单击迅雷主界面上的"新建"按钮，将刚才复制的下载地址粘贴在新建任务栏上。

2. FlashGet 网际快车

快车采用基于业界领先的 MHT 下载技术给用户带来超高速的下载体验；全球首创 SDT 插件预警技术充分确保安全下载；兼容 BT、传统（HTTP、FTP 等）等多种下载方式更能让人充分享受互联网海量下载的乐趣。下载的最大问题是什么——速度，其次是什么——下载后的管理。网际快车的安装与迅雷相似，在使用时也有一些共同之处，下载时选择什么工具多数由提供下载资源的网站和用户的习惯决定。

2.4 网络安全

2.4.1 网络安全的重要性及面临的威胁

计算机网络是信息社会的基础,已经进入社会的各个角落。经济、文化、军事和社会生活越来越多地依赖计算机网络。网络上的信息安全,涉及的领域相当广泛。网络系统的硬件、软件及其系统中的数据受到保护,不受偶然的或者恶意的原因而遭到破坏、更改、泄露。系统连续可靠正常地运行,网络服务不被中断。Internet 本身的开放性、跨国界、无主管、不设防、无法律约束等特性,带来了一些不容忽视的问题,网络安全就是其中最为显著的问题之一。

目前网络与计算机所面临的威胁如下:
(1)黑客攻击。
(2)病毒与木马。
(3)管理安全与内部攻击。
(4)信息垃圾。

2.4.2 计算机病毒及其防治

1. 计算机病毒定义

计算机病毒(Computer Virus)指编制者在计算机程序中插入的破坏计算机功能或者破坏数据,影响计算机使用并且能够自我复制的一组计算机指令或者程序代码。

计算机病毒不是天然存在的,是某些人利用计算机软件和硬件所固有的脆弱性编制的一组指令集或程序代码。它能通过某种途径潜伏在计算机的存储介质(或程序)里,当达到某种条件时即被激活,通过修改其他程序的方法将自己精确复制或者以可能演化的形式放入其他程序中,从而感染其他程序,对计算机资源进行破坏,所谓的病毒就是人为造成的,对其他用户的危害性很大。

2. 常见计算机病毒

2007 年,熊猫烧香病毒,会使所有程序图标变成熊猫烧香,并使它们不能应用。

2008 年,扫荡波病毒,这个病毒可以导致被攻击者的机器被完全控制。

2009 年,木马下载器病毒,中毒后会产生 1000~2000 不等的木马病毒,导致系统崩溃。

2010 年,鬼影病毒,该病毒成功运行后,在进程中、系统启动加载项里找不到任何异常,病毒代码写入 MBR 寄存,即使格式化重装系统,也无法彻底清除该病毒。犹如"鬼影"一般"阴魂不散",所以称为"鬼影"病毒。鬼影有变种,分别为鬼影、魅影、魔影。都具有很强的隐蔽性和破坏性。

2010 年,极虎病毒,该病毒类似 qvod 播放器的图标。感染极虎之后可能会遭遇的情况:计算机进程中莫名其妙地有 ping.exe 和 rar.exe 进程,并且 CPU 占用很高,风扇转得很响,并且这两个进程无法结束。某些文件会出现 usp10.dll、lpk.dll 文件,杀毒软件和安全类软件会被自动关闭(如瑞星、360 安全卫士等如果没有及时升级到最新版本都有可能被停掉)。破坏杀毒软件、系统文件,感染系统文件,让杀毒软件无从下手。极虎病毒最大的危害是造成系统文件被篡改，无法使用杀毒软件进行清理，一旦清理，系统将无法打开和正常运行，同时基于计算机和网络的账户信息可能会被盗，如网络游戏账户、银行账户、支付账户以及重要的电子邮件账户等。

2011年，宝马病毒，360安全卫士计算机病毒之首。破坏计算机软件，杀毒软件和安全类软件会被自动关闭。

3. 计算机病毒的特征

（1）繁殖性。

计算机病毒可以像生物病毒一样进行繁殖，当正常程序运行的时候，它也运行，自身复制，是否具有繁殖、感染的特征是判断某段程序为计算机病毒的首要条件。

（2）传染性。

计算机病毒不但本身具有破坏性，更有害的是具有传染性，一旦病毒被复制或产生变种，其传染速度之快令人难以预防。传染性是病毒的基本特征。在生物界，病毒通过传染从一个生物体扩散到另一个生物体。在适当的条件下，它可得到大量繁殖，并使被感染的生物体表现出病症甚至死亡。同样，计算机病毒也会通过各种渠道从已被感染的计算机扩散到未被感染的计算机，在某些情况下造成被感染的计算机工作失常甚至瘫痪。与生物病毒不同的是，计算机病毒是一段人为编制的计算机程序代码，这段程序代码一旦进入计算机并得以执行，它就会搜寻其他符合其传染条件的程序或存储介质，确定目标后再将自身代码插入其中，达到自我繁殖的目的。只要一台计算机染毒，如不及时处理，那么病毒会在这台计算机上迅速扩散，计算机病毒可通过各种可能的渠道，如软盘、硬盘、移动硬盘、计算机网络去传染其他的计算机。当在一台机器上发现了病毒时，往往曾在这台计算机上用过的外存储器已感染上了病毒，而与这台机器联网的其他计算机也许已被该病毒感染上了。是否具有传染性是判别一个程序是否为计算机病毒的最重要条件。

（3）潜伏性。

有些病毒像定时炸弹一样，让它什么时间发作是预先设计好的。比如黑色星期五病毒，不到预定时间一点都觉察不出来，等到条件具备的时候一下子就爆炸开来，对系统进行破坏。一个编制精巧的计算机病毒程序，进入系统之后一般不会马上发作，因此病毒可以静静地躲在硬盘里待上几天，甚至几年，一旦时机成熟，得到运行机会，就又要四处繁殖、扩散，继续危害其他计算机。潜伏性的第二种表现是指，计算机病毒的内部往往有一种触发机制，不满足触发条件时，计算机病毒除了传染外不做什么破坏。触发条件一旦得到满足，有的在屏幕上显示信息、图形或特殊标识，有的则执行破坏系统的操作，如格式化磁盘、删除磁盘文件、对数据文件做加密、封锁键盘以及使系统死锁等。

（4）隐蔽性。

计算机病毒具有很强的隐蔽性，有的可以通过病毒软件检查出来，有的根本就查不出来，有的时隐时现、变化无常，这类病毒处理起来通常很困难。

（5）破坏性。

计算机中毒后，可能会导致正常的程序无法运行，把计算机内的文件删除或受到不同程度的损坏。通常表现为：增、删、改、移。

（6）可触发性。

病毒因某个事件或数值的出现，诱使病毒实施感染或进行攻击的特性称为可触发性。为了隐蔽自己，病毒必须潜伏，少做动作。如果完全不动，一直潜伏的话，病毒既不能感染也不能进行破坏，便失去了杀伤力。病毒既要隐蔽又要维持杀伤力，它必须具有可触发性。病毒的触发机制就是用来控制感染和破坏动作的频率。病毒具有预定的触发条件，这些条件可能是时间、日期、文件类型或某些特定数据等。病毒运行时，触发机制检查预定条件是否满足，如果满足，启动感染或破坏动作，使病毒进行感染或攻击；如果不满足，使病毒继续潜伏。

4. 计算机病毒防范

（1）建立良好的安全习惯。
（2）关闭或删除系统中不需要的服务。
（3）经常升级安全补丁。
（4）使用复杂的密码。
（5）迅速隔离受感染的计算机。
（6）了解一些病毒知识。
（7）最好安装专业的杀毒软件进行全面监控。
（8）用户还应该安装个人防火墙软件进行防黑。

5. 计算机病毒查杀

当发现计算机中了病毒后，要用专业的杀毒软件进行查杀，杀毒软件有很多，比如360杀毒、金山毒霸、江民、瑞星、卡巴斯基等。

下面以360杀毒软件为例，讲解杀毒软件用法。

启动360杀毒后，可以进行快速扫描、全盘扫描和计算机门诊操作。当进行快速扫描和全盘扫描时，软件自动扫描计算机内存和硬盘，并统计扫描的文件数、发现的威胁数、已处理的威胁数、扫描用时等信息，如图2-54所示。进行全盘扫描时，根据磁盘文件的数量和大小，决定扫描的时间，一般都需要十几或几十分钟乃至几个小时。

图2-54 360杀毒扫描

当扫描完成后，出现病毒查杀结果处理界面，如图2-55所示。根据威胁的不同类型可以进行不同的处理，有的是隔离文件，有的是删除文件，也有需要重新启动的，还有一些杀毒软件无法判断，需进行手动处理，比如这个打印机驱动程序被认为是威胁，但如果用户已知它是安全的，可以添加信任，若认为有威胁，单击"开始处理"按钮，就可以把该文件放入隔离区。

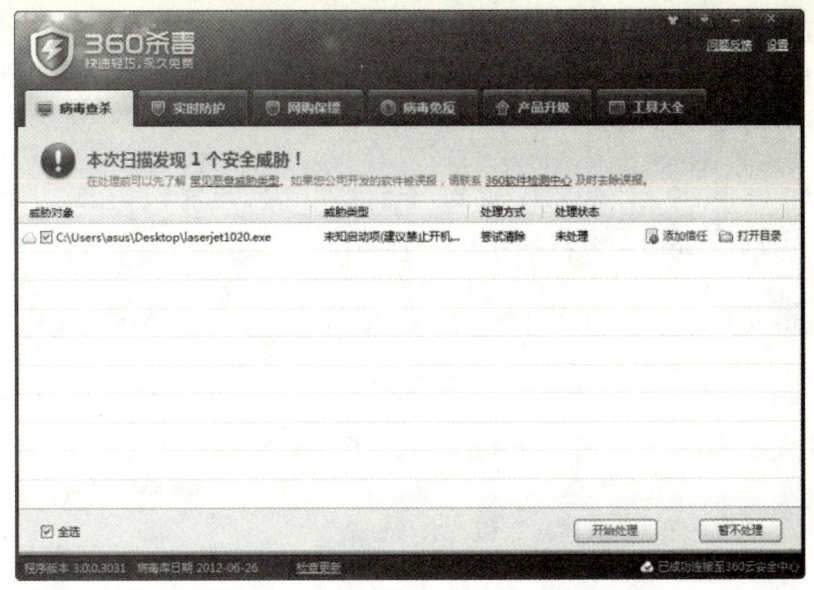

图 2-55　病毒查杀结果处理界面

但是通常病毒感染计算机的第一件事就是杀掉它们的天敌——安全杀毒软件。这样，在使用杀毒软件时就不能完成杀毒，此时可以请专业人士进行帮助。所以对于计算机病毒，一定要以防范为主。

2.5　网络实训

任务 1：
在上课的机房里找到网卡接口、网线、交换机、光纤等网络设备。

任务 2：
查看当前计算机的 IP 设置。

任务 3：
用 ping 命令测试当前计算机与相邻计算机网络连接是否畅通。

任务 4：
在当前计算机上，创建一个以自己姓名命名的文件夹，并在机房的局域网中共享该文件夹。

任务 5：
打开辽宁省交通高等专科学校网站，网址 www.lncc.edu.cn，并把该网址设为主页；然后访问左侧导航栏中"学校概况"中的"校园规划"，将该页面中的"校园鸟瞰图"保存到当前计算机的 D:\，命名为"鸟瞰图.jpg"；再返回主页，访问"教育教学"中的"教务处"，将该页面添加到收藏夹中，命名为"教务处"；在教务处的"常用下载"中，单击"教师用下载"，下载"考勤表"，保存到 D:\，命名为"考勤表.xls"；最后返回主页，把该网站主页保存下来，保存名为"辽宁交专.htm"，类型为"网页"，保存目录为 D:\。

任务 6：
申请一个免费信箱，申请的网站不限。申请好信箱后，相邻两个同学为一组，互相告知信箱地址，并互相发送一封邮件，邮件的主题为"校园风光"，内容为"这是我们学校的校园风光图片"，附件为在任务 5 中保存的"鸟瞰图.jpg"。当收到对方邮件后，打开邮件，把邮件中的附件下载下来。

任务 7：

利用百度搜索引擎搜索能表现自己家乡特色的 5 张图片，关键字自主设定，并将这 5 张图片分别命名为 1.jpg～5.jpg，保存到 D:\下。

任务 8：

利用 WinRAR 软件，将任务 7 中下载的 5 张图片进行压缩，压缩后的文件命名为"我的家乡.rar"。

任务 9：

使用迅雷或者网际快车，下载"搜狗输入法"软件安装包。

任务 10：

用 360 安全卫士进行"电脑体检"和"木马查杀"。

第3章 Word 2010 的使用

3.1 Word 2010 入门

中文 Word 2010 是 Microsoft 公司推出的 Microsoft Office 2010 的一个重要组件，它延续了 Word 2007 的 Ribbon（功能区）界面，操作更直观、更人性化，适用于制作各种文档，如书籍、信函、传真、公文、报刊、表格、图表、图形和简历等。Word 2010 具有很多方便优越的性能，可以使文档的编辑变得快捷、整洁且专业。

3.1.1 启动 Word 2010 与退出

首先要明确 Word 的基本操作。一个最简单的文档工作流程是：创建文档→编辑文档→保存文档→关闭文档→再打开文档。

1. 启动 Word 2010

Word 2010 的启动方式主要有以下几种：

① 双击桌面上已建立的 Word 2010 的快捷方式。

② 单击"开始"→"所有程序"→Microsoft Office→Microsoft Office Word 2010 命令选项即可启动 Word 2010。

2. 退出 Word 2010

Word 2010 的退出方式主要有以下几种：

① 直接单击 Word 程序标题栏右侧的"关闭"按钮。

② 选择"文件"→"退出"命令。

③ 单击 Word 程序标题栏左侧的 Word 图标，在下拉控制菜单中单击"关闭"命令选项。

④ 双击 Word 程序标题栏左侧的 Word 图标。

⑤ 按 Alt+F4 快捷键。

3.1.2　Word 2010 窗口介绍

Word 2010 的工作窗口如图 3-1 所示。

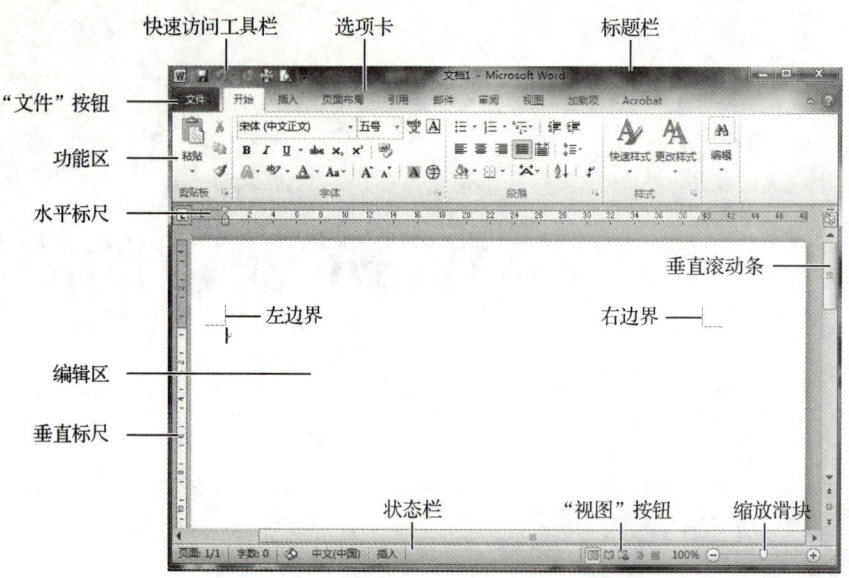

图 3-1　Word 2010 的工作窗口

Word 2010 窗口除了具有 Windows 7 窗口的标题栏等基本元素外，主要还包括选项卡、功能区、滚动条、标尺、状态栏等，以及由用户根据自己的需要自行修改设定的其他元素。

1. 标题栏

Word 2010 界面最上方就是标题栏，在标题栏的左边是控制菜单图标，中间显示了文档的名称及软件名。标题栏右边 3 个按钮分别是"最小化"按钮、"向下还原"按钮和"关闭"按钮。

2. 菜单栏

为了让 Word 2003 用户更快地适应 Word 2010 的环境，Word 2010 最显著的一个变化就是用"文件"按钮代替了 Word 2007 中的"Office"菜单。单击"文件"按钮后会弹出"保存""另存为""打开""关闭"等常用命令。

3. 功能区和选项卡

功能区整合了早期版本中的菜单栏和工具栏，承载了更为丰富的内容。为了便于浏览，功能区集合了若干围绕特定方案或对象的选项卡，如"开始""插入"选项卡等。每个选项卡又细化为几个组，如"开始"选项卡包括"剪贴板"组、"字体"组、"段落"组等。每个组中又列出了多个命令按钮，如"剪贴板"组包括"粘贴""剪切""复制"和"格式刷"命令按钮，如图 3-2 所示。

4. 快速访问工具栏

常用命令位于此处，例如"保存"和"撤销"。也可以添加个人常用命令，其方法为：单击快速访问工具栏右侧的按钮，在弹出的下拉菜单中选择需要显示的按钮即可。

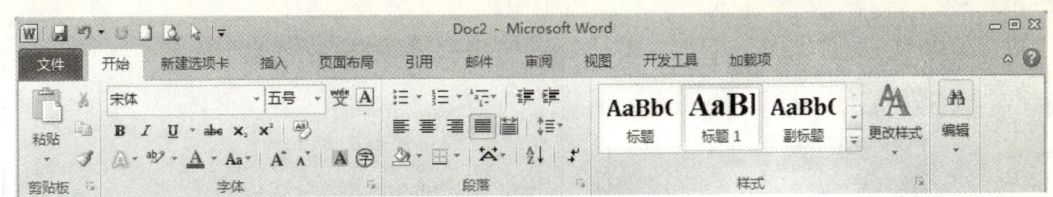

图 3-2 "开始"选项卡

5. 编辑区和"视图"按钮

文档编辑区位于窗口中央，占据窗口的大部分区域，显示正在编辑的文档。针对不同的需要，Word 2010 提供了页面视图、阅读版式视图、Web 版式视图、大纲视图、草稿视图等多种不同的视图效果。

① 页面视图："页面视图"可以显示 Word 2010 文档的打印结果外观，主要包括页眉、页脚、图形对象、分栏设置、页面边距等元素，是最接近打印结果的页面视图。

② 阅读版式："阅读版式视图"以图书的分栏样式显示 Word 文档，"文件"按钮、功能区等窗口元素被隐藏起来。在"阅读版式视图"中，用户还可以单击"工具"按钮选择各种阅读工具。

③ Web 版式视图："Web 版式视图"是显示文档在 Web 浏览器中的外观。例如，文档将显示为一个不带分页符的长页，并且文本和表格将自动换行以适应窗口的大小。

④ 大纲视图："大纲视图"主要用于 Word 文档的设置和显示标题的层级结构，并可以方便地折叠和展开各种层级文档。大纲视图广泛用于 Word 2010 长文档的快速浏览和设置中。

⑤ 草稿视图："草稿视图"取消了页眉和图片等元素，仅显示标题和正文，是最节省计算机系统硬件资源的视图方式。

6. 滚动条

滚动条包括水平滚动条和垂直滚动条，可用于调整文档的显示位置。

7. 缩放滑块

缩放滑块可用于更改正在编辑文档的显示比例，在按住 Ctrl 键的同时滚动鼠标中间滚轮也可以实现同样的效果。

8. 状态栏

状态栏位于 Word 2010 工作界面的最下方，显示正在编辑文档的相关信息，包括行数、列数、页码位置、总页数等。其右侧为视图区，主要用来切换视图模式、文档显示比例，其中包括"视图"按钮组、当前显示比例和调节页面显示比例的控制杆。

9. 标尺

标尺包括水平标尺和垂直标尺。主要用来显示页面的大小及窗口中字符的位置，同时也可以用标尺进行段落缩进和边界调整。标尺是可选栏，用户可以根据自己的需要来显示或隐藏标尺。

3.1.3 Word 2010 界面环境设置

1. 自定义外观界面

Word 2010 内置的"配色方案"允许用户自定义外观界面的主色调。

单击"文件"→"选项"菜单命令（见图 3-3），打开"Word 选项"窗口，如图 3-4 所示。

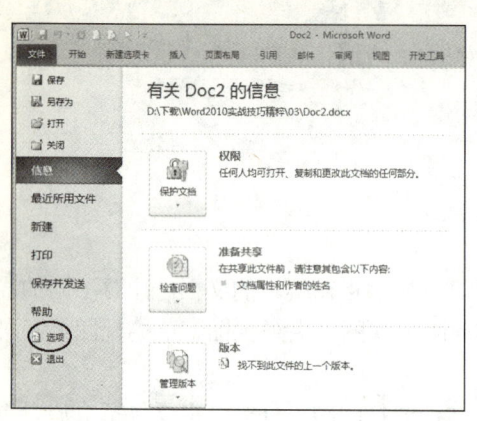
图 3-3 单击"文件"→"选项"命令

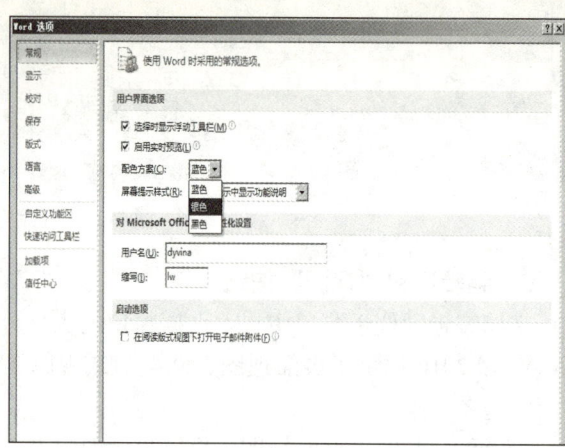
图 3-4 "Word 选项"对话框

选择"常规"选项,在"配色方案"的下拉菜单中有 3 种配色方案可选,分别是蓝色、银色和黑色。选择一种后单击"确定"按钮完成外观界面配色设置。若要设置或取消实时预览,可在"常规"选项卡中选中或撤选"启用实时预览"复选框。

2. 自定义功能区

在 Word 2010 功能区中允许用户对功能区进行自定义。不但可以创建功能区,而且还可以在功能区下创建组,让功能区更加符合自己的使用习惯。

单击"文件"→"选项"命令,打开"Word 选项"对话框,选择"自定义功能区"选项,如图 3-5 所示,然后在"自定义功能区"列表中,勾选相应的主选项卡,自定义功能区显示的主选项。

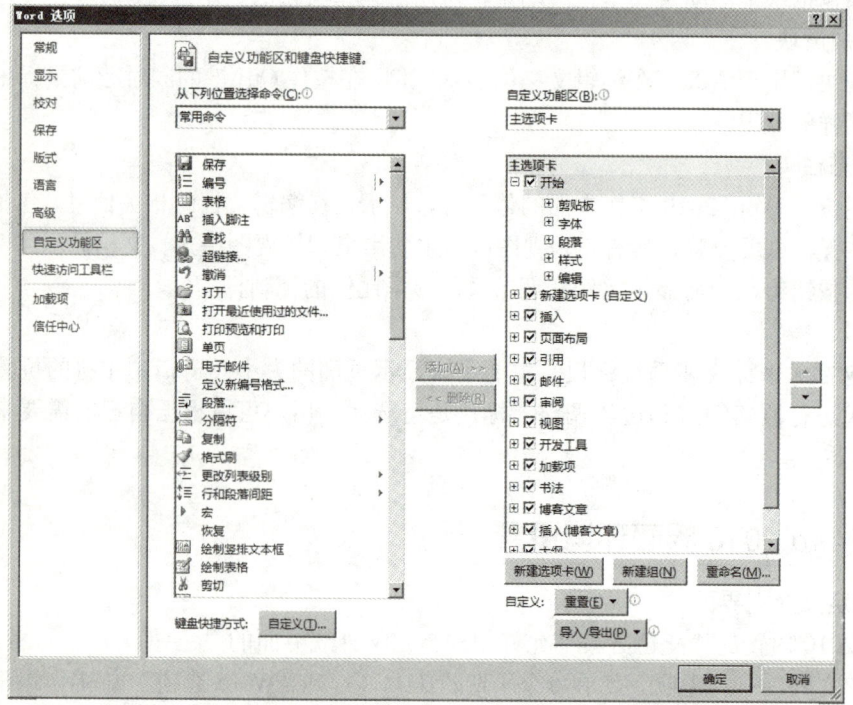
图 3-5 "自定义功能区"选项卡

如果要创建新的功能区，则单击"新建选项卡"按钮，在"主选项卡"列表中出现"新建选项卡（自定义）"复选框，然后将鼠标移动到"新建选项卡（自定义）"字样上右击，在弹出的快捷菜单中选择"重命名"选项。

弹出"重命名"对话框，选择自定义图标和输入显示名称。然后选择新建的组，在命令列表中选择需要的命令，单击"添加"按钮，将命令添加到组中。这样，"新建选项卡"中的一个组就创建完成了。

3. 自定义文档保存格式和位置

在 Word 2010 中，默认保存的文档格式是.docx，如果不安装插件的话，这种格式是无法在 Word 2003 及更早的版本中打开的。这时可以通过自定义 Word 2010 的默认保存格式，直接将文档保存为.doc 格式的文档即可。操作方法如下：单击"文件"→"选项"命令，选择"保存"选项，然后打开"将文件保存为此格式"下拉列表框，从下拉列表框中选择一种格式，如"Word 97-2003 文档（*.doc）"，然后单击"确定"按钮保存设置。完成设置后再用 Word 2010 创建文档，在默认状态下的保存格式是".doc"。

若要修改默认保存位置，其方法如下：

单击"文件"→"选项"命令，选择"保存"选项，如图 3-6 所示，然后单击"默认文件位置"右侧的"浏览"按钮，在弹出的对话框中选择并指定磁盘文件夹位置，如"D:\办公文档"，然后单击"确定"按钮保存设置。完成设置后再用 Word 2010 创建文档，在默认状态下它的保存位置是"D:\办公文档"。

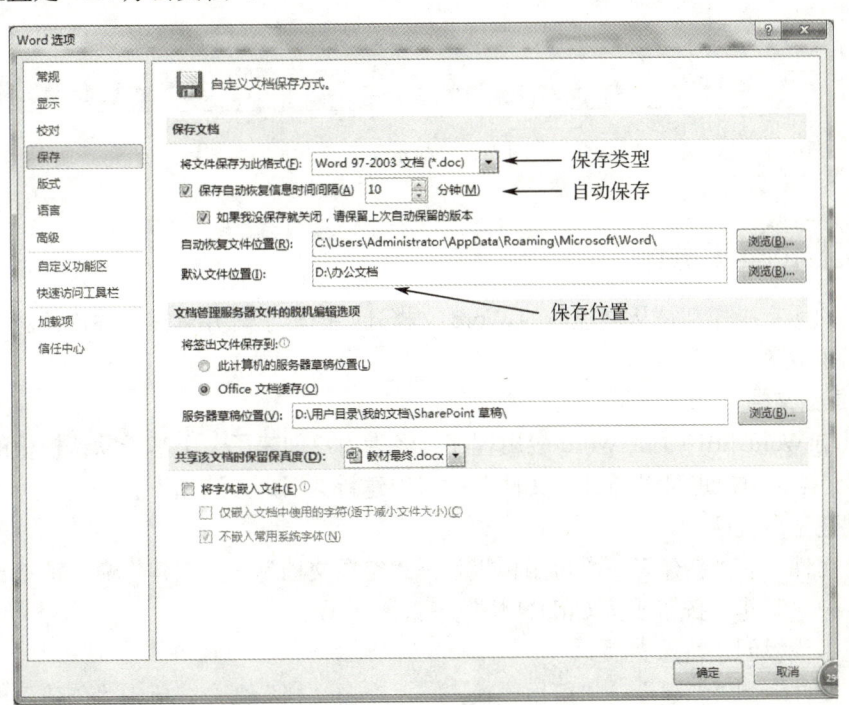

图 3-6 "保存"选项

4. 自定义文档内容在屏幕上的显示方式和打印显示方式

在 Word 2010 中，默认定义了文档内容在屏幕上的显示方式和打印显示方式，也可以自定义显示方式。如：设置取消"悬停时显示文档工具提示"，在屏幕上不显示段落标记，打印背景色和图像。其设置方法如下：单击"文件"→"选项"命令，选择"显示"选项（见图 3-7），撤选"悬停时显示文档工具提示"和"段落标记"复选框，选中"打印背景色和图像"复选框，然后单击"确定"按钮保存设置。

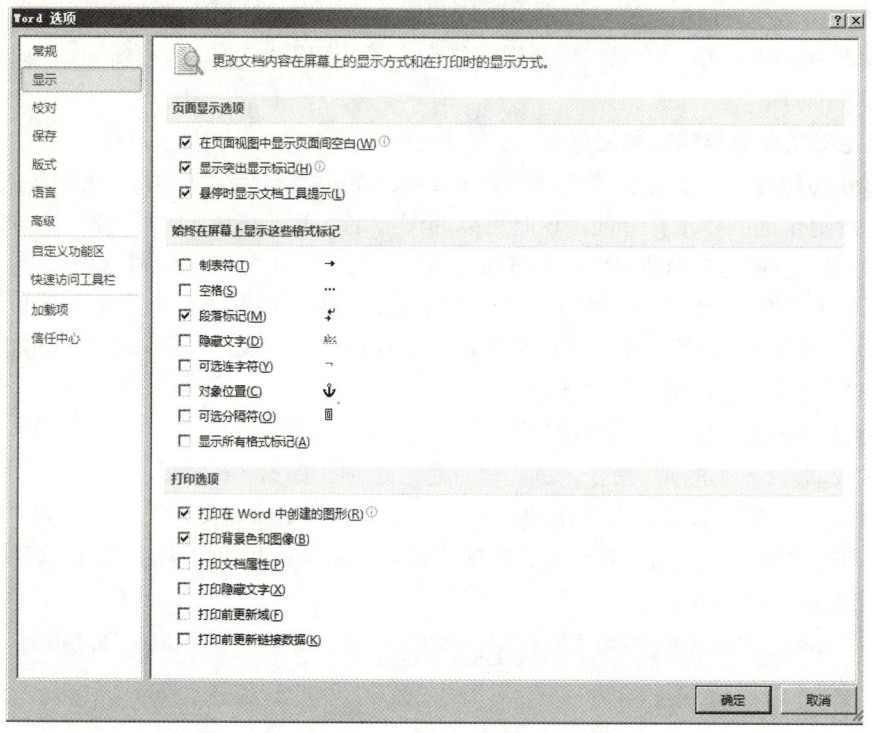

图 3-7 "显示"选项

3.1.4 文档的基本操作

对文档的所有操作都是从创建新的 Word 文档开始的，了解并掌握多种创建新文档的方法可以提高工作效率。

1. 创建新文档

每次启动 Word 2010 时，Word 应用程序已经为用户创建了一个基于默认模板的名为"文档 1"的新文档。用户也可以通过"文件"按钮创建新文档，方法如下。

（1）创建空白文档。

选择"文件"→"新建"→"可用模板"→"空白文档"→"创建"命令或单击"快速访问工具栏"→"新建"按钮或按 Ctrl+N 快捷键。

（2）基于模板创建特殊文档。

选择"文件"→"新建"→"可用模板"→"空白文档"命令，单击"创建"按钮即可生成相应的文档。

（3）基于现有文档创建空白文档。

选择"文件"→"新建"→"可用模板"→"根据现有文档新建"，打开如图 3-8 所示对话框。选中相应文档即可创建新文档。

图 3-8 根据现有文档新建对话框

2．输入文本

Word 2010 提供了"即点即输"功能，创建新的空白文档后，允许用户在文档空白区域快速插入文字、图形、表格等内容。在文档编辑区中光标指示的位置处，可以进行如下操作：

（1）输入汉字、字符、标点符号。输入中文，必须切换成中文输入法，插入文字时，先将鼠标定位至需插入文字处。Word 提供两种编辑模式：插入和改写。默认情况下，处于插入状态。在插入状态下，输入的字符出现在光标所在位置，而后续的字符依次右移。在改写状态下，是用新输入的字符依次替代其后面的字符。插入和改写可利用键盘上 Insert 键切换，也可单击状态栏的相关按钮进行切换。

（2）插入符号：选择"插入"→"符号"组→"符号"→"其他符号"命令按钮，如图 3-9 所示。

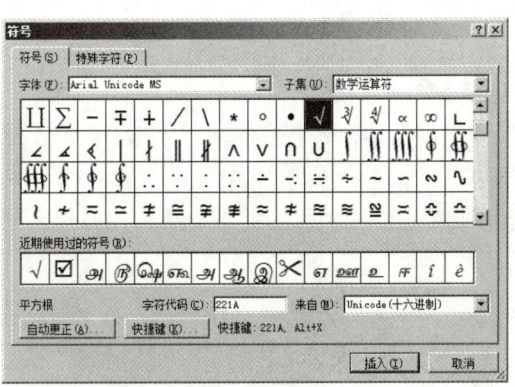

图 3-9 "符号"对话框

用软键盘输入符号，如图 3-10 和图 3-11 所示。

（3）插入日期和时间：一般情况下日期和时间的输入方法与普通文字的方法相同。若需要插入当前日期或当前时间，可使用以下方法：选择"插入"→"文本"组→"日期和时间"命令按钮，打开如图 3-12 所示的对话框，在其中进行相应设置即可。

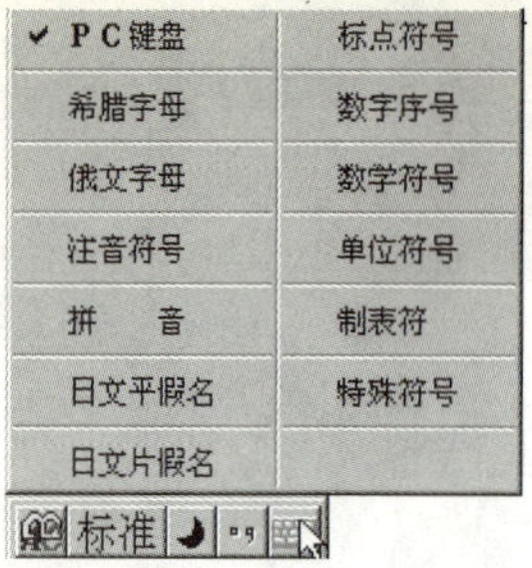

图3-10　软键盘菜单

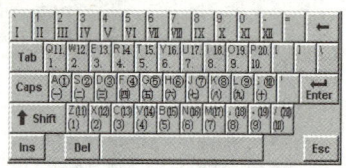

图3-11　数字序号软键盘

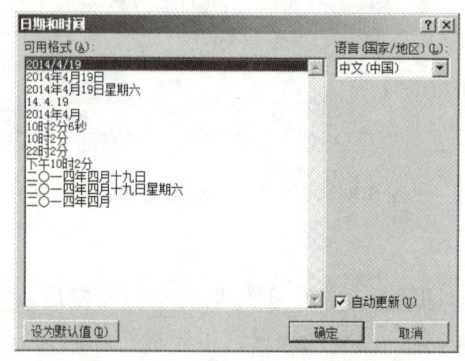

图3-12　"日期和时间"对话框

（4）插入文档：选择"插入"→"文本"组→"对象"→"文件中的文字"命令。

3. 保存文档

（1）保存新文档。

① 单击"快速访问工具栏"上的"保存"按钮或按 F12 键或快捷键 Ctrl+S，出现"另存为"对话框。

② 单击"保存位置"右侧的下拉列表框，选择保存文件的驱动器和文件夹。

③ 在"文件名"文本框中，输入保存文档的名称。通常 Word 会建议一个文件名，用户可以使用这个文件名，也可以另起一个新名。

④ 在"保存类型"下拉列表框中，选择所需的文件类型。Word 2010 默认类型为.docx。

⑤ 单击"保存"按钮即可。

首次保存新文档，也可以通过"另存为"命令来操作。另外，利用"另存为"对话框，用户还可以创建新的文件夹。

（2）保存已命名的文档。

对于已命名并保存过的文档，进行编辑修改后可进行再次保存。这时可通过单击"保存"按钮或单击"文件"→"保存"命令或按 Ctrl+S 快捷键实现。

（3）换名保存文档。

如果用户打开旧文档，对其进行了编辑、修改，但又希望留下修改之前的原始资料，这时用户就可以将正在编辑的文档进行重命名保存。方法如下：

① 单击"文件"→"另存为"命令，弹出"另存为"对话框。

② 选择希望的保存位置。

③ 在"文件名"文本框中输入新的文件名，单击"保存"按钮即可。

(4)设置自动保存。

在默认状态下,Word 2010 每隔 10 分钟为用户保存一次文档。这项功能还可以有效地避免因停电、死机等意外事故而使编辑的文档前功尽弃。在如图 3-6 所示"保存"选项中可设置"保存自动恢复信息时间间隔"。

4．打开和关闭文档

(1)打开文档的常用方法。

① 选择"文件"→"打开"命令,弹出"打开"对话框。单击"打开"按钮中的下三角按钮,在弹出的下拉菜单中可以选择"以副本的方式打开""以只读方式打开""打开并修复"等命令。

② 选择包含用户要找的 Word 文件的驱动器、文件夹,同时在对话框"所有 Word 文档"下拉列表框中选择文件类型,则在窗口区域中显示该驱动器和文件夹中所包含的所有文件夹和文件。

③ 单击要打开的文件名或在"文件名"文本框中输入文件名。

④ 单击"打开"按钮即可。

(2)利用其他的方法打开 Word 文档。

① 在 Word 2010 环境下,单击"文件"→"最近所用文件"命令,列出的最近打开过的文件。

② 在"计算机"或"资源管理器"中找到要打开的 Word 文件,双击该文件即可打开。

③ 单击"快速访问工具栏"中的"打开"按钮,同样可以弹出"打开"对话框,在文件列表框中选择要打开的文档,单击"打开"按钮,打开文档。

(3)关闭文档。

要关闭当前正编辑的某一个文档,可以单击"文件"→"关闭"命令。

5．选择和移动文本

(1)选择文本。

① 用鼠标选择文本,如表 3-1 所示。

表 3-1 用鼠标选择文本操作方法列表

选 择 内 容	操 作 方 法
任意数量的文字	拖动这些文字
一个单词	双击该单词
一行文字	单击该行最左端的选择条
多行文字	选定首行后向上或向下拖动鼠标
一个句子	按住 Ctrl 键后在该句任何地方单击
一个段落	双击该段最左端的选择条,或者三击该段落的任何地方
多个段落	选定首段后向上或向下拖动鼠标
连续区域文字	单击所选内容的开始处,然后按住 Shift 键,最后单击所选内容的结束处
整篇文档	三击选择条中的任意位置或按住 Ctrl 键后单击选择条中任意位置
矩形区域文字	按住 Alt 键后拖动鼠标

② 用键盘选择文本,如表 3-2 所示。

表 3-2 用键盘选择文本操作方法列表

选 定 范 围	操 作 键	选 定 范 围	操 作 键
右边一个字符	Shift+→	至段落末尾	Ctrl+Shift+↓
左边一个字符	Shift+←	至段落开头	Ctrl+Shift+↑
至单词（英文）结束处	Ctrl+Shift+→	下一屏	Shift+PgDn
至单词（英文）开始处	Ctrl+Shift+←	上一屏	Shift+PgUp
至行末	Shift+End	至文档末尾	Ctrl+Shift+End
至行首	Shift+Home	至文档开头	Ctrl+Shift+Home
下一行	Shift+↓	整个文档	Ctrl+5（小键盘上）或 Ctrl+A
上一行	Shift+↑	整个表	Alt+5（小键盘上）

（2）移动文本。

① 选中要编辑的文本，选择"开始"→"剪贴板"→"剪切"按钮或右击鼠标，在弹出的快捷菜单中选择"剪切"命令或按住 Ctrl+X 快捷键。

② 选中目标位置，选择"开始"→"剪贴板"→"粘贴"按钮或右击鼠标，在弹出的快捷菜单中选择"粘贴"命令或按住 Ctrl+V 快捷键。

"粘贴"命令的其他选项说明：单击"粘贴"命令按钮下拉箭头，显示粘贴选项分别是："保留源格式（K）""合并格式（M）"和"只保留文本（T）"。

- 保留源格式（K）：完全保留原始文本的格式。
- 合并格式（M）：为源格式与目的处已有文本的格式的合并，即保持原有格式的字形等，但仍维持目的文本的字体、字号和颜色等。
- 只保留文本（T）：只保留纯文本信息，其他信息如超链接或图片等都不会被保留。

6．删除、复制文本

（1）删除文本。

选中要删除的文本，可以直接用 Delete 键或 Backspace 键。

（2）复制文本。

复制文本与移动文本操作相类似。复制与移动不同的操作时只需将"剪切"变为"复制"即可。复制的快捷键为 Ctrl+C。

7．撤销和恢复操作

（1）撤销操作。

"撤销"功能可以保留最近执行的操作记录，用户可以按照从后到前的顺序撤销若干步操作，但不能有选择地撤销不连续操作。单击"快速访问工具栏"中的 命令按钮，也可以按下快捷键 Ctrl+Z 执行撤销操作。

（2）恢复操作。

执行撤销操作后，还可以将文档恢复到最新的状态。当用户执行一次"撤销"操作后，用户可以单击"快速访问工具栏"的 命令按钮或按下 Ctrl+Y 快捷键执行恢复操作。

8．自动图文集

在使用 Word 的过程中，会出现一些频繁使用的词条，可以把它们创建成"自动图文集"词条。以后使用时，就可快速地插入已经创建的词条。其步骤如下：

① 先选中要作为自动图文集的文本或图形，如这里选中"Word 2010 基本操作"。

② 选择"插入"→"文本"→"文档部件"→"将所选内容保存到文档部件库"命令，弹出如图 3-13 所示的对话框。

③ Word 将为此自动图文集提供一个名称，用户可以输入新名称，如 Word 2010，单击"确定"按钮。

创建完成后，在任何位置均可插入所保存的自动图文集词条，其步骤如下：

① 设置插入点。

② 选择"插入"→"文本"→"文档部件"命令，弹出如图 3-14 所示的下拉菜单，直接选择所要输入的词条即可。

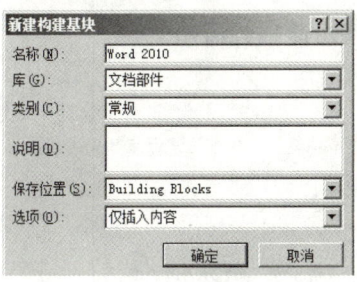

图 3-13 "新建构建基块"对话框

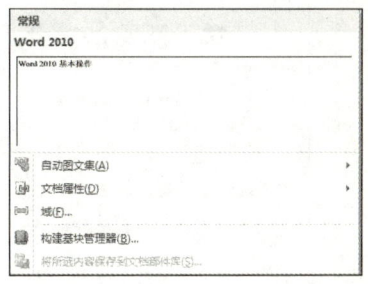

图 3-14 "文档部件"下拉菜单

3.2 案例 1——制作公文

知识目标：
- 页面设置。
- 字体设置。
- 段落设置。
- 公文规范。
- 分隔线。

3.2.1 案例说明

在今后的学习和工作中经常要编写并打印一些公文，首先了解一下公文的基本格式要求。我国通用的公文载体、书写、装订要求的格式一般为：公文纸一般采用国内通用的 16 开型，推荐采用国际标准 A4 型，用于张贴的公文，可根据实际需要确定。

政府企业的红头文件格式及排版要求如下。

① 页面设置：A4 纸、页边距默认、页面设置左装订。

② 文件头为：××政府、单位文件。

③ 首行：××政府、公司文件，最好是一行或两行。

④ 字号：××（政府、公司简称）××（类别）字[××年号] ××（序号）。

⑤ 分隔线。

⑥ 正文。

⑦ 主题词。

⑧ 上报及分发部门、印发份数及日期。
⑨ 用印。

本案例制作如图 3-15 所示的公文效果图文件。

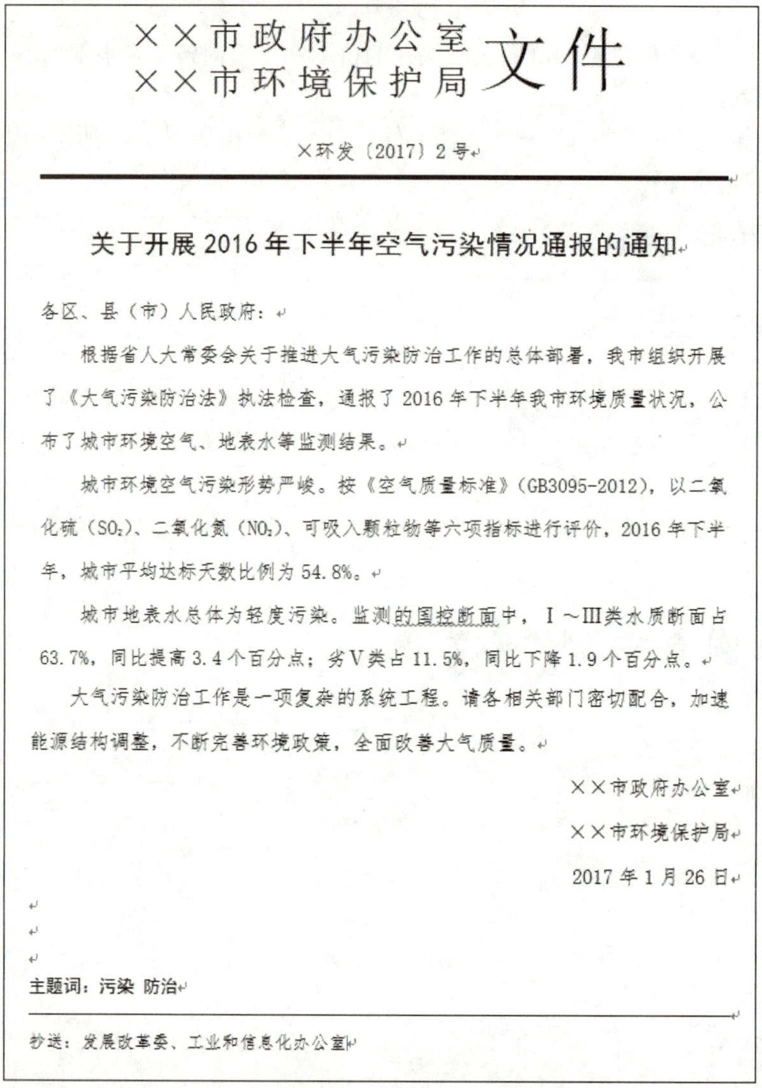

```
××市政府办公室
××市环境保护局    文件

×环发〔2017〕2 号

          关于开展 2016 年下半年空气污染情况通报的通知

各区、县（市）人民政府：
    根据省人大常委会关于推进大气污染防治工作的总体部署，我市组织开展
了《大气污染防治法》执法检查，通报了 2016 年下半年我市环境质量状况，公
布了城市环境空气、地表水等监测结果。
    城市环境空气污染形势严峻。按《空气质量标准》(GB3095-2012)，以二氧
化硫(SO₂)、二氧化氮(NO₂)、可吸入颗粒物等六项指标进行评价，2016 年下半
年，城市平均达标天数比例为 54.8%。
    城市地表水总体为轻度污染。监测的国控断面中，Ⅰ～Ⅲ类水质断面占
63.7%，同比提高 3.4 个百分点；劣Ⅴ类占 11.5%，同比下降 1.9 个百分点。
    大气污染防治工作是一项复杂的系统工程。请各相关部门密切配合，加速
能源结构调整，不断完善环境政策，全面改善大气质量。

                                            ××市政府办公室
                                            ××市环境保护局
                                            2017 年 1 月 26 日

主题词：污染 防治
抄送：发展改革委、工业和信息化办公室
```

图 3-15　公文效果图

3.2.2　制作步骤

1. 创建文档

启动 Word 2010，创建一个新文档。

2. 页面设置

A4，纵向，页边距上下为 3.5 厘米，左右为 3.2 厘米。单击"页面布局"选项卡中"页面设置"组中的对话框启动器按钮，在如图 3-16 所示的"页边距"选项卡下，设置页边距和方向，在如图 3-17 所示的"纸张"选项卡下设置纸张大小。

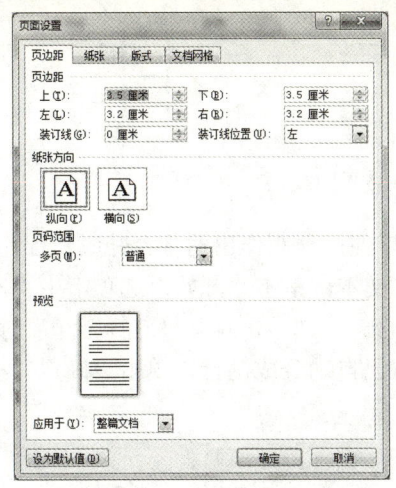
图 3-16 "页边距"选项卡

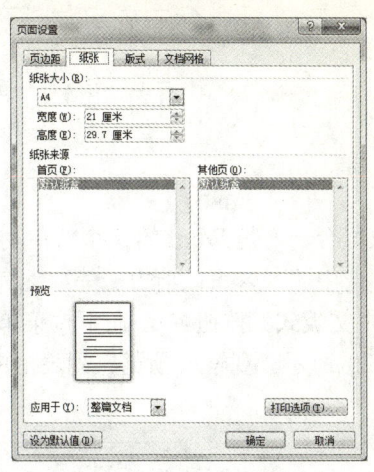
图 3-17 "纸张"选项卡

3. 文字录入及字符格式设置

输入文件内容文本(可以从给定的素材中复制)。

注意：文本输入时出现的特殊字符，如"×""〔〕""Ⅰ""Ⅲ""Ⅴ"等，都可以使用带软键盘的输入法完成。

并且，文本输入时还需要特殊设置一些文本字符格式。以 SO_2 为例，方法是：选中需要设置为下标的字符 2，打开"字体"对话框，在对话框中设置"下标"效果即可，如图 3-18 所示；使用"字体"组中的"下标"命令按钮 x_2 也可完成该格式设置。

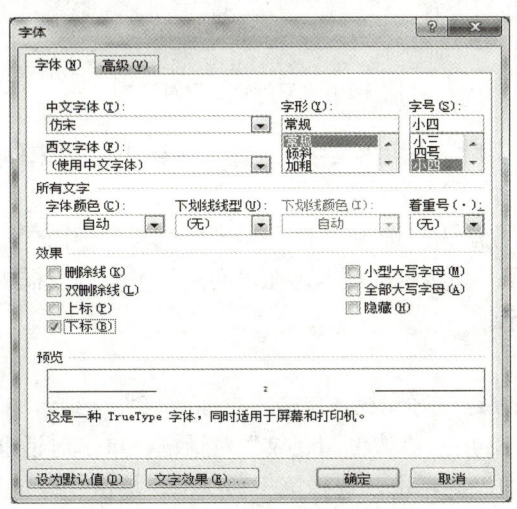
图 3-18 设置下标

4. 制作联合公文头

政府或企业部门的用户经常要制作多单位联合发文的文件，制作好的文件头如图 3-19 所示。下面以此效果为例介绍制作方法。

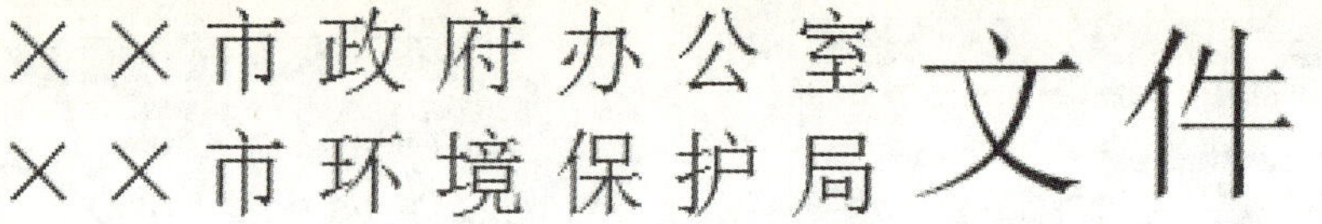

××市政府办公室
××市环境保护局文件

图 3-19　制作好的公文头效果图

"双行合一"是 Word 的一个特色功能，利用它可以便捷地制作出两行合并成一行的效果。

① 选中"××市政府办公室××市环境保护局"文本，单击"开始"选项卡中"段落"组的"中文版式"按钮，在下拉菜单中选择"双行合一"选项，打开"双行合一"对话框，如图 3-20 所示。观察"预览"列表框中的效果，文本已自动分成两行，单击"确定"按钮完成制作。

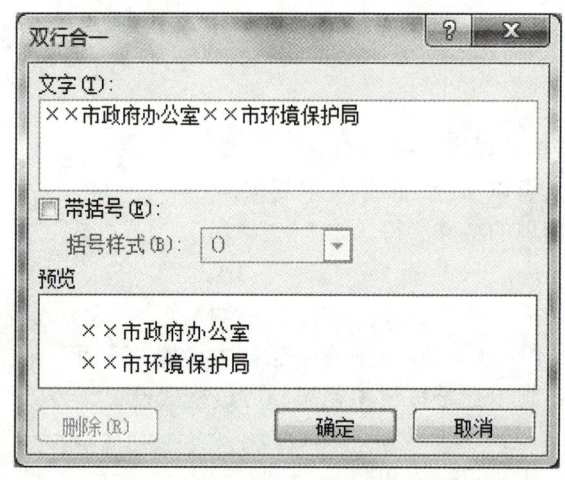

图 3-20　"双行合一"对话框

② 选中联合公文头段落文字，设置文字格式为："宋体""初号""红色""居中"，字符间距"加宽，3 磅"。

其中，字符间距设置方法为：选中文字，单击"字体"组中的对话框启动器按钮，弹出"字体"对话框，单击打开"高级"选项卡，在"间距"下拉列表框中选择"加宽"，设置磅值为"3 磅"，如图 3-21 所示。

5. 分隔线

参照效果图所示位置，定位好光标，单击"页面布局"选项卡中"页面背景"组的"页面边框"按钮，弹出如图 3-22 所示"边框和底纹"对话框，单击对话框左下方的"横线"按钮，弹出如图 3-23 所示"横线"对话框，选择第一种线型，单击"确定"按钮插入。在已插入的横线上右击，选择"设置横线格式"命令，弹出如图 3-24 所示的"设置横线格式"对话框。在"设置横线格式"对话框中设置横线的"高度"为 3 磅，"颜色"为标准色红色，对齐方式为"居中"，单击"确定"按钮完成设置。

用相同方法设置第二条分隔线，"颜色"设为黑色。

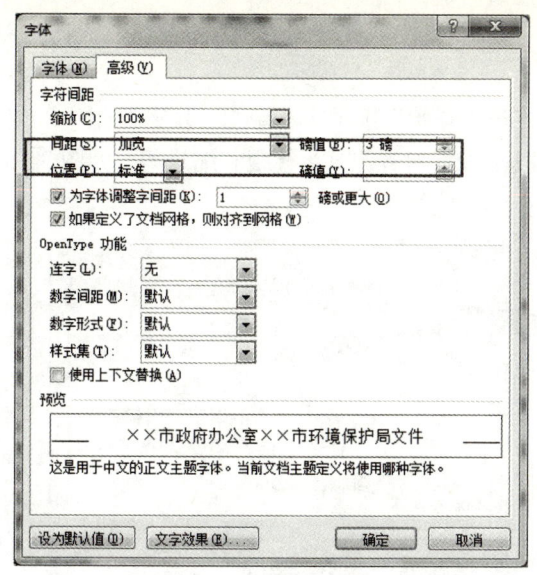

图 3-21 "高级"选项卡中的设置

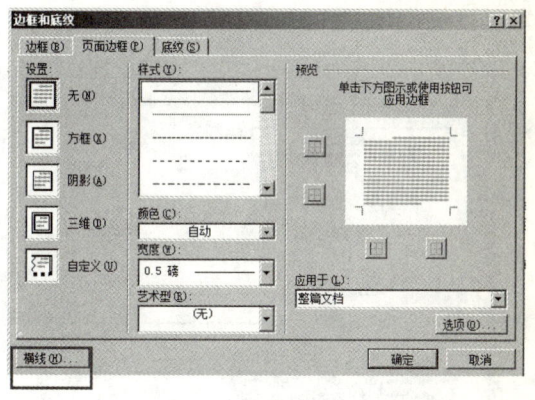

图 3-22 "边框和底纹"对话框

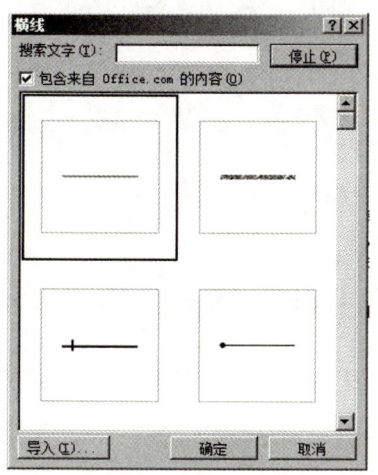

图 3-23 "横线"对话框

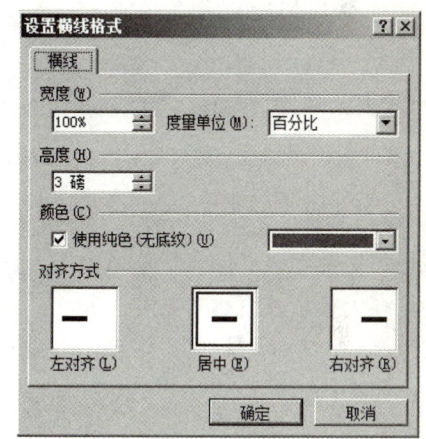

图 3-24 "设置横线格式"对话框

6．文字格式和段落格式

本案例中各部分的字体、字号、颜色和段落格式设置要求如下。

① 标题。

主标题（第一段）：宋体，初号，居中，红色。

主标题（第二段）：仿宋，小四，居中，黑色；段前间距 1 行。

副标题（第三段）：黑体，三号，居中，红色；段前间距 1 行，段后间距 0.5 行。

② 正文：仿宋，小四；行距固定值 25.5 磅。

正文第 1 段（"各区、县（市）人民政府："）：左对齐。

正文第 2～第 5 段（"根据省人大常委会……全面改善大气质量。"）：首行缩进 2 字符，两端对齐。

落款：右对齐。

③ 主题词：黑体，五号，左对齐。

④ 抄送：仿宋，五号，左对齐。

其中，段落格式设置方法：选中段落→单击打开"开始"选项卡→单击"段落"组中的对话框启动器按钮，打开"段落"对话框，为所选段落设置对齐方式、行距和缩进等，如图 3-25 和图 3-26 所示。

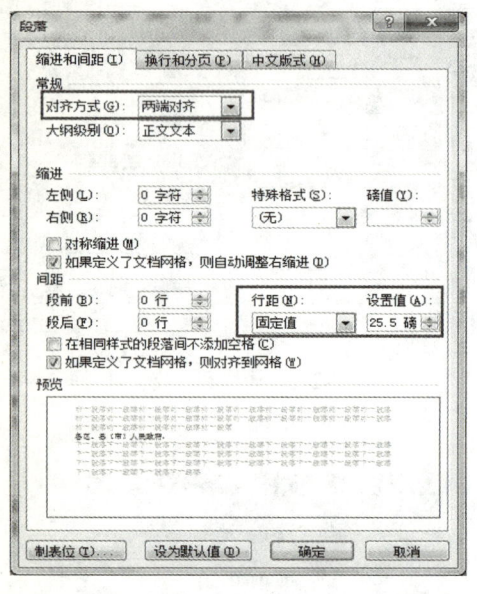 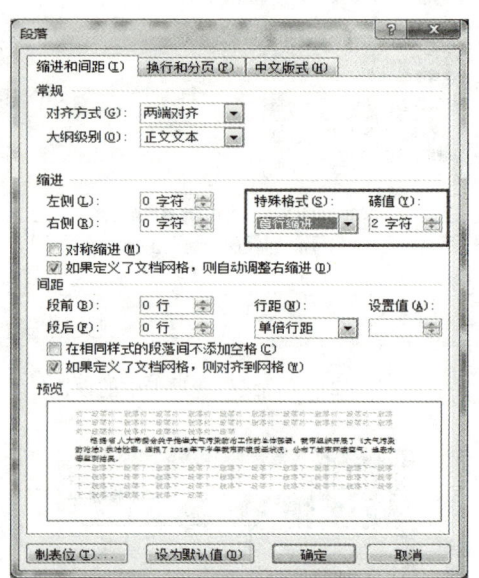

图 3-25 "段落"对话框设置对齐方式与行距　　图 3-26 "段落"对话框设置段落缩进

7. 保存文件

选择"文件"→"保存"菜单命令，选择 E:\，保存文件名为"联合公文.docx"。还可以将本文件另存为模板文件，方法是：单击"文件"→"另存为"菜单命令，在弹出的对话框的保存类型中选择"Word 模板"。这样，以后就可以用该模板制作公文了。制作时，只需要修改文字内容，而不用再修改文字格式。

3.2.3 相关知识点

1. 字符格式设置

（1）设置字符格式的方法。

在 Word 2010 中，设置字符格式的方法有多种，下面介绍 3 种常用的设置方法，即"字体"工具组、"字体"对话框和浮动工具栏。

① 使用"字体"工具组。

方法：选中文本→单击"开始"选项卡中"字体"组的相应按钮，即可为选中的文本设置字体、字形、字号、文字颜色、上标、下标、删除线、下画线等字符格式，如图 3-27 所示。"字体"工具组是最常用的设置字符格式方法，使用起来简单直接。

② 使用"字体"对话框。

如果要为文档设置更多格式效果，如添加着重号，设置字符间距等，需要通过"字体"对话框完成。

图 3-27 "字体"组命令

方法：选中文本→单击"开始"选项卡→中"字体"组的对话框启动器按钮　，打开"字体"对话框，在该对话框中可以同时设置中西文字体、字形、字号等格式，如图 3-28 所示；或添加文字着重号效果，如图 3-29 所示；单击打开"高级"选项卡，可以设置字符间距。

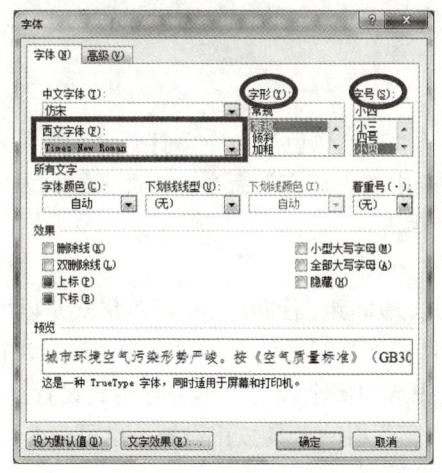

图 3-28 "字体"对话框

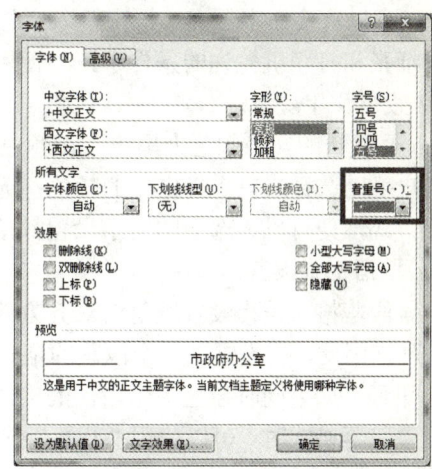

图 3-29 添加文字着重号效果

③ 使用浮动工具栏。

Office 从 2007 版开始新增了浮动工具栏的功能，其中包含常用的字符和段落格式设置选项。当选择文本内容后，工具栏将自动浮出，工具栏开始显示时颜色很淡，只有将鼠标放在工具栏上，工具栏按钮才会正常显示，如图 3-30 所示。选择文本，单击浮动工具栏上的相应按钮，即可为文本设置所需格式。

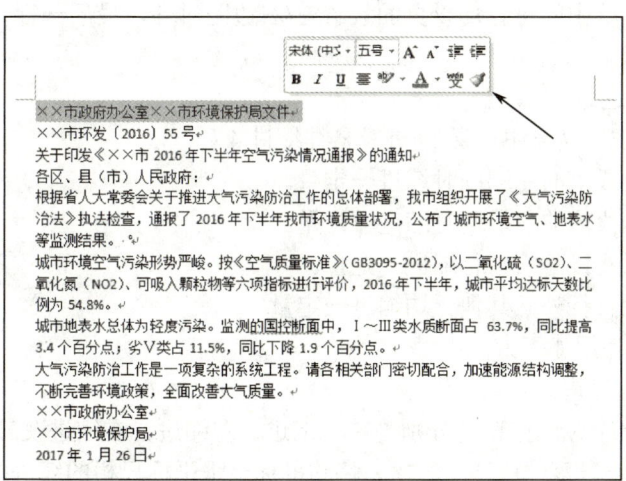

图 3-30 浮动工具栏

（2）设置字符的基本格式。

字符的基本格式包括字体、字形、字号、文字颜色等。

① 设置字体。

字体是指文字的外观样式，包括中文字体和西文字体。Windows 操作系统自带了一些中文字体和西文字体，也可以根据需要在系统中安装其他字体。

② 设置字号。

字号指的是文档中文字的大小，Word 默认字号为五号。它支持两种字号表示方法，一种是用中文标准表示，如"初号""一号""二号"……最大的是"初号"，最小的是"八号"；另一种是用国际上通用的"磅"来表示，如"10.5 磅""15 磅""20 磅"……磅值越大，文字尺寸越大。可以直接在字号文本框中输入字号来设置文字的大小，最大字号可以设置为 1638 磅，在打印纸张和打印机允许的条件下，方便用户制作特大字。

③ 设置文字颜色。

Word 默认的文字颜色为黑色。在颜色列表中选择"其他颜色"命令，打开"颜色"对话框，用户可以选择或自定义更多的颜色；选择下拉列表中的"渐变"命令，再在下级列表中选择渐变方式，便可以为选中的文字设置颜色的渐变效果。

2. 段落格式设置

设置段落格式是指设置段落的对齐方式、缩进方式、段间距、行间距等。段落格式是以"段"为单位的。因此，要设置某一个段落的格式时，可以直接将光标定位在该段落中，然后执行相关命令即可。如果同时设置多个段落的格式，就需要先选中多个段落，再进行格式设置。

设置段落格式时，可以使用"开始"选项卡→"段落"组的工具按钮设置；也可在"段落"对话框中设置；或在"页面布局"选项卡→"段落"组设置。

（1）设置段落对齐。

在"段落"工具组中有 5 种对齐方式，默认情况下，Word 采用的是两端对齐。

- 左对齐：段落中的每行均以页面设置左边距对齐，右边不限。
- 居中对齐：段落中每行均居中，距页面设置左/右边距相等。
- 右对齐：段落中的每行均以页面设置右边距对齐，左边不限。
- 两端对齐：段落中的每行均以页面设置左/右边距对齐，最后一行未满时将向左对齐。
- 分散对齐：段落中的每行均以页面设置左/右边距对齐，最后一行未满时将调整字间距左/右边距对齐。

（2）设置段落缩进。

缩进分为首行缩进、左缩进、右缩进及悬挂缩进 4 种。

- 左缩进：整个段落的左端同时缩进一定量。
- 右缩进：整个段落的右端同时缩进一定量。
- 首行缩进：只将段落第一行缩进一定量。
- 悬挂缩进：除首行外，其他行均缩进一定量。

设置缩进方法可使用如下方法：

① 利用标尺设置缩进。

水平标尺上有 4 个标记按钮，分别是首行缩进、左缩进、右缩进及悬挂缩进，如图 3-31 所示。将插入点定位到段落中或选中段落，移动鼠标至水平标尺栏的缩进按钮上，按住鼠标左键拖动缩进标记，或同时按住 Alt 键可微调拖动。拖动时会出现一条垂直线，用于查看当前移动位置，释放鼠标左键后，即设置了段落缩进。

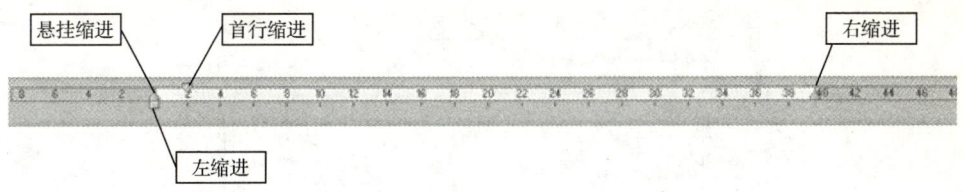

图 3-31　利用标尺设置段落缩进

使用标尺设置段落缩进时，需要显示标尺，方法是：单击"视图"选项卡，选中"显示"组中的"标尺"复选框。

② 利用"段落"对话框设置缩进。

用户还可以利用"段落"对话框精确地设置段落缩进，如图 3-26 所示。

（3）设置段间距与行间距。

① 设置段间距。

段间距是指段落之间的距离，包括段前间距和段后间距。段前间距是指本段与上一段之间的距离，段后间距是指本段与下一段之间的距离。

② 设置行间距。

行间距是指段落中各行文本之间的距离，默认为单倍行距。"段落"对话框的"行距"下拉列表提供了以下选项。

- 单倍行距：将行距设置为该行最大字体的高度再加上额外间距，额外间距值取决于所用的字体。
- 1.5 倍行距：单倍行距的 1.5 倍。
- 2 倍行距：单倍行距的 2 倍。
- 最小值：指行间距至少是在"设置值"文本框中输入的磅值，若行中含有大字符或嵌入图形，Word 会自动增加行间距。
- 固定值：行距固定，系统不会自动调整。
- 多倍行距：行距按指定倍数增大或减小，默认值为 3，单位是倍数。若"设置值"为 1.2，则行距将增加 20%。

3. **边框和底纹**

为文档中的文字和段落添加边框和底纹，可以起到修饰和强调的作用。

（1）添加边框。

边框是指包围文本的线框。可以为文档中的文字添加边框，也可以为文档中的段落添加边框，同时设置边框样式、线型、颜色等。下面为素材文件中的标题文字"关于开展 2016 年下半年空气污染情况通报的通知"添加边框。

方法：选中标题文本→单击"开始"选项卡中"段落"组的"边框"下拉按钮，在弹出的下拉列表中选择"边框和底纹"菜单命令，弹出"边框和底纹"对话框，如图3-32 所示。在"边框"选项卡的"设置"选项组中选择边框类型，如"方框"；再设置边框样式、颜色和宽度，在"应用于"下拉列表中选择"文字"，单击"确定"按钮。

注意：如果是为标题添加边框和底纹，应该选择的应用范围是"文字"，否则系统会将插入点所在的段落全部加上边框和底纹。如图 3-33 所示，是添加标题文本边框时，选择不同应用范围的效果对比。

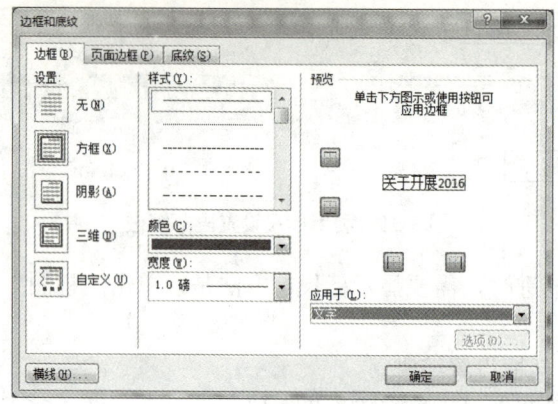

图 3-32　为文字添加边框

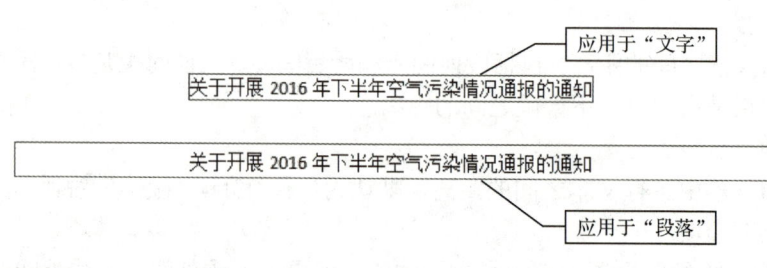

图 3-33　为文字添加边框

（2）添加底纹。

为文字和段落添加底纹，相当于给文字添加背景颜色。

方法是：选择要添加底纹的文本，单击"段落"组→"底纹"下拉按钮，在弹出的颜色列表中选择需要的颜色即可，如图 3-34 所示。在默认情况下，使用"段落"组中的底纹按钮命令添加的底纹范围是"文字"，如果要为段落添加底纹或设置更多的底纹样式，可以在"边框和底纹"对话框的"底纹"选项卡中完成设置，如图 3-35 所示。

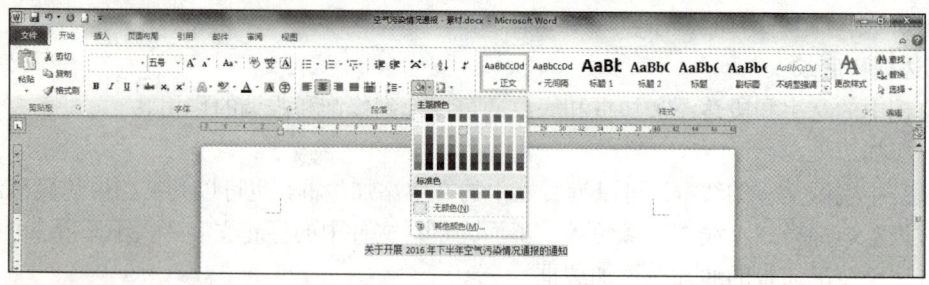

图 3-34　为文字添加底纹

4. 页边距

页边距是指页面四周的空白区域。通俗理解是页面边线到文字的距离。通常，可以在页边距内部的可打印区域中插入文字和图形，也可以将某些项目放置在页边距区域中，如页眉、页脚和页码等。

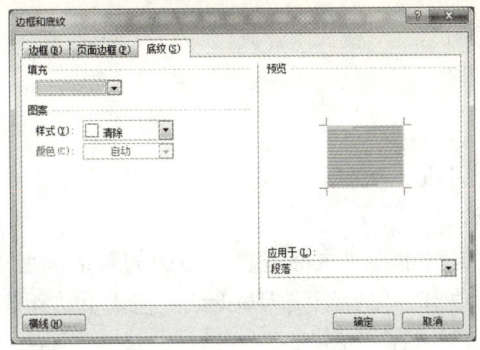

图 3-35　为段落添加底纹

3.3　案例 2——科技小论文排版

知识目标：
- 页面设置。
- 分栏。
- 格式刷。
- 尾注和脚注。
- 查找和替换。
- 字数统计。

3.3.1　案例说明

　　本案例学习如何对期刊中的科技论文进行排版，如图 3-36 所示为科技论文排版效果图。科技论文排版一般包括文章标题、正文和作者信息等，正文一般要进行分栏，作者信息一般通过脚注或尾注添加。页眉上一般包含刊物的信息和文章的信息。因为出版的版面限制，通常对文章的字数也有限制。

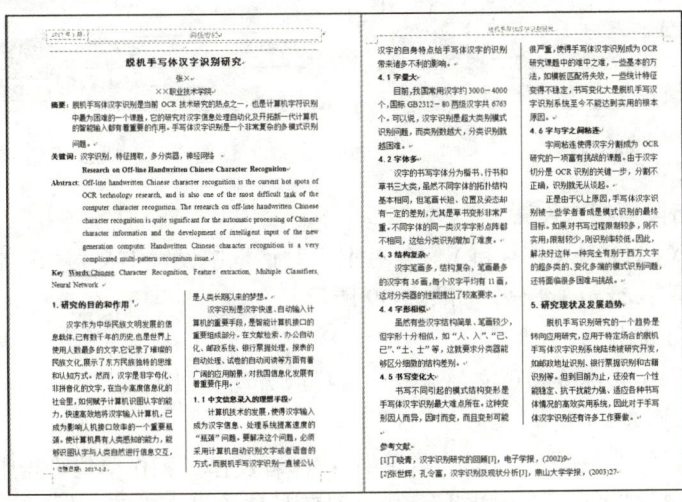

图 3-36　科技论文排版效果图

3.3.2 制作步骤

1. 页面设置

打开素材文件"科技论文.docx"。

（1）设置纸张和页边距。

打开"页面布局"选项卡→单击"页面设置"组中的对话框启动器按钮，打开"页面设置"对话框，在"纸张"选项卡中设置纸张为 A4 纸；在"页边距"选项卡中设置上下左右页边距均为 2.5 厘米，然后单击"确定"按钮。

（2）设置文档网格。

在"页面设置"对话框中，单击打开"文档网格"选项卡，如图 3-37 所示，在"网格"选项中选择"指定行和字符网格"单选钮，设置每行 42 个字符，每页 40 行。

（3）设置页眉首页不同。

在"页面设置"对话框中，单击打开"版式"选项卡，如图 3-38 所示，勾选"首页不同"复选框；设置"页眉"、"页脚"距离边界的位置分别为 1.6 厘米和 1.8 厘米，单击"确定"按钮。

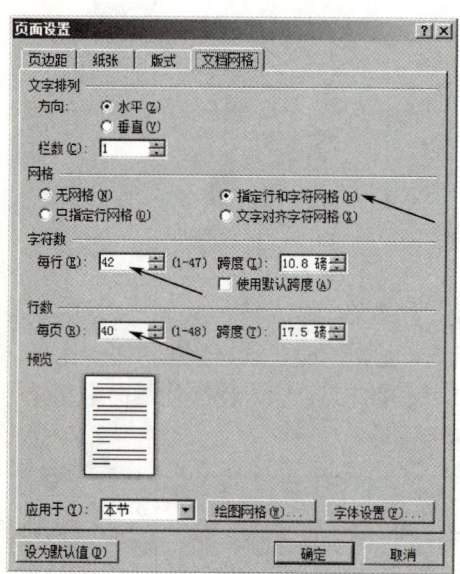
图 3-37 "文档网格"选项卡

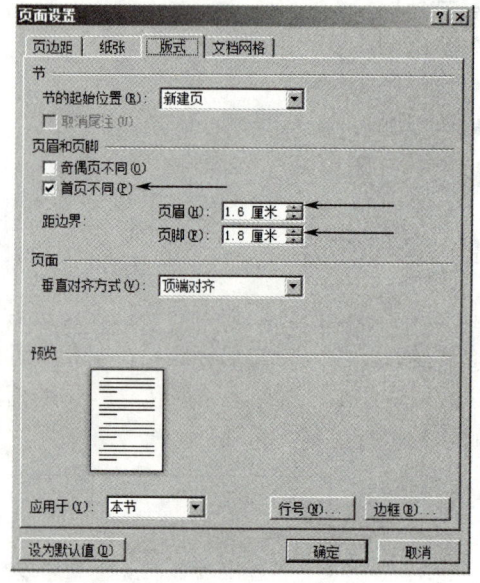
图 3-38 "版式"选项卡

2. 字体格式与段落格式设置

选中整篇文档（按 Ctrl+A 快捷键），在"字体"对话框中设置中文为"宋体"，西文为 Times New Roman，"小四"；行距 1.2 倍，如图 3-39 所示。

（1）标题与摘要部分。

标题与摘要分为中文部分和英文部分，二者排版方法类似。

① 中文标题与摘要。

中文标题为"黑体""三号""加粗""居中"；作者及作者工作单位"居中"；文字"摘要"和"关键词"为"黑体""小四""加粗"；摘要段落悬挂缩进 3 字符，如图 3-40 箭头所示。

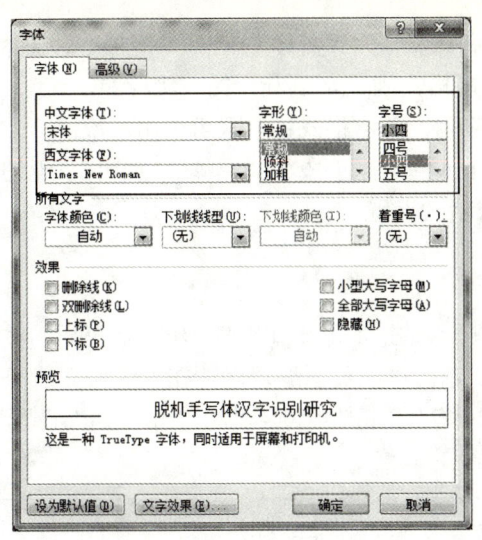 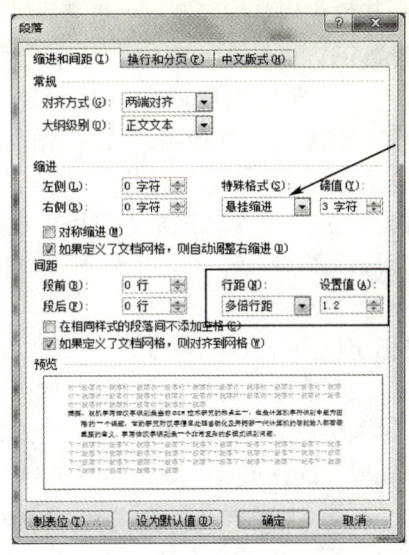

图 3-39　设置中西文字体　　　　　图 3-40　设置段落悬挂缩进

② 英文标题与摘要。

英文标题"加粗""居中";将单词 Abstract 和 Keywords 设置成"加粗";设置英文摘要段落悬挂缩进 4.3 字符。

(2) 正文部分("1.研究的目的和意义……许多工作要做。")。

设置正文所有段落(不含参考文献)首行缩进 2 字符,其他默认。

3. 分栏设置

选中正文文字(不含参考文献),单击打开"页面布局"选项卡,单击"页面设置"组→"分栏"按钮,在弹出的下拉菜单中单击"更多分栏"命令,出现如图 3-41 所示的"分栏"对话框,在此对话框中可以设置分栏的数目、栏的宽度、多栏是否栏宽相等、栏间是否加分隔线等。本例中,栏间距设为"2.5 字符",栏宽相等,设分割线。

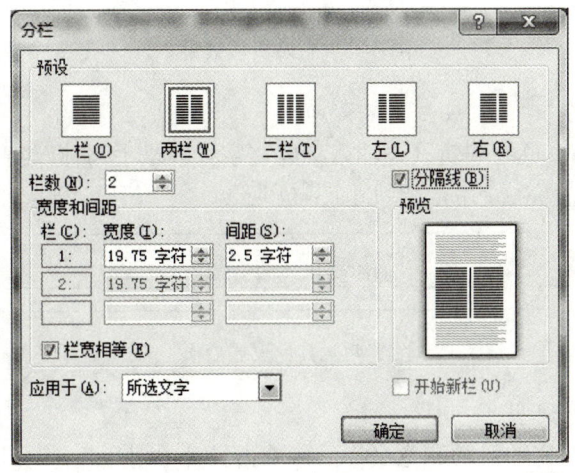

图 3-41　"分栏"对话框

4. 使用格式刷复制标题格式设置

① 设置正文的一级标题，如"1.研究的目的和意义"为"黑体""四号""加粗"，无缩进，特殊格式"无"，间距为段前 0.5 行。设置好后双击格式刷 ，刷其余的一级标题。

双击格式刷后可多次使用，再次单击时结束应用。单击格式刷，只可使用一次。

② 设置正文的二级标题，如"1.1 中文信息录入的理想手段"，"黑体""加粗"、无缩进，特殊格式为"无"，其余二级标题使用格式刷完成格式设置。

5. 页眉设置

（1）首页页眉。

将光标定位到首页，单击打开"插入"选项卡，单击"页眉和页脚"组→"页眉"按钮，在展开的样式列表中选择"边线型"，如图 3-42 所示。进入页面编辑区，在"键入文档标题"文本框中输入页眉文字"科技专栏"，格式为"黑体""加粗"；文字"2017 年 1 期"设置为默认格式，完成后的首页页眉效果如图 3-43 所示。

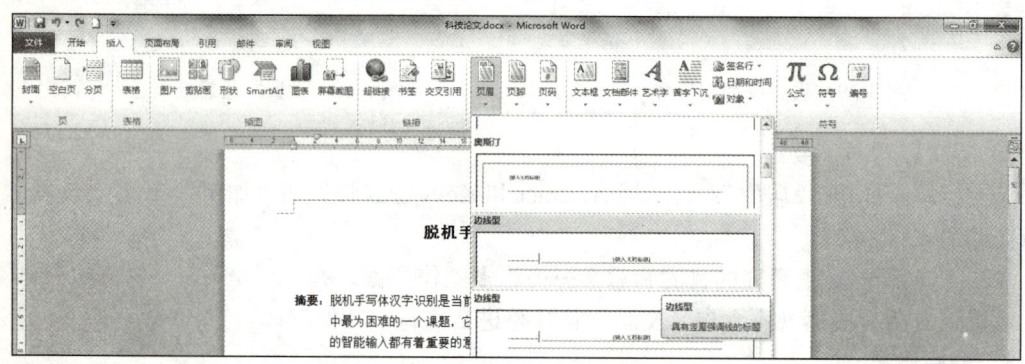

图 3-42　选择"边线型"页眉样式

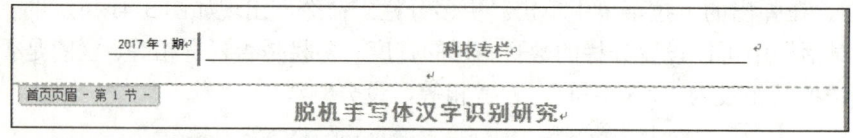

图 3-43　首页页眉效果

（2）其他页眉。

将光标定位到第 2 页页眉编辑区，输入标题文字"脱机手写体汉字识别研究"，格式设置为"居中""小五"，设置完成后的效果如图 3-44 所示。

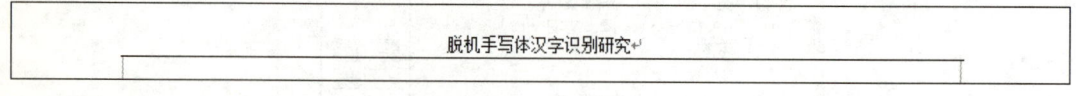

图 3-44　其他页眉效果

6. 添加脚注

将光标定位在"1.研究的目的和意义"后，单击打开"引用"选项卡，单击"脚注"组对话框启动器按钮 ，弹出"脚注和尾注"对话框，如图 3-45 所示。在"位置"选项组选中"脚注"单选按钮，单击"插入"按钮。此时在页面底端出现一条短横线，在横线下填写脚注内容"收稿日期：2017-2"。

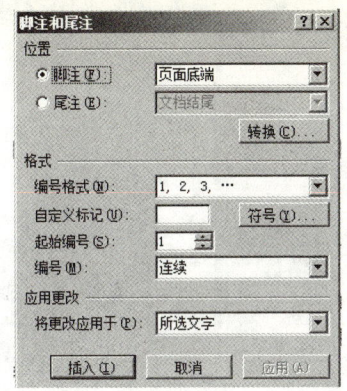

图 3-45 "脚注和尾注"对话框

7. 参考文献的排版

参考文献无须缩进,选择默认格式即可。

8. 替换格式

将论文中出现的"意义"替换为"作用",并添加着重号。

操作方法:单击打开"开始"选项卡,单击"编辑"组→"替换"按钮→"更多"按钮。在"查找内容"下拉列表框中输入"意义",再将插入点定位到"替换为"下拉列表框中,输入要替换为的内容"作用",单击左下角的"格式"按钮,在弹出的列表中单击"字体"选项,如图 3-46 所示。

注意: 在设置替换内容的格式时,一定要将插入点定位到"替换为"下拉列表框中,如果误将插入点定位到了"查找内容"下拉列表框中,系统就会提示找不到目标格式,从而无法进行替换。

打开"替换字体"对话框,如图 3-47 所示,在其中设置为替换内容添加着重号,单击"确定"按钮,返回"查找和替换"对话框。此时,"替换为"下拉列表框下方将显示用户设置的文本格式,如图 3-48 所示,单击"全部替换"按钮。

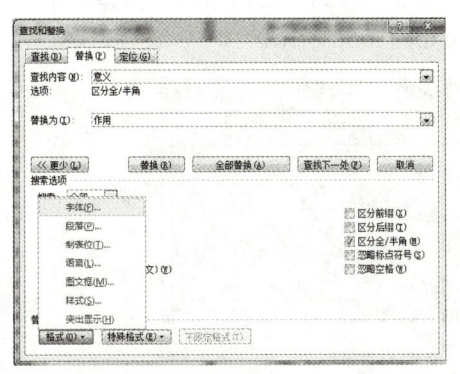

图 3-46 "查找和替换"对话框

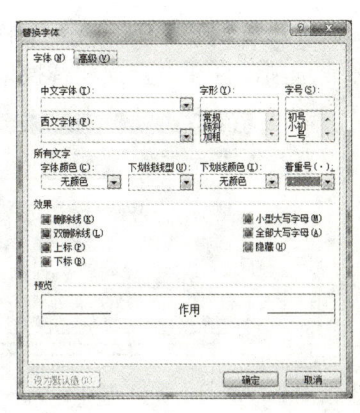

图 3-47 "替换字体"对话框

此时 Word 将自动扫描整篇文档,并弹出提示对话框,提示 Word 已经完成对文档的全部替换,如图 3-49 所示,单击"确定"按钮即可。

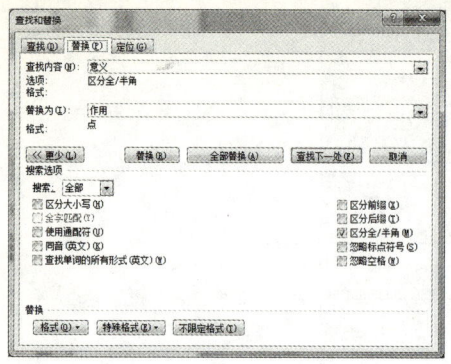

图 3-48　设置替换格式

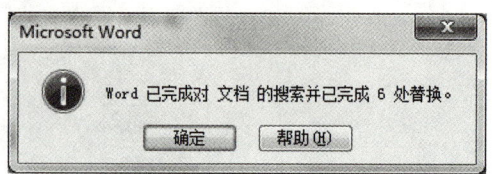

图 3-49　搜索完毕提示框

9. 保存文档

完成替换后，保存文档。

3.3.3　相关知识点

1. 脚注和尾注

脚注和尾注一般都是对文档中文本的补充说明，都不是文档正文，如单词解释、备注说明或提供文档的引文来源等。

通常情况下，脚注位于页面底端，可以作为文档某处内容的注释。尾注一般列于文档末尾，用来集中解释文档中要注释的内容或标注文档的参考文献等。

脚注和尾注由两个关联的部分组成，即注释引用标记及相应的注释文本。注释引用标记出现在正文中，一般是一个上标字符，用来表示脚注或尾注的存在。Word 会自动对脚注或尾注进行编号，在添加、删除或移动注释时，Word 将对注释引用标记重新编号。

2. 查找和替换文本

（1）查找。

单击打开"开始"选项卡，单击"编辑"组→"查找"按钮，在弹出的下拉菜单中选择"高级查找"命令选项，打开"查找和替换"对话框，如图 3-50 所示。

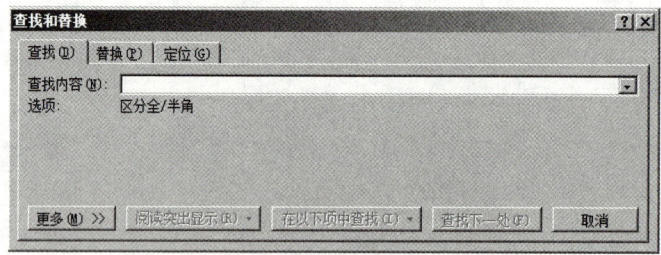

图 3-50　"查找和替换"对话框

在"查找内容"下拉列表框中输入文本，单击"查找下一处"按钮，Word 2010 将逐个搜索并突出显示要查找的文本，单击文档，就可以对每处文本进行必要的修改。

提示： 若要限定查找的范围，应先选定文本区域，否则系统将在整个文档范围内查找。

(2) 替换。

切换到如图 3-50 所示对话框中的"替换"选项卡，如图 3-51 所示。

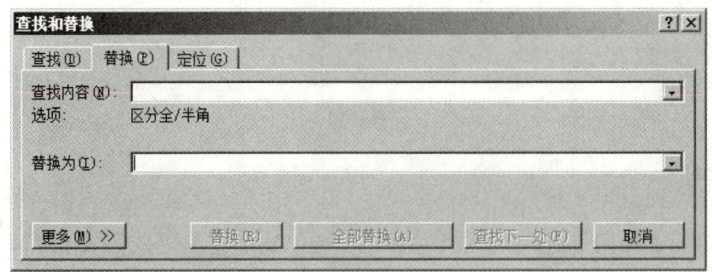

图 3-51 "替换"选项卡

连续单击"替换"按钮，让 Word 逐个查找到指定文本并进行替换。如果某处的指定文本不需要替换，可以单击"查找下一处"按钮跳过该处文本再查找下一处。如果要将所有查找到的文本全部替换，单击"全部替换"按钮，Word 将在全文搜索并进行替换。

(3) 查找和替换格式。

当需要对具备某种格式的文本或某种特定格式进行查找和替换时，可以通过单击如图 3-50 所示"更多"按钮来实现。通过"格式"按钮或"特殊字符"按钮，在"查找内容"文本框或"替换为"文本框中分别输入带格式的文本或特殊字符，进行相应的查找或替换，即可完成操作。

3. 统计文档字数

单击打开"审阅"选项卡，单击"校对"组→"字数统计"按钮，弹出"字数统计"对话框，如图 3-52 所示。

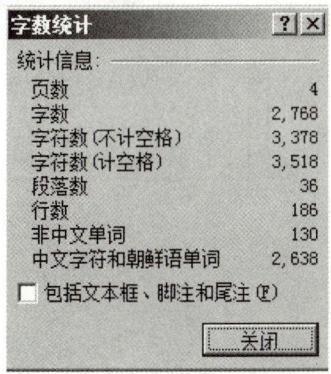

图 3-52 "字数统计"对话框

3.4 案例 3——图文混排

知识目标：

- 插入图片剪贴画并进行图片编辑。
- 插入艺术字并进行艺术字编辑。

- 文本框应用。
- 背景设置。
- 项目符号与编号。
- 页面边框的设置。
- 首字下沉。

3.4.1 案例说明

图文混排是 Word 2010 的一个主要功能，用户可以通过丰富的图文资料，有机组合，制作出图文并茂的宣传材料，如海报、板报等。本案例制作的板报如图 3-53 所示。

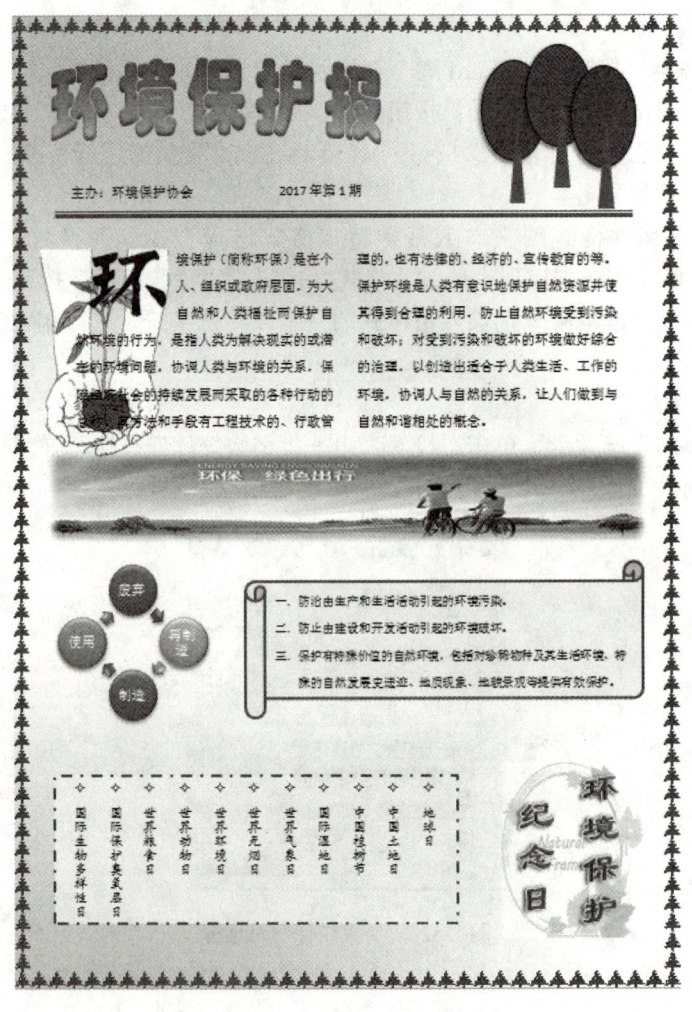

图 3-53　板报效果图

3.4.2 制作步骤

1. 创建文件

单击"文件"→"新建"→"空白文档"→"创建"菜单命令。

2. 页面设置

将页面设置为 A4、纵向，页边距上、下、左、右均为 2 厘米。

3. 设置背景

单击打开"页面布局"选项卡→"页面背景"组→"页面颜色"→"填充效果"→"渐变"选项卡，如图 3-54 所示。选择颜色为"单色""蓝色，强调文字颜色 1，淡色 60%"，将深浅滑块滑到"浅"，在"底纹样式"选项组中单击选中"角部辐射"单选按钮，"变形"方式选左上角的色块。

4. 设置页面边框

单击打开"页面布局"选项卡，单击"页面背景"组→"页面边框"按钮，弹出"边框和底纹"对话框，"页面边框"样式选择"艺术型"中的绿松树图案，宽度设为 15 磅，如图 3-55 所示。

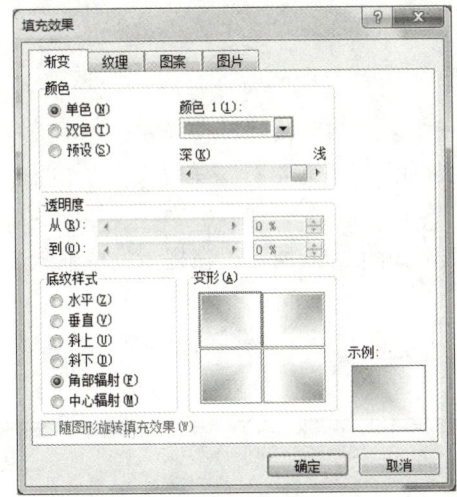

图 3-54 "填充效果"对话框

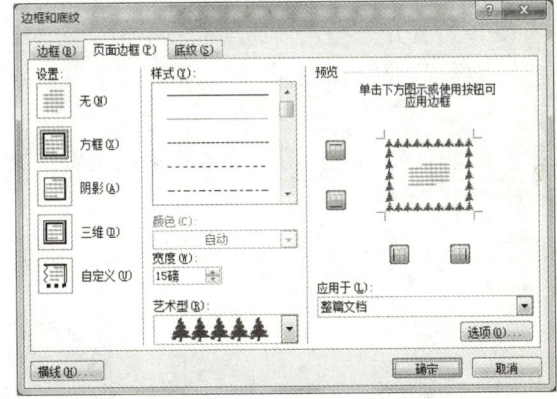

图 3-55 "边框和底纹"对话框

单击"选项"按钮，弹出"边框和底纹选项"对话框，如图 3-56 所示，设置边距的"测量基准"为"页边"，上、下、左、右边距均设为 0 磅。

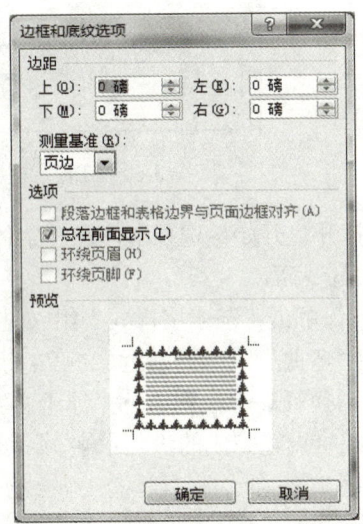

图 3-56 "边框和底纹选项"对话框

5. 插入与编辑艺术字

艺术字是具有特殊效果的文字，可以有各种颜色、使用各种字体、带阴影、倾斜、旋转和延伸，还可以变成特殊的形状。

"艺术字 1"效果如图 3-57 所示，"艺术字 2"效果如图 3-58 所示。

图 3-57 "艺术字 1"效果图　　　　　　　　图 3-58 "艺术字 2"效果图

（1）"艺术字 1"的设置。

① 单击打开"插入"选项卡，单击"文本"组→"艺术字"按钮，在样式列表中选择所需艺术字样式"渐变填充-橙色，强调文字颜色 6，内部阴影"（第 4 行，第 2 列），如图 3-59 所示。

② 编辑区将出现"请在此放置您的文字"提示框，如图 3-60 所示，在提示框中输入文本"环境保护报"。

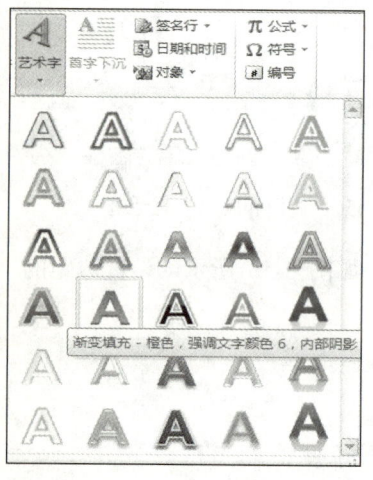 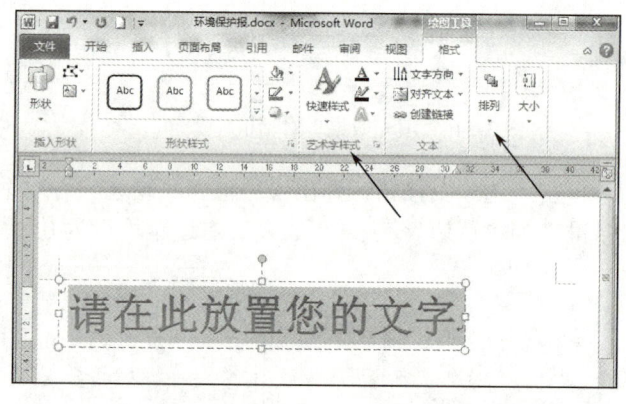

图 3-59　艺术字样式库　　　　　　图 3-60　在提示框中输入文本及"格式"设置

③ 选中"艺术字 1"，单击打开"开始"选项卡，在"字体"选项组中设置字体为"华文琥珀""60 磅"，设置字符间距加宽 3 磅。

④ 单击打开"格式"选项卡，单击"艺术字样式"组（见图 3-60 箭头所示位置）→"文本效果"下拉列表→"转换"→"弯曲"→"两端近"（第 4 行，第 3 列）；单击打开"格式"选项卡，单击"排列"组→"自动换行"下拉列表→"浮于文字上方"。

⑤ 参照如图 3-57 所示效果，将设置完成的"艺术字 1"移至文档合适位置。

（2）用同样方法设置"艺术字 2"。

① 单击打开"插入"选项卡，单击"文本"组→"艺术字"按钮，在样式列表中选择所需艺术字样式"填充-红色，强调文字颜色 2，粗糙棱台"（第 6 行，第 3 列）。

② 在提示框中输入文本"环境保护纪念日"。字体为"隶书""小初"。
③ 设置文本效果为"三维旋转-平行-离轴 1 右"（第 2 行，第 2 列），文字以垂直方向居中。
④ 设置文本框文字环绕方式为"四周型环绕"。
⑤ 调整艺术字文本框大小并置于文档合适位置。
⑥ 在艺术字文本框内部填充"Natural.jpg"图片，并设置图片透明度 70%。方法为：单击打开"格式"选项卡，单击"形状样式"组对话框的启动器按钮，打开"设置形状格式"对话框，选择"填充"→"图片或纹理填充"→填充图片文件即可，设置方法如图 3-61 所示。

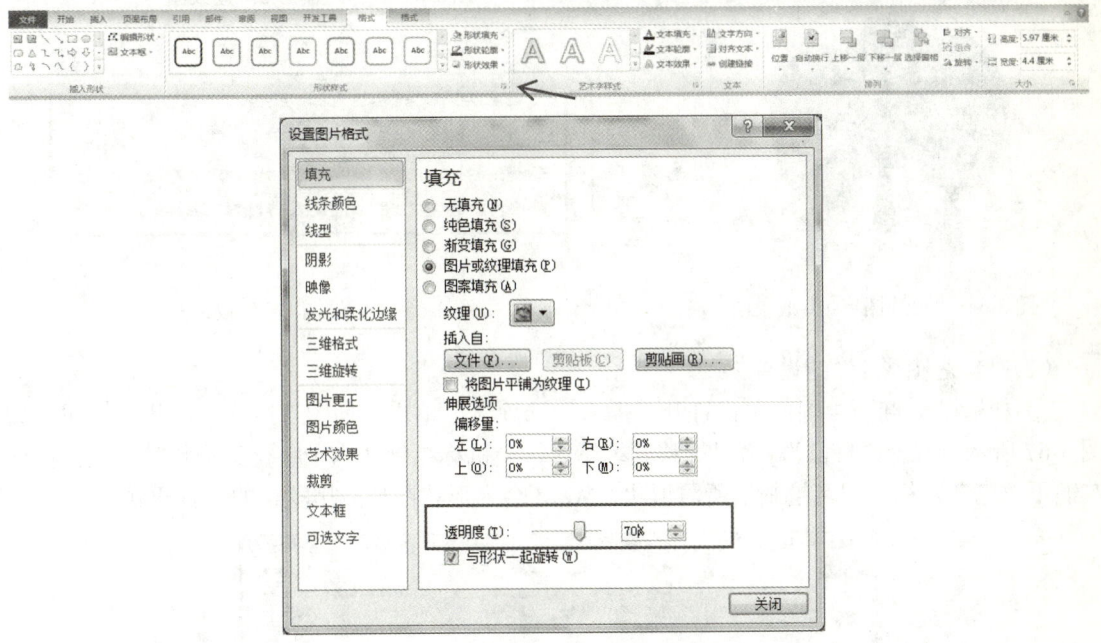

图 3-61　设置艺术字框内部填充图片

另外，选中艺术字，单击打开"格式"选项卡，在"形状样式"选项组中设置"艺术字"框的样式，在"艺术字样式"选项组中设置文本的样式。单击"形状样式"选项组或"艺术字样式"组右下角的对话框启动器按钮，弹出"设置形状格式"对话框（见图 3-62）或"设置文本效果格式"对话框（见图 3-63），可设置更多的效果。

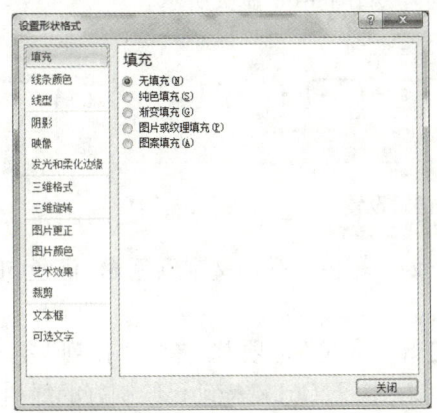

图 3-62　"设置形状格式"对话框

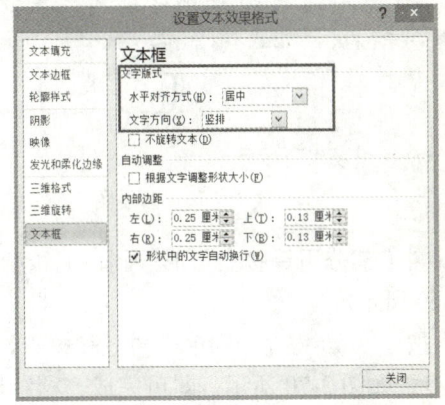

图 3-63　"设置文本效果格式"对话框

6. 插入与编辑自选图形

在 Word 2010 中，可以根据需要插入现成的形状，如矩形、圆、箭头、线条、流程图符号、标注等。

"自选图形 1"效果如图 3-64 所示；"自选图形 2"效果如图 3-65 所示；"自选图形 3"效果如图 3-66 所示。

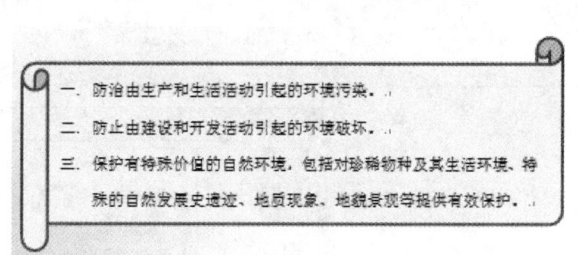

图 3-65 "自选图形 2"效果图

图 3-64 "自选图形 1"效果图　　　　　　图 3-66 "自选图形 3"效果图

（1）"自选图形 1"的设置。

① 树冠部分椭圆绘制：单击打开"插入"选项卡，单击"插图"组→"形状"按钮，如图 3-67 所示，选择"椭圆"，将鼠标移到编辑区，当鼠标指针变为十字交叉形状时，按住鼠标左键不放拖动鼠标，即可绘制出所需形状，Word 会为形状图形应用默认的内置样式。

图 3-67 选择形状样式

将绘制好的椭圆填充绿色（RGB（0,128,0））；轮廓 0.75 磅细实线；设置形状效果为"阴影"→"外部"→"左下斜偏移"（第 1 行，第 3 列），如图 3-68 箭头所示。

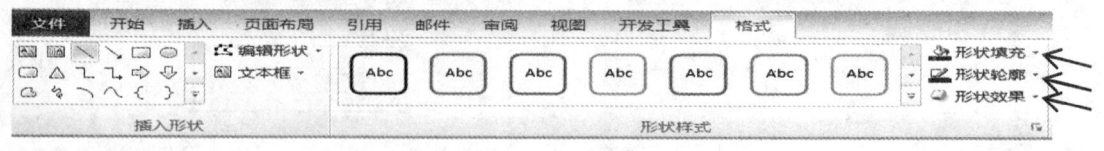

图 3-68 自选图形样式设置

② 树干部分用等腰三角形绘制，无轮廓，填充为"橙色，强调文字颜色 6，深色 50%"，如图 3-69 所示。

③ 按住 Shift 键，分别单击树冠和树干，单击打开"格式"选项卡，单击"排列"组→"组合"命令，如图 3-70 所示，即可完成一棵绿树的绘制；按下 Ctrl 键拖动已绘制好的绿树图形，即可实现绿树图形复制；参照"自选图形 1"效果图，完成三棵树的组合图形。

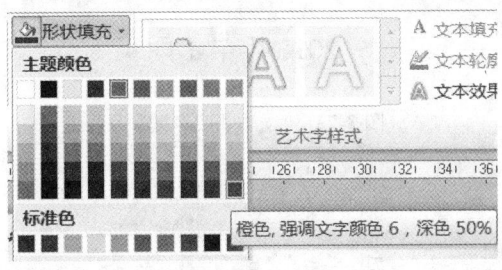 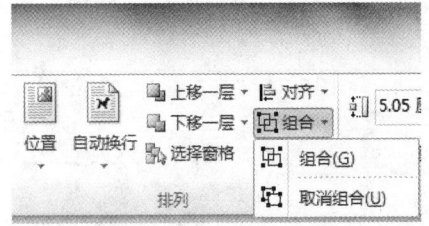

图 3-69　树干填充设置　　　　　　　图 3-70　"组合"下拉列表

④ 设置"自选图形 1"文字环绕方式为"浮于文字上方":选择"自选图形 1",单击打开"格式"选项卡,单击"排列"组→"自动换行"→"浮于文字上方"选项。

(2) 设置"自选图形 2"。

① 按住 Shift 键插入自选图形直线。

② 将"线型"设置为复合类型"由细到粗",宽度 6 磅:单击打开"格式"选项卡,单击"形状样式"组右下角的 ，设置线型,如图 3-71 所示。

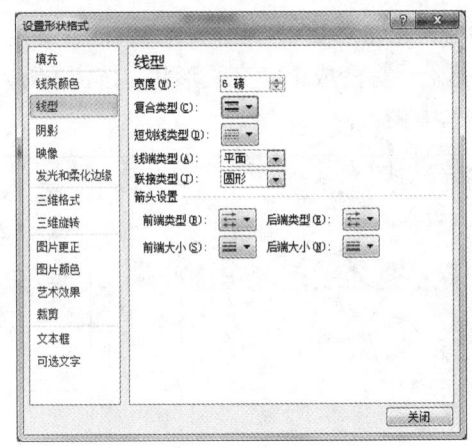

图 3-71　设置"自选图形 2"线型

③ 将线条颜色设置为绿色(RGB(0,128,0));"文字环绕"设置为"浮于文字上方"。

(3) "自选图形 3"的设置。

① 插入自选图形"横卷形","轮廓"设为绿色,填充为"白色,背景 1,深色 5%"。

② 编辑文字:右键单击"横卷形",在弹出的快捷菜单中选择"添加文字"命令,输入案例文字,文字设为宋体、五号、黑色、两端对齐、1.5 倍行距,并添加编号。

③ 设置自选图形文字环绕方式为"四周型环绕"。

7. 插入与编辑文本框

文本框是指一种可以移动、调节大小、编辑文字和图形的容器。使用文本框,可以在文档的任意位置放置多个文字块,或者使文字按照与文档中其他文字不同的方向排列。文本框不受光标所能达到范围的限制,使用鼠标拖动文本框可以移动到文档的任何位置。

"文本框 1"效果如图 3-72 所示;"文本框 2"效果如图 3-73 所示;"文本框 3"效果如图 3-74 所示。

主办：环境保护协会　　　　　　　　　　2017 年第 1 期

图 3-72 "文本框 1"效果图 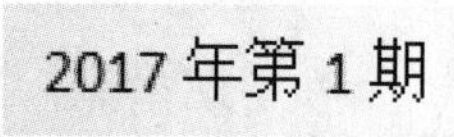　　　　　图 3-73 "文本框 2"效果图

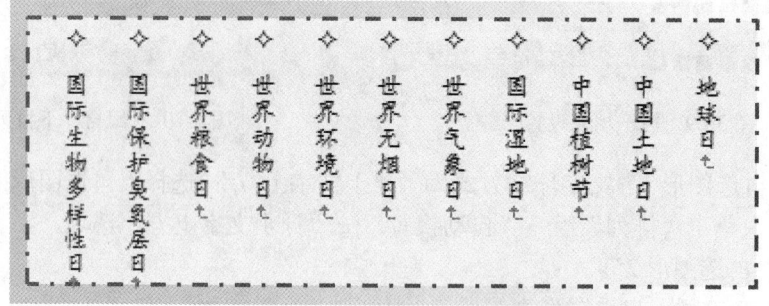

图 3-74 "文本框 3"效果图

（1）文本框的插入。

单击打开"插入"选项卡，单击"文本"组→"文本框"下拉按钮，如图 3-75 所示，单击"绘制文本框"选项，屏幕上鼠标变成十字交叉形状，按住鼠标左键不放拖动鼠标即可绘制出合适大小文本框，在文本框中输入相应文字。

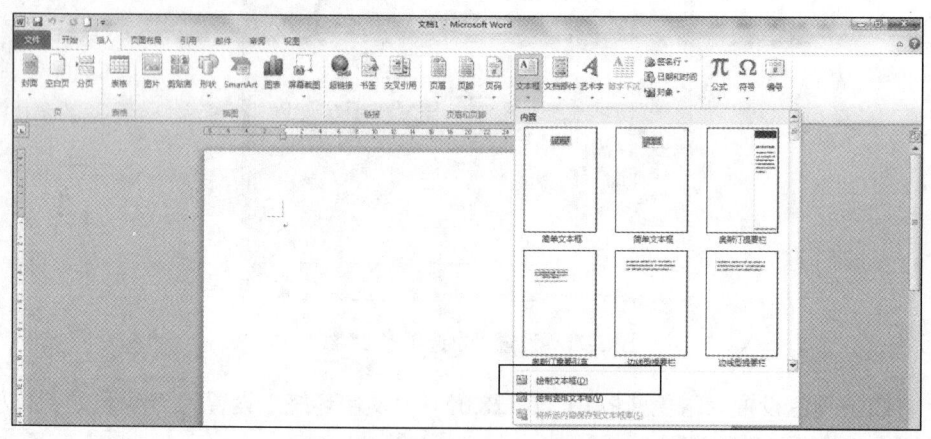

图 3-75 插入"文本框"下拉列表

（2）"文本框 1"及"文本框 2"的设置。

① 将形状填充为"无填充颜色"：单击打开"格式"选项卡，单击"形状样式"组→"形状填充"右侧下拉箭头→"无填充颜色"选项。

② "形状轮廓"设置为"无轮廓"：单击打开"格式"选项卡，单击"形状样式"组→"形状轮廓"右侧下拉箭头→"无轮廓"选项。

③ "文本"设置为"宋体""小四"。

④ 设置"文本框 1"和"文本框 2"底端对齐：同时选中"文本框 1"和"文本框 2"，单击打开"格式"选项卡，单击"排列"组→"对齐"→"底端对齐"命令，如图 3-76 所示。

⑤ 设置文本框的"文字环绕"方式为"浮于文字上方"。

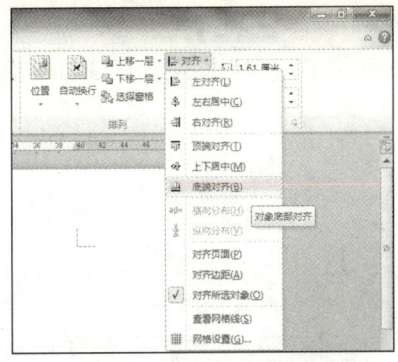

图 3-76 对齐文本框

(3)"文本框 3"的设置。

① 边框线型设为"画线-点""2.25 磅"、绿色;将其填充为"白色,背景 1,深色 5%"。

② 设置文字:选择文本框,单击打开"格式"选项卡,单击"文本"组→"文字方向"按钮,在弹出的下拉列表中选择"文字方向"→"垂直"选项,如图 3-77 所示。文本字体为"楷体""小四""单倍行距",为其添加"项目符号"。

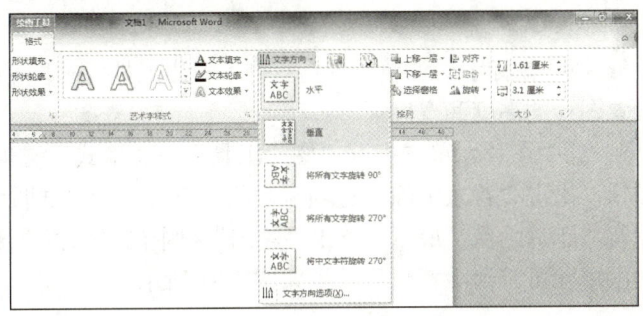

图 3-77 "文字方向"下拉列表

③ 设置"文字环绕"方式为"四周型环绕"。

8. 文字部分排版设计

从素材文件中复制素材文字到板报文档正文中。

① 格式设置:文字格式为"宋体""小四""1.5 倍行距"。

② 设置分栏:两栏,栏宽默认。

③ 设置首字下沉 3 行,下沉文字字体为"华文新魏":单击打开"插入"选项卡,单击"文本"组→"首字下沉"选项,在打开的"首字下沉"对话框中完成设置。

文字排版效果如图 3-78 所示。

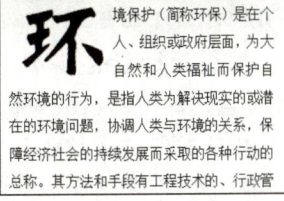

图 3-78 文字排版效果图

9. 插入与编辑图片

"图片 1"效果如图 3-79 所示。"图片 2"效果如图 3-80 所示。

图 3-79 "图片 1"效果图

图 3-80 "图片 2"效果图

（1）"图片 1"的设置。

① 插入素材图片：单击打开"插入"选项卡，单击"插图"组→"图片"按钮，打开"插入图片"对话框，在对话框的"查找范围"选项组中选择素材文件图片"树苗.jpg"插入到设计文档中。

② 调整图片大小：拖动鼠标手动调整或单击打开"图片工具"→"格式"选项卡，在"大小"选项组中精确设置图片的高度和宽度。

③ 消除图片背景：选中图片，单击打开"图片工具"→"格式"选项卡，单击"调整"组→"删除背景"按钮，出现"背景消除"选项卡，此时拖动矩形边框四周上的任意控制点，以便确定出最终要保留的图片区域，最后，单击"关闭"组中的"保留更改"按钮，或者直接单击图片范围以外的区域即可。消除背景后效果如图 3-81 所示。

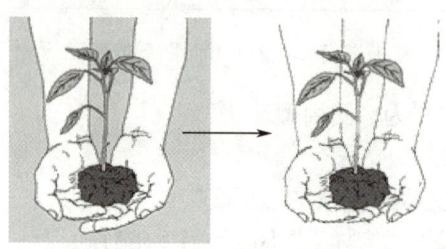

图 3-81 消除图片背景效果

④ 将图片文字环绕方式设为"衬于文字下方"，移动图片至文档合适位置。

（2）"图片 2"的设置。

① 插入素材文件图片"绿色出行.jpg"到设计文档中，调整其大小。

② 裁剪图片上下边框：选中图片，单击打开"图片工具"→"格式"选项卡，单击"大小"组→"裁剪"按钮，图片控点变为裁剪标记，按住鼠标左键拖动控点完成裁剪，保留效果图部分，再次单击"裁剪"按钮或单击文档其他位置，即可退出裁剪状态。

③ 应用"柔化边缘矩形"样式：选中图片，单击打开"图片工具"→"格式"选项卡，单击"图片样式"列表框中图片样式（第 1 行，第 6 列），如图 3-82 所示。

④ 设置图片"文字环绕"方式为"上下型环绕"。

图 3-82　图片样式列表框

单击"图片样式"组右下角的对话框启动器按钮，可进行更多的图片效果设置，如图 3-83 所示。

注意：在默认情况下，插入的图片是"嵌入型"，这种类型的图片相当于一个字符，只能在文字之间移动。如果想调整图片在文档中的位置，只有将图片设置为其他环绕方式才能实现。设置环绕方式可以使文字按照一定的方式环绕图片对象，达到理想的图文混排效果。常见的环绕方式类型有以下几种。

- 嵌入型：图片被当做文本中的一个特殊字符，只能在文字范围内移动。
- 四周型环绕：文字在图片四周环绕，形成一个矩形区域。
- 紧密型环绕：文字在图片四周环绕，以图片的边框形状形成环绕区域。
- 穿越型环绕：文字沿着图片的环绕顶点环绕图片，且穿越凹进的图形区域。
- 上下型环绕：文字环绕在图片的上部和下部。
- 衬于文字下方：图片作为文字的背景图片。
- 浮于文字上方：图片在文字的上方，挡住图片区域的文字。

10．插入 SmartArt 图形

SmartArt 功能可用来绘制层次结构图、流程图等。SmartArt 图形共分 8 种类别：列表、流程、循环、层次结构、关系、矩阵、棱锥图和图片，用户可根据需要创建不同图形。

案例 SmartArt 图形效果如图 3-84 所示。

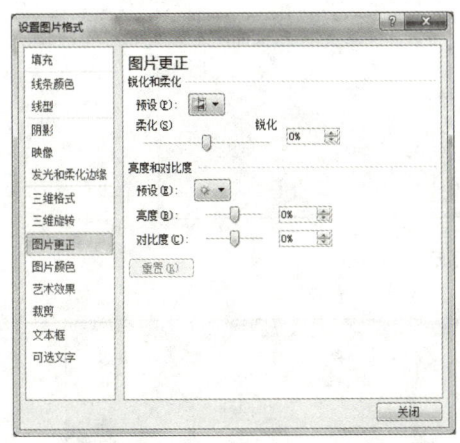

图 3-83　"设置图片格式"对话框

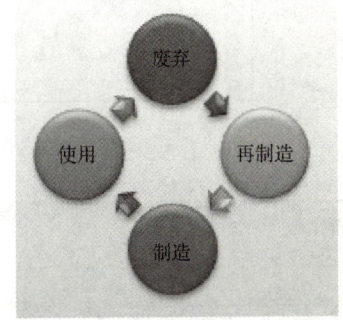

图 3-84　SmartArt 图形效果图

（1）插入 SmartArt 图形。

单击打开"插入"选项卡，单击"插图"组→SmartArt 按钮，在弹出的"选择 SmartArt 图形"窗口左侧选择本案例中的图形类别"循环"→"基本循环"（第 1 行，第 1 列），如

图 3-85 所示。

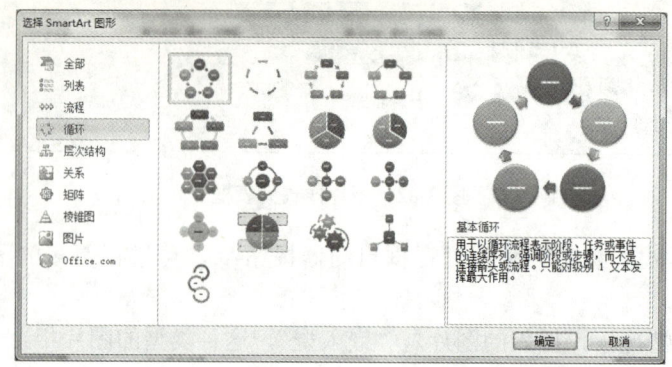

图 3-85 "选择 SmartArt 图形"对话框

（2）编辑 SmartArt 图形。

① 添加与删除形状：选中 SmartArt 图形中的一个圆形项目形状，单击打开"SmartArt 工具"→"设计"选项卡，单击"创建图形"组→"添加形状"下拉按钮，在下拉菜单中选择"在后面添加形状"命令，可完成新的项目形状添加。若要删除形状，可选中要删除的形状，按 Delete 键或 BackSpace 键即可。

② 输入文字：单击图框可直接输入文本；对于新添加形状，可在右键快捷菜单中选择"编辑文字"命令进行编辑。

③ 设置样式：选中 SmartArt 图形，单击打开"SmartArt 工具"→"设计"选项卡，在"SmartArt 样式"组中，更改颜色为"彩色-强调文字颜色"（见图 3-86）；在样式列表框中选择样式为"强烈效果"（见图 3-87）。

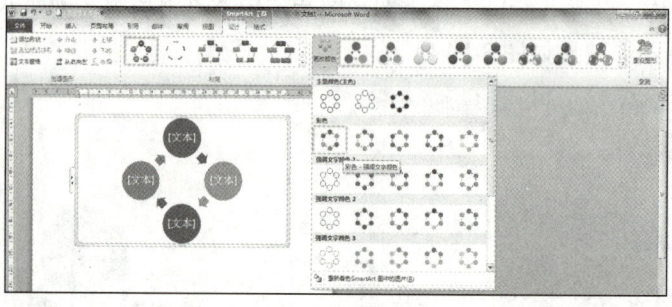

图 3-86 更改颜色

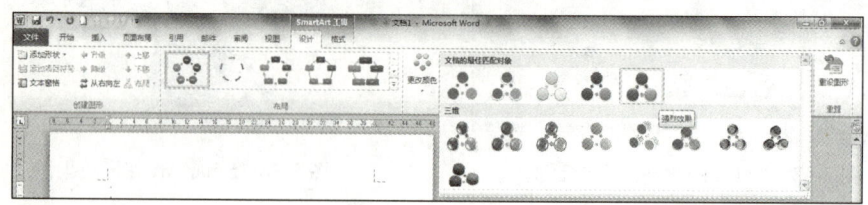

图 3-87 选择样式

④ 设置"文字环绕"为"四周型环绕"。

11. 保存文件

选择"文件"→"保存"命令，选择存储地址 E:\，保存文件名为"环境保护报.docx"。

3.4.3 相关知识点

1. 项目符号和编号

在编辑 Word 文档时，常常需要添加项目符号或编号，以便明确地表达内容之间的并列关系或顺序关系，使文档条理清晰，重点突出。

（1）项目符号。

项目符号是添加在段落前面的符号，如●、★、◆等，以达到项目清晰的目的。

设置方法：选择需要设置项目符号的多个段落，单击打开"开始"选项卡，单击"段落"组→"项目符号"按钮右侧的下三角按钮，在弹出的"项目符号库"中选择需要的符号即可，如图 3-88 所示。如果"项目符号库"中没有需要的符号类型，可以在"项目符号库"列表下部单击"定义新项目符号"命令，在弹出的"定义新项目符号"对话框中重新选择图片或符号作为新的项目符号。

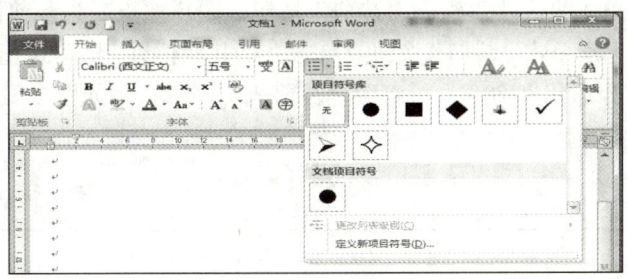

图 3-88　项目符号库

（2）编号。

设置编号的方法与设置项目符号类似，常用于制作规章制度、合同条款等类型的文档。

设置方法：选择需要设置编号的多个段落，单击打开"开始"选项卡，单击"段落"组→"编号"按钮右侧的下三角按钮，在弹出的"编号库"列表中选择需要的符号，如图 3-89 所示。在设置段落编号时，也可以单击编号列表中的"定义新编号格式"命令，打开"定义新编号格式"对话框，设置更多的编号样式及格式。

2. 首字下沉

首字下沉是一种段落装饰效果，是指文章或段落的第一个字符下沉几行或悬挂显示，而使文章显得醒目。

设置方法：选择要设置首字下沉的段落，单击打开"插入"选项卡，单击"文本"组→"首字下沉"按钮，在下拉列表中单击"首字下沉选项"命令，打开"首字下沉"对话框设置下沉格式即可，如图 3-90 所示。

3. 绘图技巧

按住 Shift 键，单击打开"插入"选项卡，单击"插图"组→"形状"下拉列表中的"矩形"按钮，拖动鼠标绘制出的图形为正方形；按住 Ctrl 键拖动鼠标绘制出一个从起点向四周扩张的矩形；按住 Shift+Ctrl 快捷键可以绘制出从起点向四周扩张的正方形。

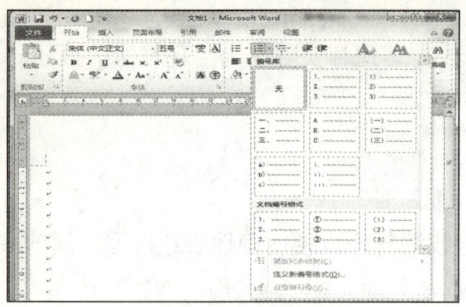
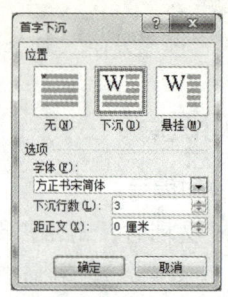

图 3-89　编号库　　　　　　　图 3-90　"首字下沉"对话框

按住 Shift 键，单击打开"插入"选项卡，单击"插图"组→"形状"下拉列表中的"椭圆"按钮，拖动鼠标绘制出的图形为圆形；按住 Ctrl 键拖动鼠标绘制出一个从起点向四周扩张的椭圆形；按住 Shift+Ctrl 快捷键可以绘制出从起点向四周扩张的圆形。

4. 裁剪图片

裁剪掉图片的多余部分，指仅对图片的四周进行裁剪。选中图片，单击打开"图片工具"→"格式"选项卡，单击"大小"组→"裁剪"按钮，图片控点变为裁剪标记，按住鼠标左键拖动控点完成裁剪，再次单击"裁剪"按钮或单击文档其他位置，即可退出裁剪状态；单击"裁剪"下拉列表"裁剪为形状"命令，可将图片裁剪成不同形状，如图 3-91 所示。

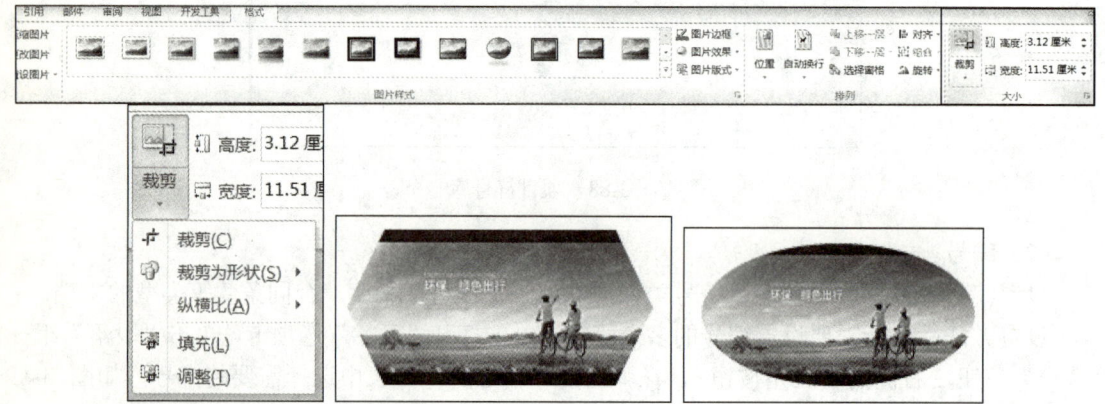

图 3-91　裁剪选项及"裁剪为形状"效果

5. 创建链接文本框

用户可以使用文本框将文档中的内容以多个文字块的形式显示出来。在如图 3-92 所示的图文混排实例中，文档右下角的分栏效果就是应用了文本框链接。这种分栏效果是分栏功能所不能达到的。

创建文本框链接操作方法如下：

① 在文档中插入 4 个文本框，排列为 2 行 2 列的形式。

② 选中第 1 行第 1 列的文本框，单击"文本框"工具栏中的"创建文本框链接"按钮。

③ 将鼠标移到第 2 行第 1 列的文本框中，单击创建一个链接，如图 3-93 所示。

④ 选中第 2 行第 1 列的文本框，使用同样的方法，链接第 2 行第 2 列的文本框。再选中第 2 行第 2 列的文本框，链接第 1 行第 2 列的文本框。

图 3-92 链接文本框应用实例

⑤ 在第 1 行第 1 列的文本框中输入文本或者复制已写好的文本，当文本框被写满后，文本会自动排到第 2 行第 1 列的文本框中，然后是第 2 行第 2 列的文本框中，最后是第 1 行第 2 列的文本框中，如图 3-94 所示。

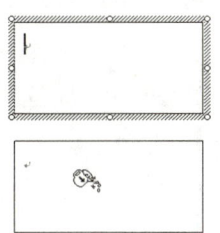

图 3-93 创建一个链接图　　　　图 3-94 用 4 个链接文本框显示文档内容

3.5 案例 4——求职登记表与工资统计表

知识目标：
- 创建表格。
- 表格合并与拆分。
- 表格外观规范。
- 表格中数据的计算。
- 表格中数据的排序。
- 文本与表格之间相互转换。
- 图表的生成。
- 图表的编辑与修饰。

3.5.1 案例说明

表格可以把数据信息更直观清晰地表现出来，例如，制作求职简历时使用表格可以简洁直观地表达信息。另外，Word 表格也够完成普通的数据管理操作。下面通过制作案例 4A 和案例 4B，学习表格的创建与编辑、表格中数据的计算以及图表的插入编辑操作方法。

3.5.2 案例 4A：制作求职信息登记表

本案例制作完成后效果如图 3-95 所示。

求职信息登记表

<table>
<tr><td>姓名</td><td></td><td>性别</td><td></td><td>出生年月</td><td></td><td rowspan="3">照片</td></tr>
<tr><td>民族</td><td></td><td>籍贯</td><td></td><td>健康状况</td><td></td></tr>
<tr><td>学历</td><td></td><td>身高</td><td></td><td>政治面貌</td><td></td></tr>
<tr><td colspan="2">毕业院校</td><td colspan="3"></td><td>所学专业</td><td></td></tr>
<tr><td colspan="2">身份证号码</td><td colspan="3"></td><td>电子邮箱</td><td></td></tr>
<tr><td colspan="2">家庭住址</td><td colspan="3"></td><td>联系电话</td><td></td></tr>
<tr><td colspan="2">求职意向</td><td colspan="5"></td></tr>
<tr><td rowspan="4">教育经历</td><td colspan="2">时间</td><td colspan="2">院校名称</td><td>专业</td><td>学历</td></tr>
<tr><td colspan="2"></td><td colspan="2"></td><td></td><td></td></tr>
<tr><td colspan="2"></td><td colspan="2"></td><td></td><td></td></tr>
<tr><td colspan="2"></td><td colspan="2"></td><td></td><td></td></tr>
<tr><td rowspan="4">工作经历</td><td colspan="2">时间</td><td colspan="2">工作单位</td><td>部门</td><td>任职</td></tr>
<tr><td colspan="2"></td><td colspan="2"></td><td></td><td></td></tr>
<tr><td colspan="2"></td><td colspan="2"></td><td></td><td></td></tr>
<tr><td colspan="2"></td><td colspan="2"></td><td></td><td></td></tr>
<tr><td>备注</td><td colspan="6">照片处粘贴近期免冠一寸照片</td></tr>
</table>

图 3-95 案例 4A 效果图

1. 创建新文件

新建一个 Word 文档，并重命名为“求职信息登记表.docx”。

2. 页面设置

将页面设置为 A4、纵向、页边距上、下、左、右均为 3.17 厘米。

3. 输入标题

在文档开始处输入标题文字“求职信息登记表”，按 Enter 键生成一个新段落。设置标题文字格式为“黑体”“小二”“加粗”，“居中”对齐，段后空 1 行。

4. 插入表格

（1）操作要求：将光标置于行开始处，插入 7 列 4 行的表格。

(2)操作方法:单击打开"插入"选项卡,单击"表格"组→"表格"按钮,弹出下拉菜单,单击"插入表格"命令,弹出"插入表格"对话框,设置"表格尺寸"的"列数"为7,"行数"为4,如图3-96所示。

5. 设置表格行高和列宽

(1)操作要求:表格行高1.2厘米;表格第1~第6列宽度为2厘米,第7列宽度为3厘米。

(2)操作方法:单击表格左上角移动控点 选中整个表格,单击打开"表格工具-布局"选项卡,设置"单元格大小"组的"高度"为1.2厘米,如图3-97所示。也可单击"单元格大小"组右下角的对话框启动器按钮 ,在弹出的"表格属性"对话框中设置行高,如图3-98所示。用同样方法设置列宽。

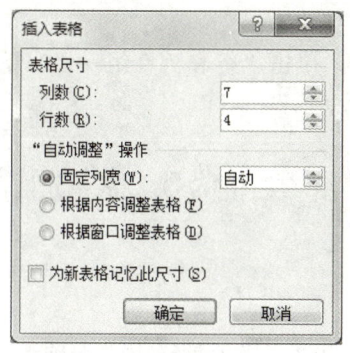

图3-96 "插入表格"对话框

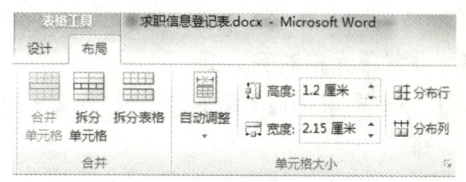

图3-97 设置表格行高与列宽

6. 合并与拆分单元格

(1)操作要求:合并与拆分单元格,完成效果如图3-99所示。

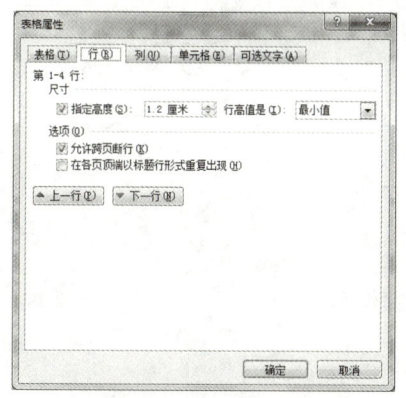

图3-98 "表格属性"对话框

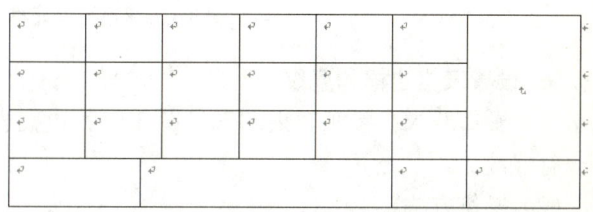

图3-99 合并与拆分单元格

(2)操作方法。

选中表格第7列第1~第3行单元格,单击打开"表格工具-布局"选项卡,单击"合并"组→"合并单元格"按钮,将3个单元格合并为一个单元格,如图3-100所示。单击"对齐方式"组中"文字方向"按钮,设置其文字方向为垂直方向,设置字符间距加宽2磅。

选中第4行的第1~第5列单元格,单击打开"表格工具-布局"选项卡,单击"合并"组→"拆分单元格"按钮,弹出"拆分单元格"对话框,拆分单元格为2列1行,如图3-101所示,参照效果图(见图 3-99)适当调整单元格边框线位置。

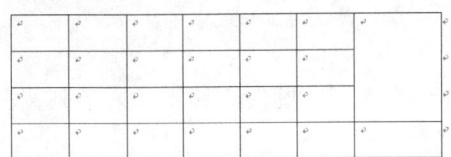

图 3-100 合并单元格

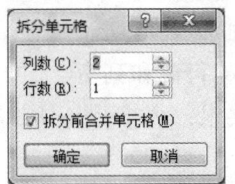

图 3-101 "拆分单元格"对话框

7. 插入行

(1)操作要求:参考效果图(见图 3-95)插入表格行。

(2)操作方法。

选中第 4 行,单击打开"表格工具-布局"选项卡,单击"行和列"组→"在下方插入"按钮,在第 4 行下方再插入同第 4 行一样的 4 行。

选中第 8 行,将第 8 行拆分为 1 行 5 列单元格。

用同样方法,在第 8 行下再插入 8 行,并参照效果图(见图 3-95)完成单元格合并。

8. 设置单元格对齐方式

(1)操作要求:设置表格文字对齐方式水平居中。

(2)操作方法。

单击表格左上角移动控点 选中整个表格,单击打开"表格工具-布局"选项卡,单击"对齐方式"组→"水平居中"按钮,如图 3-102 所示。

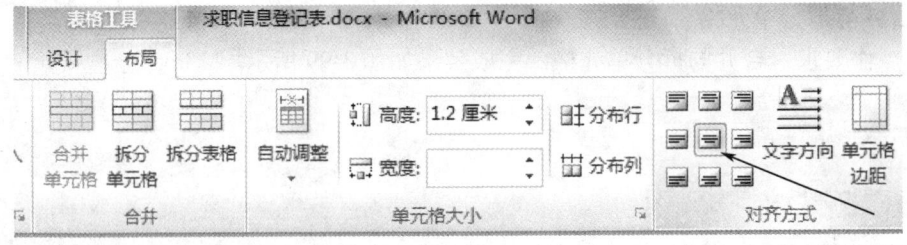

图 3-102 设置单元格对齐方式

9. 设置表格边框和底纹

(1)操作要求:参照效果图(见图 3-95)设置表格外框线及第 7 行下框线;设置表格最后一行底纹。

(2)操作方法。

① 设置表格边框。

选中表格,单击打开"表格工具-设计"选项卡,单击"表格样式"组→"边框"按钮,弹出"边框和底纹"对话框,在"边框"选项卡中选择左侧"自定义",中间线条"样式"为第 9 种,"宽度"为 2.25 磅,在右侧"预览"区分别双击"上边框""下边框""左边框"和"右边框"按钮,单击"确定"按钮,如图 3-103 所示。

参照效果图,利用上述方法设置第 7 行下边框线。

② 设置表格的底纹。

设置表格最后一行的底纹颜色为"白色,背景 1,深色 15%"。操作如下:选中表格最后一行单元格,单击打开"表格工具-设计"选项卡,单击"表格样式"组→"底纹"按钮,在弹出的下拉列表中选择底纹样式,如图 3-104 所示。

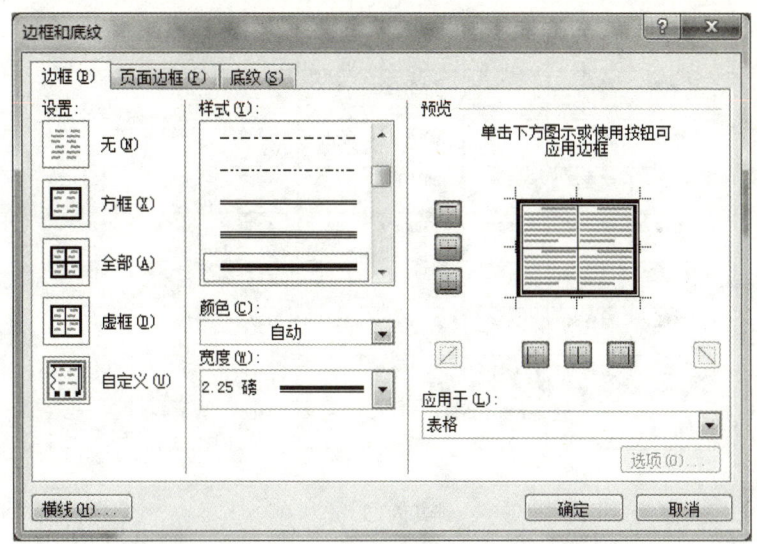

图 3-103 "边框和底纹"对话框

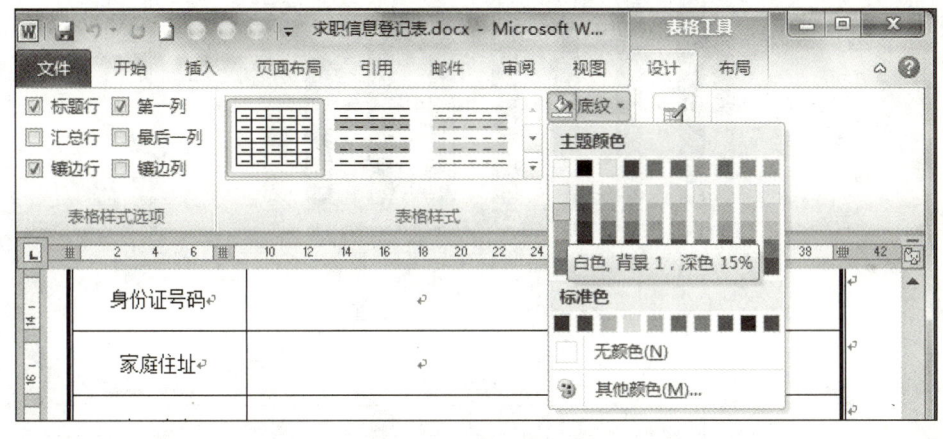

图 3-104 设置表格底纹

10. 表格内容设置

操作要求:参照效果图(见图 3-95),输入表格内容。设置内容格式:第 1~第 15 行为"宋体""五号";最后一行为"楷体""五号"。

11. 保存文档

完成设置后,保存文档。

3.5.3 案例 4B:计算工资统计表

本案例制作完成后效果如图 3-105 所示。

1. 将文本转换为表格

(1)操作要求:打开"工资统计表.docx"文档,将文档中第 2~第 10 行文本转换成表格,参照如图 3-106 所示效果适当调整表格。

工资统计表

姓名	部门	基本工资	津贴	奖金	应发工资	扣款额	实发工资
张宏亮	财务部	2100	3100	450	5650	230	5420
赵玫	销售部	1900	2600	400	4900	215	4685
杨楠	销售部	1590	2500	340	4430	190	4240
张玮	技术部	1620	2450	280	4350	161.4	4188.6
林小龙	技术部	1580	2200	210	3990	150	3840
李辉	财务部	1550	2100	320	3970	184.5	3785.5
王晓艺	财务部	1450	1800	260	3510	143.5	3366.5
应发工资平均值					4400	实发总计	29525.6

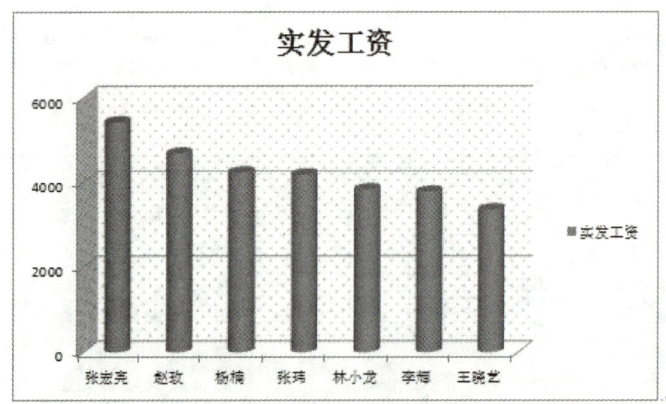

图 3-105　案例 4B 效果图

工资统计表

姓名	部门	基本工资	津贴	奖金	应发工资	扣款额	实发工资
林小龙	技术部	1580	2200	210		150	
张玮	技术部	1620	2450	280		161.4	
张宏亮	财务部	2100	3100	450		230	
赵玫	销售部	1900	2600	400		215	
李辉	财务部	1550	2100	320		184.5	
杨楠	销售部	1590	2500	340		190	
王晓艺	财务部	1450	1800	260		143.5	
应发工资平均值						实发总计	

图 3-106　文本转换成表格效果图

（2）操作方法。

选中第 2～第 10 行文本，单击打开"插入"选项卡，单击"表格"组→"表格"按钮→

"文本转换成表格"命令,弹出"将文字转换成表格"对话框,如图 3-107 所示,设置好后,单击"确定"按钮。

设置表格行高 1 厘米,单元格对齐方式为水平居中,合并最后一行第 1～第 5 列单元格。

2. 利用公式或函数计算

(1) 操作要求:计算表格中"应发工资"列、"实发工资"列、"应发工资平均值"和"实发总计"的值。

(2) 操作方法。

计算"应发工资"列值。将光标置于 F2 单元格中,单击打开"表格工具-布局"选项卡,单击"数据"组→"公式"按钮 fx,弹出"公式"对话框,如图 3-108 所示,在"公式"下方的文本框中输入"=SUM(LETF)"或者"=C2+D2+E2",单击"确定"按钮;再将光标置于 F3 单元格中,计算下一位员工的应发工资,调出"公式"对话框,在"公式"下方的文本框中输入"=SUM(LETF)"或者"=C3+D3+E3";以此类推,计算所有员工的应发工资。

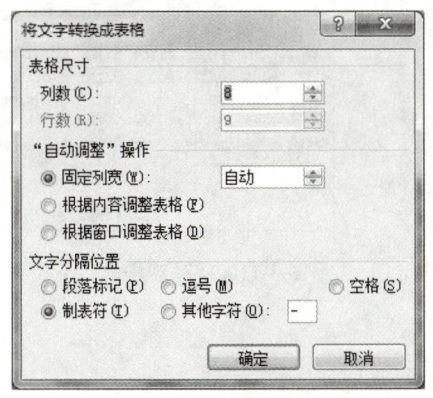

图 3-107 "将文字转换成表格"对话框

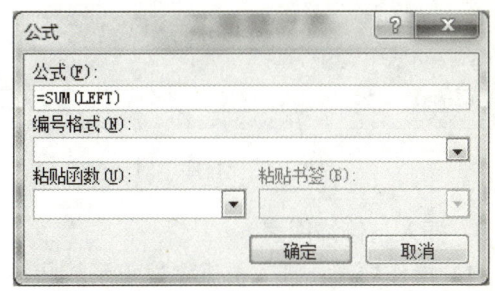

图 3-108 "公式"对话框

计算"实发工资"列值。将光标置于 H2 单元格中,调出"公式"对话框,在"公式"下方的文本框中输入"=F2-G2",单击"确定"按钮。以此类推,计算出所有员工的实发工资。

计算"应发工资平均值"。将光标置于 F9 单元格中,调出"公式"对话框,在"公式"下方的文本框中输入"=AVERAGE(ABOVE)"或"=AVERAGE(F2:F8)",单击"确定"按钮。

计算"实发总计"。将光标置于 H9 单元格中,调出"公式"对话框,在"公式"下方的文本框中输入"=SUM(ABOVE)"或"=SUM(H2:H8)",单击"确定"按钮。

提示:

① 如果应用函数的参数为 LEFT、RIGHT、ABOVE 等,可以使用 Ctrl+Y 快捷键或按 F4 键重复上一次操作,实现快速填充。

② 如果表格中的数据发生了变化,可以按 F9 键刷新域。方法是:将光标移动到计算结果上或选中整个表格,然后按 F9 键,即可更新整个表格中的所有计算结果。

3. 表格排序

(1) 操作要求:按照员工实发工资降序排列数据。

(2) 操作方法。

选中除最后一行以外的所有表格行,单击打开"表格工具-布局"选项卡,单击"数据"组→"排序"按钮,弹出"排序"对话框,在"主要关键字"下拉列表中选择"实发工资",

排序方式选择"降序",如图 3-109 所示,单击"确定"按钮。

4. 设置表格样式

(1)操作要求:参照效果图设置表格样式。

(2)操作方法。

将光标移到表格中,单击打开"表格工具-设计"选项卡,单击"表格样式"组→选择外观样式"其他"按钮,弹出"外观样式"下拉菜单,选择第 3 行第 2 列"浅色网格,强调文字颜色 1"样式,如图 3-110 所示。

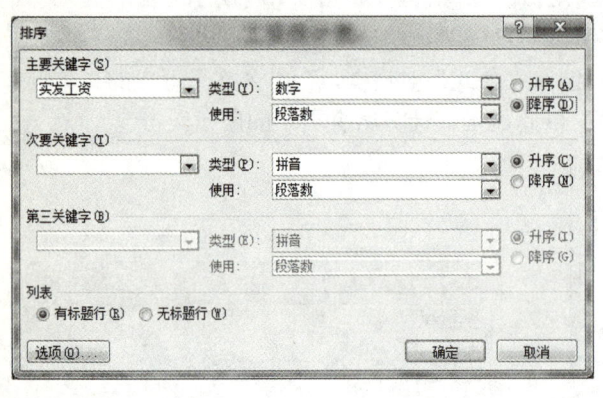

图 3-109 "排序"对话框

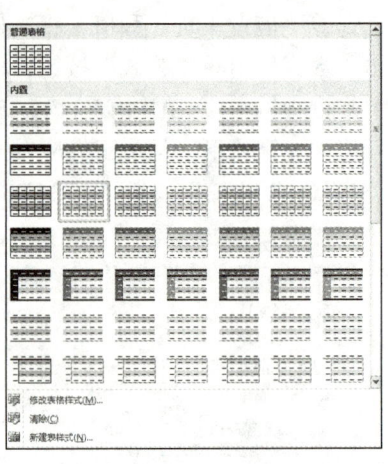

图 3-110 "外观样式"下拉菜单

5. 插入与修饰图表

(1)操作要求:插入员工实发工资簇状柱形图表。

(2)操作方法。

① 插入图表。

将光标置于表格下方,单击打开"插入"选项卡,单击"插图"组→"图表"按钮→"柱形图"→"簇状圆柱图"(第 2 行,第 1 列),如图 3-111 所示,单击"确定"按钮,弹出如图 3-112 所示界面,在右侧 Excel 表格中,调整图表数据区域大小,将复制的 Word 数据粘贴到 Excel 表格中,如图 3-113 所示,关闭 Excel 窗口,Word 窗口中出现如图 3-114 所示图表。

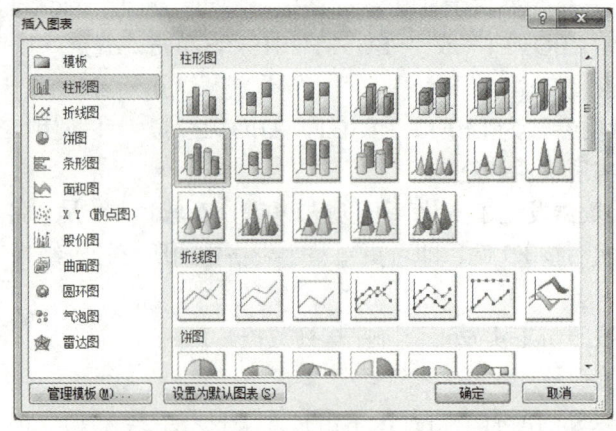

图 3-111 "插入图表"对话框

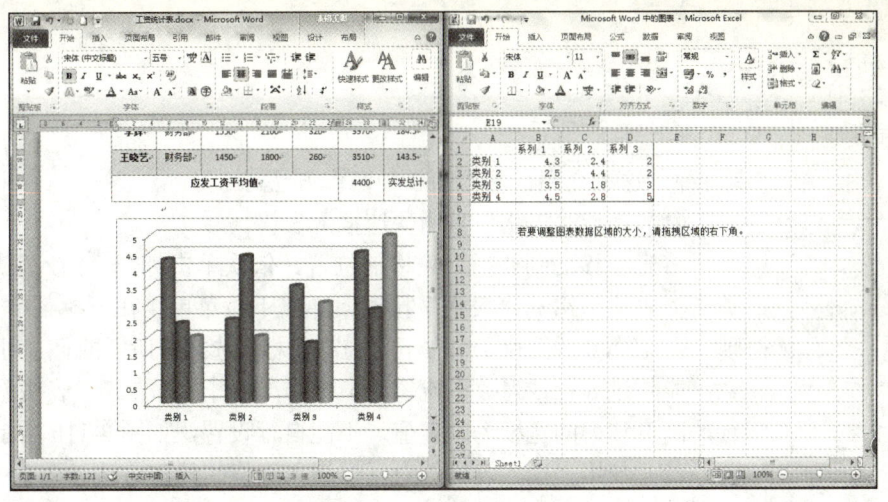

图 3-112 编辑图表数据窗口

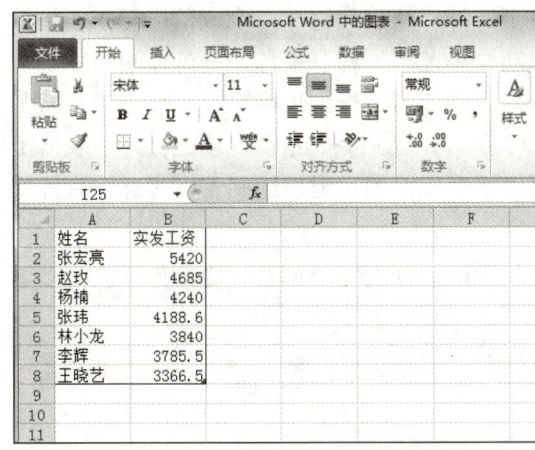

图 3-113 输入 Word 表格数据

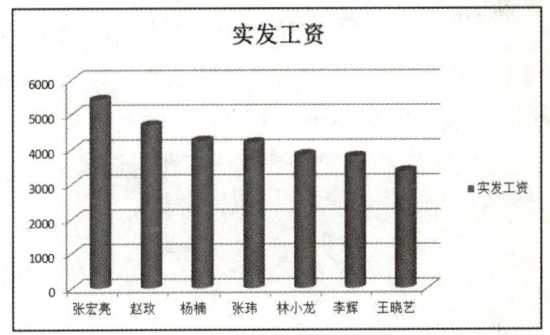

图 3-114 插入图表效果图

② 修饰图表。

参照效果图（见图 3-105）修饰图表。选中图表，单击打开"图表工具-设计"选项卡，如图 3-115 所示，可以更改图表类型、选择编辑数据、选择图表布局、选择图表样式等；单击打开"图表工具-布局"选项卡，可以为图表添加标题等图表选项，设置背景墙等；单击打开"图表工具-格式"选项卡，可以对图表各元素设置形状样式、艺术样式等。

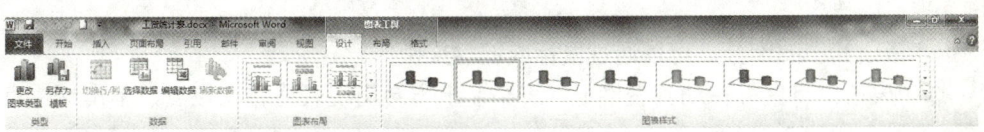

图 3-115 "图表工具-设计"选项卡

6. 保存文档

完成制作后，保存文档并退出 Word，以确保文件的完成。

3.5.4 相关知识点

1. 插入表格

插入表格的方法有多种，这里介绍最基本的 3 种操作方法。

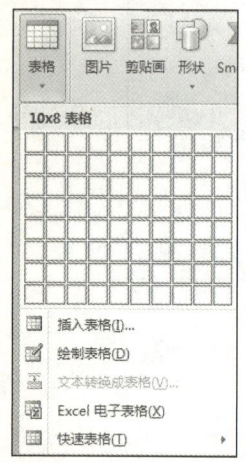

（1）使用"表格"按钮快速插入表格。

将光标移动到要插入表格的位置，依次单击打开"插入"选项卡，单击"表格"组→"表格"按钮，弹出下拉菜单，在下拉菜单上部会出现一个 10×8 的网格，向右下方拖动鼠标，选择好所需的行、列数后（行数不能超过 8 行，列数不能超过 10 列），松开鼠标左键，表格创建完成。行的高度和列的宽度为固定值，不能自行设置，如图 3-116 所示。

（2）使用"插入表格"对话框插入表格。操作方法如图 3-96 所示。

（3）手工绘制表格。

方法：单击打开"插入"选项卡，单击"表格"组→"表格"按钮，弹出下拉菜单，在下拉菜单中选择"绘制表格"命令，鼠标会变成铅笔形状，直接在文档编辑区拖动一个范围，松开鼠标，就可以画出表格的框架，然后按照要求绘制所需表格即可。绘制表格时，会弹出"表格工具-设计"选项卡，如图 3-117 所示，绘制完表格后，单击打开"表格工

图 3-116　插入表格

具-设计"选项卡，单击"绘图边框"组→"绘制表格"按钮即可退出绘制表格状态，鼠标即还原成原来的形状。

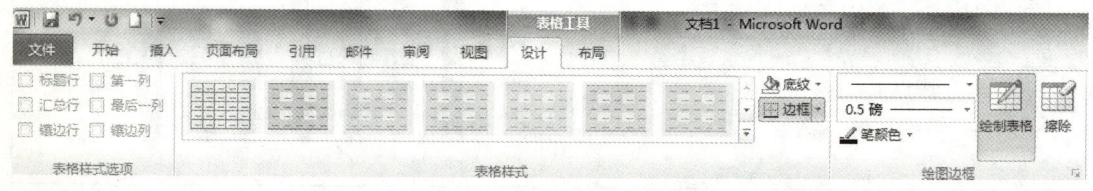

图 3-117　"表格工具-设计"选项卡

2. 编辑表格

（1）输入表格内容。

在表格中输入文字的方法与在文档中输入文字的方法完全一致。在输入文字过程中表格会依据输入文字的大小、内容的多少，自动加大行高、列宽。如果表格的位置及内容不符合要求，也可以进行表格的移动、复制和粘贴操作。

（2）表格的选定。

选定表格或其中的部分，可以通过鼠标或键盘来操作。

① 选中表格：将鼠标移动到表格上，表格左上方会出现表格移动控点，单击该控点可以选中整个表格，如图 3-118 所示。

② 选中行：将鼠标移动到要选中行左边的空白选定区上，单击鼠标选中该行，如图 3-119 所示。垂直拖动鼠标可以选定多个行。

③ 选中列：将鼠标移动到要选中列的上方，单击鼠标选中该列，如图 3-120 所示。水平拖动鼠标可以选中多个列。

④ 选中单元格：将鼠标移动到要选中单元格内偏左的位置，单击鼠标选中该单元格，拖

动鼠标可以选中多个单元格，如图 3-121 所示。

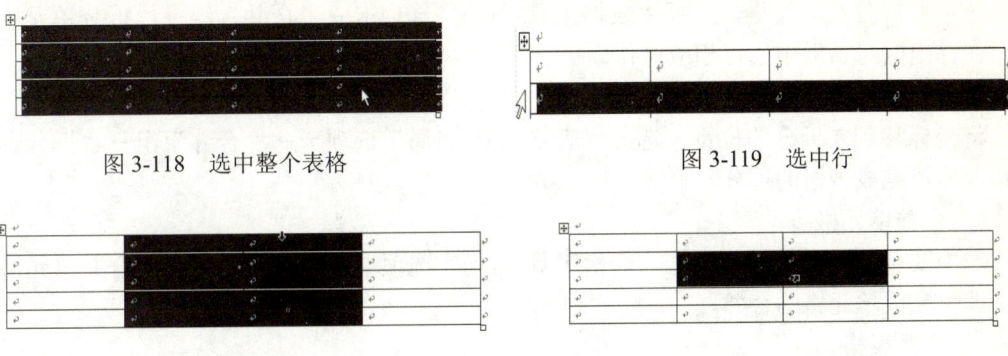

图 3-118　选中整个表格　　　　　　　　图 3-119　选中行

图 3-120　选中列　　　　　　　　　　　图 3-121　选中单元格

以上操作也可以通过选择"表格工具-布局"选项卡→"表"组→"选择"按钮，选择弹出的下拉菜单中相应的命令完成。

（3）表格部分插入或删除。

① 插入单元格、行或列。

选中表格中单元格（或某行或某列），单击打开"表格工具-布局"选项卡，单击"行和列"组→"在上方插入"按钮、"在下方插入"或"在左侧插入""在右侧插入"按钮即可在相应位置上插入行或列，如图 3-122 所示；如果插入单元格的话，则选中表格中的单元格，单击"表格工具-布局"选项卡→"行和列"组的对话框启动器按钮，在弹出的"插入单元格"对话框（见图 3-123）中设置即可。

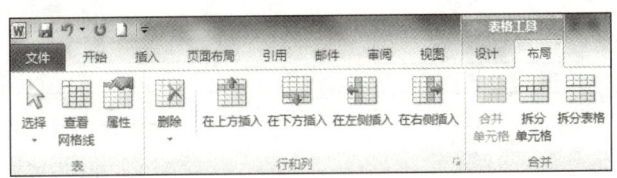

图 3-122　"表格工具-布局"选项卡

② 删除单元格、行或列。

选中表格中要删除的单元格（或某行或某列），单击打开"表格工具-布局"选项卡，打开"行和列"组→"删除"按钮，弹出下拉菜单，如图 3-124 所示，单击相应的命令即可进行删除操作。

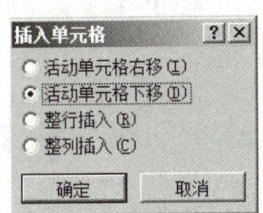　　　　　　　　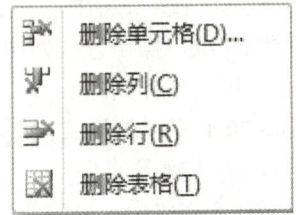

图 3-123　"插入单元格"对话框　　　　图 3-124　"删除"按钮的下拉菜单

（4）表格的拆分与合并。

表格的拆分/合并可分为拆分/合并单元格和拆分/合并表格两种。

① 拆分单元格。

选中要拆分的单元格，选择"表格工具-布局"选项卡→"合并"组→"拆分单元格"按钮，在弹出的对话框中进行相应操作即可。

② 拆分表格。

将光标移到要拆分的位置，选择"表格工具-布局"选项卡→"合并"组→"拆分表格"按钮，即可完成表格的拆分。

③ 合并单元格。

选中要合并的单元格，选择"表格工具-布局"选项卡→"合并"组→"合并单元格"按钮，即可完成单元格的合并。

④ 合并表格。

只有当表格的内容相互关联时，才可将它们合并为一个表格。当表格处于相邻的位置时，删除表格间的空行、空格或文字时，两个表格将被合并。

（5）调整表格的尺寸。

① 缩放表格。

将光标指针指到表格上，表格的右下角出现一个小方框，即为表格缩放控点，将鼠标移到此处，按住鼠标左键，再拖动鼠标即可按比例改变表格的大小。

② 鼠标拖动调整表格的行高和列宽。

将鼠标移动到要改变高度的行的横线上，拖动鼠标调整高度，虚线表示调整后的高度，如图 3-125 所示。松开鼠标左键即可改变该行的高度。同样也可以调整列的宽度，如图 3-126 所示。

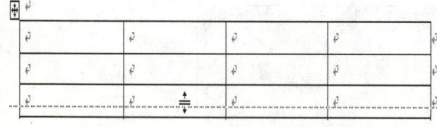
图 3-125　设置表格的行高

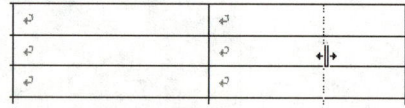
图 3-126　设置表格的列宽

使用标尺也可以设置表格的行高和列宽，只要将光标移动到表格内，把鼠标指针移至垂直（或水平）标尺的行（列）标记上，拖动鼠标即可改变行高和列宽。

③ 指定行高和列宽。操作方法如图 3-97 所示。

3. 设置表格格式

（1）设置表格的边框和底纹。

使用"边框与底纹"对话框，不仅可以设置文字和段落的边框和底纹，还可以设置表格和单元格的边框和底纹，操作方法如图 3-103 和图 3-104 所示。

（2）自动套用表格样式。

套用 Word 2010 提供的样式，可以给表格添加边框、颜色以及其他的特殊效果，使得表格具有非常专业化的外观。

① 将光标移到表格中，选择"表格工具-设计"选项卡→"表格样式"组→"外观样式"其他按钮，弹出"外观样式"下拉菜单，如图 3-110 所示，在"外观样式"下拉菜单中，选择所需的表格样式。

② 在"表格工具-设计"选项卡→"表格样式选项"组中，选择表格的标题行、第一列、

汇总行和最后一列是否应用选中格式中的特殊设置。

③ 单击打开"表格工具-设计"选项卡，单击"表格样式"组→"外观样式"其他按钮，弹出"外观样式"下拉菜单，在下拉菜单中单击"新建表样式"命令，弹出"根据格式设置创建新样式"对话框，可以新建一个表格样式。单击"清除"命令，可以删除选中的表格样式。单击"修改表格样式"命令，弹出"修改样式"对话框，可以修改当前选中的表格样式。

（3）插入斜线表头。

表头是表格中用来标记表格内容的分类，一般位于表格左上角的单元格中。Word 2010 中没有"斜线表头"命令，要制作斜线表头，使用表格中的"斜下框线"命令即可。如图 3-127 所示是为课程表插入斜线表头前的效果。

星期\节次	星期一	星期二	星期三	星期四	星期五
一					
二					
三					
四					

图 3-127　插入斜线表头前

操作方法：

① 将光标定位于要制作斜线的单元格（如首行首列单元格）内。

② 单击打开"表格工具-设计"选项卡，单击"表格样式"组→"边框"下拉按钮。

③ 在弹出的下拉菜单中单击"斜下框线"即可，如图 3-128 所示。

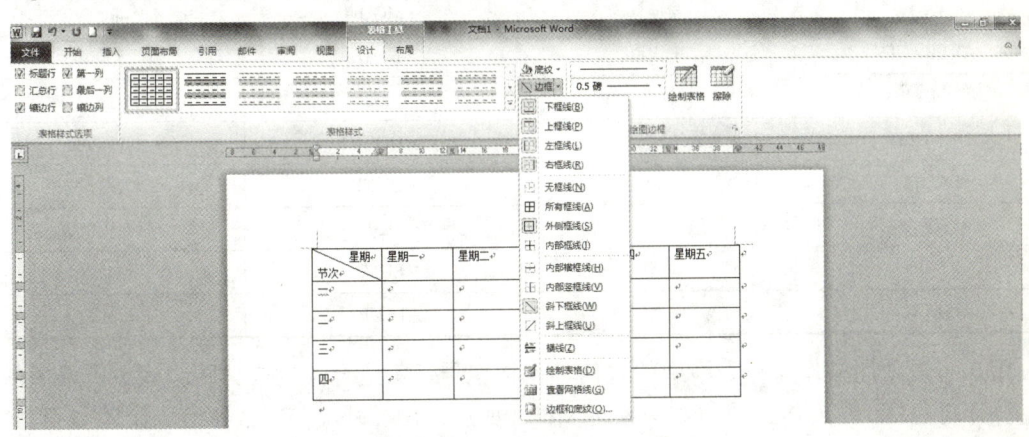

图 3-128　插入斜线表头后效果

提示：

① 若要制作的斜线表头内含两条或两条以上斜线，可以单击打开"插入"选项卡，单击"插图"组→"形状"→"直线"命令来绘制，后期再进行调整，必要时放大视图和使用 Alt 键来操作。

② 此斜线也可以用"绘制表格"工具直接在单元格中绘制。

③ 斜线表头内的文字定位可使用文本框（文本框去掉边框和填充），必要时将它们组合。

（4）重复表格标题。

有时候表格中的统计项目很多，表格过长时就需要分两页或者多页显示，从第 2 页开始，表格就没有标题行了。这种情况下，查看表格数据时很容易混淆。在 Word 中可以使用"重复标题行"选项来解决这个问题。

选中表格的标题行，单击打开"表格工具-布局"选项卡，单击"数据"组→"重复标题行"按钮，其他页中的表格首行就会重复表格标题行的内容。

4．表格的计算与排序

（1）表格的计算。

为了方便用户使用表格中的数据计算，Word 对表格的单元格进行了编号，每个单元格都有一个唯一编号。编号的原则是：表格最上方一行的行号为 1，向下依次为 2，3，4，…… 表格最左一列的列号为 A，向右依次为 B，C，D，…… 单元格的编号由列号和行号组成，列号在前，行号在后。

用户通过使用"公式"对话框，可以对表格中的数值进行各种计算，如图 3-108 所示。计算公式既可以从"粘贴函数"下拉列表框中选择，也可以直接在"公式"文本框中输入，其中的符号"="不可缺少，在"编号格式"下拉列表框中选择输出结果的格式。

在"粘贴函数"下拉列表框中有多个计算函数，函数说明如表 3-3 所示。带一对小括号的函数可以接受任意多个以逗号或者分号分隔的参数。参数可以是数字、算术表达式或者书签名。

表 3-3　函数说明

函数名称	说　明	函数名称	说　明
ABS	绝对值	MIN	最小值
AND	与运算	MOD	取余
AVERAGE	平均值	NOT	非
COUNT	计数	OR	或
DEFINED	判断表达式是否合法	PRODUCT	一组值的乘积
FALSE	假	ROUND	四舍五入
IF	条件函数	SIGN	判断正负数
INT	取整	SUM	求和
MAX	最大值	TRUE	真

用户可以使用操作符与表格中的数值单元格编号任意组合，构成计算公式或者函数的参数。操作符包括一些算数运算符和关系运算符，如加（+）、减（-）、乘（*）、除（/）、百分比（%）、乘方和开方（^）、等于（=）、小于（<）、小于或等于（<=）、大于（>）、大于或等于（>=）以及不等于（<>）。

指定的单元格若是独立的则用逗号分开其编号；若是一个范围，则只需要输入其第一个和最后一个单元格的编码，两者之间用冒号分开。例如：=AVERAGE(LEFT)表示对光标所在单元格左边的所有数值求平均值；=SUM(B1:D4)表示对编号由 B1 到 D4 的所有单元格求和，也就是求单元格 B1、C1、D1、B2、C2、D2、B3、C3、D3、B4、C4 和 D4 的数值总和。

求一行或一列数据和的操作方法如下：

① 将光标移动到存放结果的单元格。若要对一行求和，将光标移至该行右端的空单元格

内；若要对一列求和，将光标移至该列底端的空单元格内。

② 使用"公式"对话框完成计算。

③ 如果该行或列中含有空单元格，Word 将不对这一整行或整列进行累加。如果要对整行或整列求和，则在每个空单元格中输入零。

（2）使用"排序"对话框排序表格中的数据。

排序是指将一组无序的数字按从小到大或者从大到小的顺序排列。Word 可以按照用户的要求快速、准确地将表格中的数据排序。

用户可以将表格中的文本、数字或者其他类型的数据按照升序或者降序进行排序。排序的准则如下：

① 字母的升序按照从 A 到 Z 排列，字母的降序按照从 Z 到 A 排列。

② 数字的升序按照从小到大排列，数字的降序按照从大到小排列。

③ 日期的升序按照从最早的日期到最晚的日期排列，日期的降序按照从最晚的日期到最早的日期排列。

④ 如果有两项或者多项的开始字符相同，Word 将按以上准则比较各项中的后续字符，以决定排列次序。

3.6 案例 5——长文档排版

知识目标：
- 页面设置文档网格。
- 样式的应用与样式的创建、修改、删除。
- 分节。
- 页眉页脚。
- 插入域。
- 目录的生成。

3.6.1 案例说明

我们在学习和工作中经常要写论文或者各种分析报告，一写就是洋洋洒洒几十页。每次都要花大量的时间修改格式、制作目录和页眉页脚。在长文档排版中有两个要点：① 制作长文档前，先要规划好各种设置，尤其是样式设置；② 不同的篇章部分一定要分节，而不是分页。

下面是针对本案例进行长文档排版的要求。

① 页面设置。A4 纵向，上下页边距均设为 2.5 厘米，左右页边距 3 厘米，指定行和字符网格，每页 42 行，每行 40 个字。

② 正文中的样式使用。标题 1：宋体，二号，加粗，居中，无缩进；标题 2：黑体，三号，加粗，无缩进；标题 3：宋体，四号，加粗，无缩进；正文：宋体，五号，首行缩进 2 字符。

③ 分节。封面一节，目录一节，共分成 3 节。

④ 封面文字为宋体一号字，居中，放在页面中上部，落款名为黑体三号字居中，放在页面底端。

⑤ 页眉页脚、页码设置。封面无页眉页脚、页码；目录无页眉，目录正文页码不续前节从 1 开始，且页码为大写罗马数字，居中；正文页码为阿拉伯数字，页码从 1 开始，奇数页页码右对齐，偶数页页码左对齐；正文偶数页页眉左对齐为"二级公共基础知识总结"；奇数页页眉右对齐为对应的标题 1。

⑥ 插入目录。

3.6.2 制作步骤

1. 页面设置

打开素材文件"案例 5 二级公共基础知识总结原稿"，单击打开"页面布局"选项卡，单击"页面设置"组→"纸张大小"按钮，在弹出的下拉菜单中选择"A4（21 厘米*29.7 厘米）"选项。

单击"页边距"按钮，在弹出的下拉菜单中选择"自定义边距"选项，在弹出的"页面设置"对话框"页边距"选项卡中设置上下页边距 2.5 厘米，左右页边距 3 厘米。

在"页面设置"对话框中选择"文档网格"选项卡，选中"指定行和字符网格"单选按钮，设置每行 40 字符，每页 42 行。这样，文字的排列就均匀清晰了。

2. 设置样式

样式是格式的集合。样式在设置时也很简单，将各种格式设计好后，起一个名字，就可以变成样式。而通常情况下，只需使用 Word 提供的预设样式就可以了，如果预设的样式不能满足要求，略加修改即可。

单击打开"开始"选项卡，单击"样式"组的对话框启动器按钮，弹出"样式"任务窗格，如图 3-129 所示。注意任务窗格底端的"选项"按钮，在图 3-129 中，显示为当前文档中的格式，为了清晰地理解样式的概念，可单击如图 3-129 所示的任务窗格底端的"选项"按钮，弹出"样式窗格选项"对话框，在"选择要显示的样式"下拉列表中选择"所有样式"选项，将会显示文档中预设的所有样式，如图 3-130 所示。

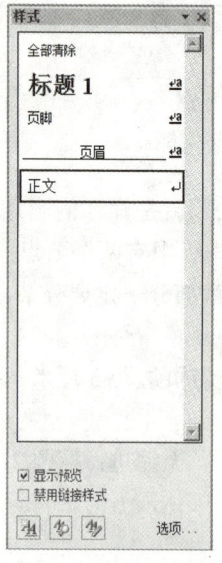

图 3-129 样式和格式任务窗格

图 3-130 所有样式任务窗格

此案例中用到的样式如下：

对于文章中的每一章节的大标题，采用"标题 1"样式，章节中的小标题，按层次分别采用"标题 2"和"标题 3"样式。但内置的样式与要求有细小差别，可以进行修改。

选中样式名，单击其右侧下拉按钮，选择"修改"命令，如图 3-131 所示，弹出"修改样式"对话框，如图 3-132 所示。

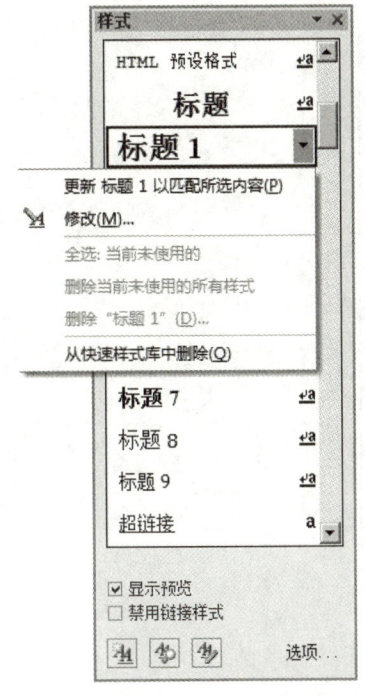
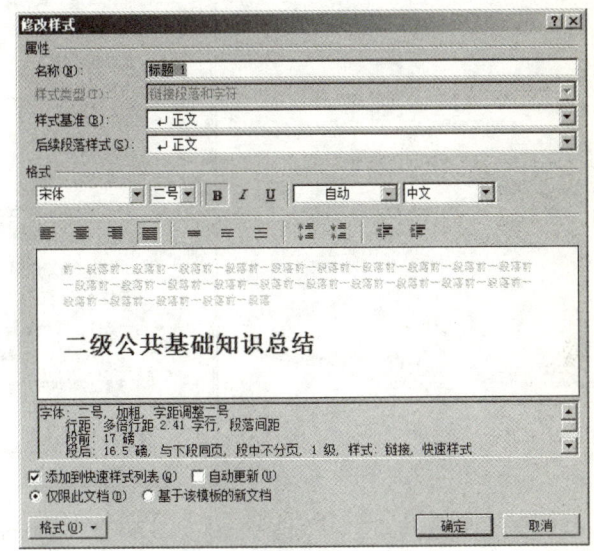

图 3-131 修改样式命令　　　　　图 3-132 "修改样式"对话框

相同样式内容可利用"格式刷"快速复制：先选择设置好格式样式的文字，单击打开"开始"选项卡，单击"剪贴板"组→"格式刷" ，鼠标变成刷子形状，完成格式复制。再在要设置相同格式的文字上进行选择，即可完成格式的复制。

双击"格式刷"按钮，可连续复制格式，格式设置完成后可再次单击"格式刷"或按 Esc 键退出。

将"正文"样式修改为宋体，五号，首行缩进 2 字符。
将"标题 1"样式修改为宋体，二号，加粗，居中对齐，缩进"特殊格式"无。
将"标题 2"样式修改为黑体，三号，加粗，缩进"特殊格式"无。
将"标题 3"样式修改为宋体，四号，加粗，缩进"特殊格式"无。
修改好样式后，将光标置于对应文字上，再单击需要设定的样式名，就可以设置对应的样式了。

3. 查看和修改文章的层次结构

全文的样式设置好后，就可以查看文章的层次结构了。

如果文章比较长，定位会比较麻烦。采用样式后，由于"标题 1"～"标题 9"样式具有级别，就能方便地进行层次结构的查看和定位。

选择"视图"选项卡→"显示"组→"导航窗格"复选框，在文档左侧显示"导航"窗格，如图 3-133 所示。选择"浏览您的文档中的标题"选项卡后，即可快速定位到文档中的相应位置。

图 3-133　导航窗格

如果文章中有大块区域的内容需要调整位置，以前的做法通常是剪切后再粘贴。但当区域移动距离较远时，同样不容易找到位置。

单击打开"视图"选项卡，单击"文档视图"组→"大纲视图"按钮，进入大纲视图。文档顶端会显示"大纲"工具栏，如图 3-134 所示。在"大纲"工具栏中选择"显示级别"下拉列表中的某个级别，例如显示级别"2 级"，则文档中会显示从级别 1 到级别 2 的标题，如图 3-135 所示。

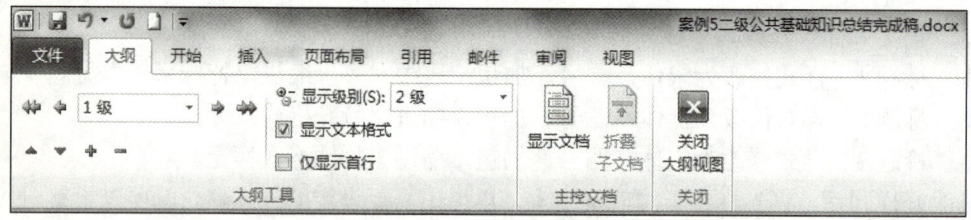

图 3-134　大纲工具栏

如果要将"排序技术"部分的内容移动到"查找技术"之前，可将鼠标指针移动到"查找技术"前的十字标记处，按住鼠标拖动内容至"排序"下方，即可快速调整该部分区域的位置。这样不仅将标题移动了位置，也会将其中的文字内容一起移动。

单击打开"视图"选项卡，单击"文档视图"组→"页面视图"按钮，即可返回到常用的页面视图编辑状态。

4. 对文章的不同部分分节

如果要在同一文档中设置不同的页面格式,改变文档布局,就需要插入分节符来划分文档,将文档分成不同的节,这样就可以根据需要设置每节不同的格式了。

定位光标到第一章的标题文字前,单击打开"页面布局"选项卡,单击"页面设置"组→"分隔符"按钮,弹出下拉菜单,如图 3-136 所示。选择"分节符"类型中的"下一页",就会在当前光标位置插入一个不可见的分节符,这个分节符不仅将光标位置后面的内容分为新的一节,而且会使该节从新的一页开始,实现既分节又分页的功能。

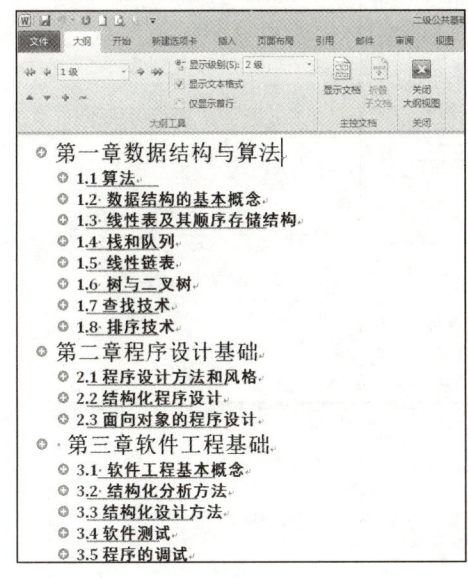

图 3-135　文档大纲

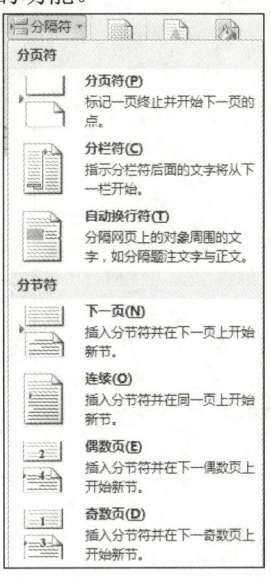

图 3-136　分隔符下拉菜单

在第一章前加 2 个分节符,封面为第 1 节,目录为第 2 节。

如果要取消分节,只需删除分节符即可。分节符是不可打印的字符,默认情况下在文档中不显示。单击打开"开始"选项卡,单击"段落"组→"显示/隐藏编辑标记"按钮，即可查看隐藏的编辑标记。在如图 3-137 中显示了节末尾的分节符。

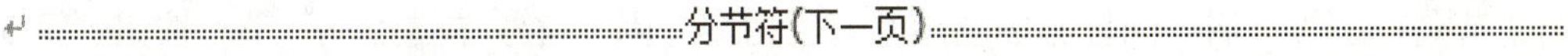

图 3-137　分节符

单击段落标记和分节符之间的部分,按 Delete 键即可删除分节符,并使分节符前后的两节合并为一节。

5. 为不同的节添加不同的页眉

利用"页眉和页脚"设置可以为文章添加页眉。通常文章的封面和目录不需要添加页眉,只有在正文开始时才需要添加页眉,由于前面已经对文章进行分节,所以很容易实现这个功能。

按照要求,奇数页和偶数页的页眉不同,所以在设置页眉前必须进行如下操作:单击打开"页面布局"选项卡,单击"页面设置"组的对话框启动器按钮,弹出"页面设置"对话框,单击"版式",选中"页眉和页脚"下的"奇偶页不同"复选框。

设置页眉和页脚时,最好从文章最前面开始,这样不容易混乱。按 Ctrl+Home 快捷键快速定位到文档开始处,单击"插入"→"页眉和页脚"组→"页眉"按钮,在弹出的下拉菜单中选择"编辑页眉"选项,进入"页眉和页脚"编辑状态,如图 3-138 所示。

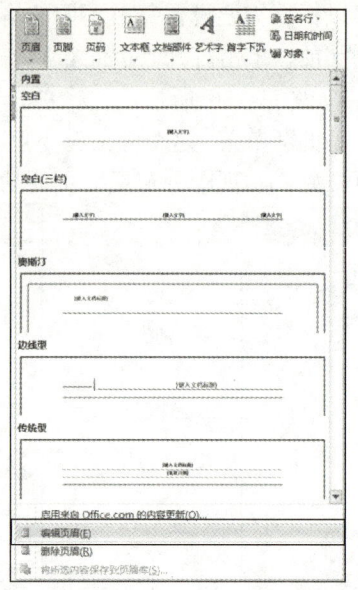

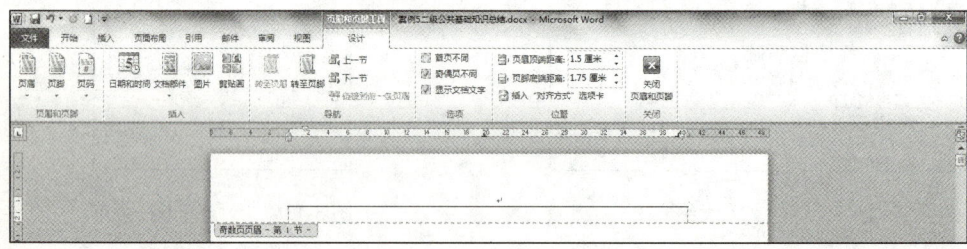

图 3-138　页眉和页脚工具栏

注意:在页眉的左上角显示的"奇数页页眉–第 1 节–"提示文字,其表明当前是对第 1 节设置页眉。由于第 1 节是封面,不需要设置页眉,因此可在"页眉和页脚-设计"选项卡中单击"下一节"按钮,显示并设置下一节的页眉。

第 2 节是目录的页眉,同样不需要填写任何内容,因此继续单击"下一节"按钮。第 3 节的页眉如图 3-139 所示,注意页眉的右上角显示有"与上一节相同"的提示,表示第 3 节的页眉与第 2 节一样。如果现在在页眉区域输入文字,则此文字将会出现在所有节的页眉中,因此不要急于设置。

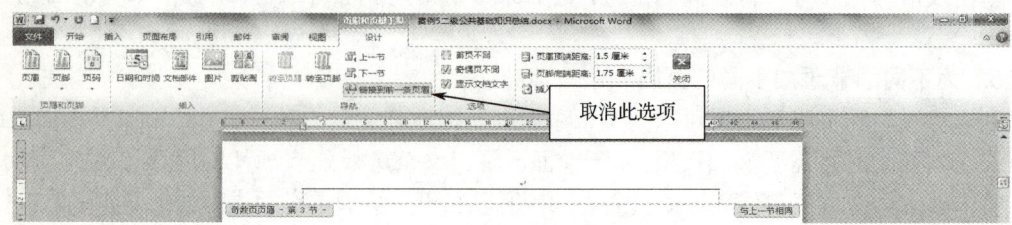

图 3-139　第 3 节的页眉

在"页眉和页脚工具-设计"选项卡→"导航"组中有一个"链接到前一条页眉"按钮,

默认情况下它处于按下状态,单击此按钮,取消"链接到前一条页眉"设置,这时页眉右上角的"与上一节相同"提示消失,表明当前节的页眉与前一节不同。

此时再在第 3 节的奇数页页眉处单击"插入"组→"文档部件"→"域"命令,出现如图 3-140 所示的"域"对话框。在该对话框中选择域名为 StyleRef,域属性样式名"标题 1",单击"确定"按钮,并选中文字,右对齐。

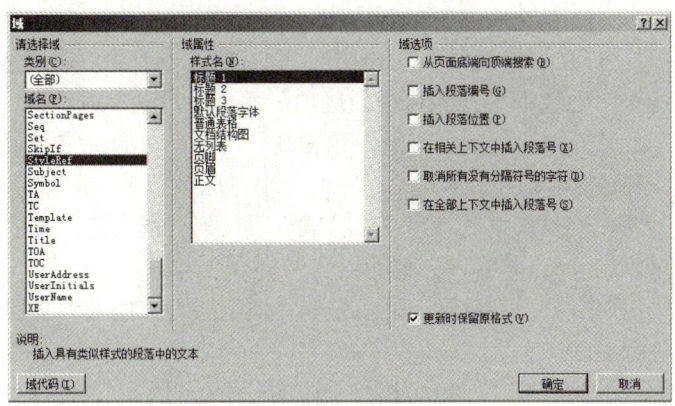

图 3-140 "域"对话框

之后单击"下一节"按钮,页眉的左上角显示的"偶数页页眉–第 3 节–"提示,页眉的右上角显示有"与上一节相同"的提示,单击"链接到前一条页眉"按钮,取消"链接到前一条页眉"设置,这时页眉右上角的"与上一节相同"提示消失,表明当前节的页眉与前一节不同。输入文字"二级公共基础知识总结"作为页眉,左对齐。在此需要注意把第 2 节的页脚、第 3 节的奇数页、偶数页的页眉和页脚的"链接到前一条页眉"都取消。

如果这个过程中封面页和目录页的页眉出现一条横线,可以选中页眉处的回车符,单击打开"开始"选项卡,单击"段落"组→"下框线"右侧按钮,在弹出的下拉菜单中选择"无框线"选项。

在"页眉和页脚工具-设计"选项卡中单击"关闭页眉和页脚"按钮,退出页眉编辑状态。

6. 在指定位置添加页码

由于上一步做好了准备工作,使目录节的页脚,正文节的奇数页和偶数页的页脚"链接到前一节页眉"取消了,就可以插入页码了。

在第 2 节单击鼠标,单击打开"插入"选项卡,单击"页码"按钮→"设置页码格式"选项,弹出"页码格式"对话框,如图 3-141 所示。默认情况下,"页码编号"设置为"续前节",表示页码接续前面节的编号。如果采用此设置,则会自动计算第 1 节的页数,然后在当前的第 2 节接续前面的页号,这样本节就不是从第 1 页开始了。因此需要在"页码编号"中设置"起始页码"为"1",这样就与上一节是否有页码无关了。"编号格式"选择大写罗马数字,单击"确定"按钮。选择"页码"→"页面底端"→"普通数字 2"即居中插入第 2 节页码。

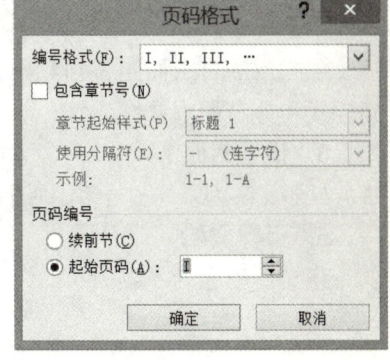

图 3-141 "页码格式"对话框

第 3 节页码的设置方法基本相同,数字格式选阿拉伯数字,页码编号"起始页码"为 1,

"奇数页页码"右对齐,"偶数页页码"左对齐。

在"页眉和页脚"工具栏中单击"关闭页眉和页脚"按钮,退出页脚编辑状态。

7. 插入目录

最后可以为文档添加目录。要成功添加目录,应该正确采用带有级别的样式,例如"标题1"~"标题9"样式。尽管也有其他的方法可以添加目录,但采用带级别的样式是最方便的一种。

定位光标到需要插入目录的位置,单击打开"引用"选项卡,单击"目录"组→"目录"按钮,在弹出的下拉菜单中选择"插入目录"选项,弹出"目录"对话框,如图3-142所示。

在"显示级别"微调框中,可指定目录中包含几个级别,从而决定目录的细化程度。这些级别是来自"标题1"~"标题9"样式的,它们分别对应级别1~级别9。

如果要设置更为精美的目录格式,可在"格式"下拉列表框中选择其他类型。通常用默认的"来自模板"即可。

单击"确定"按钮,即可插入目录。目录是以"域"的方式插入到文档中的(会显示灰色底纹),因此可以进行更新。

当文档中的内容或页码有变化时,可在目录中的任意位置右击,选择"更新域"命令,弹出"更新目录"对话框,如图3-143所示。如果只是页码发生改变,可选中"只更新页码"单选按钮。如果标题内容有修改或增减,可选中"更新整个目录"单选按钮。

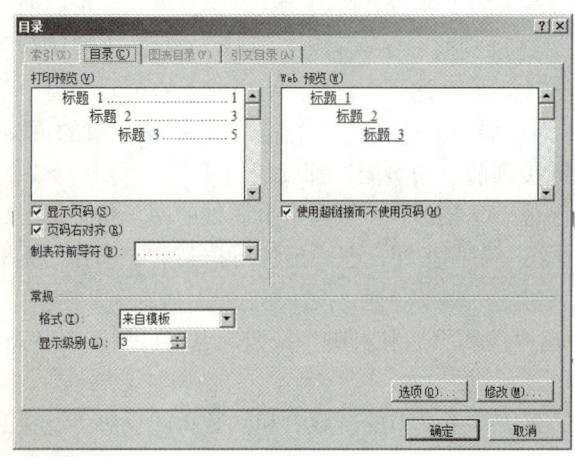

图3-142 "目录"对话框

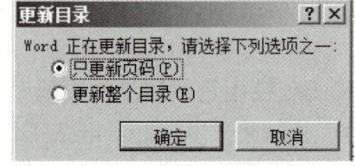

图3-143 "更新目录"对话框

生成后的目录如图3-144所示。至此,整篇文档排版完毕。在整个排版过程中,可以注意到样式和分节的重要性。

8. 设置封面

封面文字为宋体一号字,居中,放在页面中上部,落款名为黑体三号字居中,放在页面下部。

9. 保存文档

将文件另存为"案例5 二级公共基础知识总结完成稿.docx"。

```
                    目录
第一章  数据结构与算法 .................................................. 1
    1.1 算法 ............................................................. 1
    1.2 数据结构的基本概念 ................................................ 1
    1.3 线性表及其顺序存储结构 ............................................ 2
    1.4 栈和队列 ......................................................... 2
    1.5 线性链表 ......................................................... 2
    1.6 树与二叉树 ....................................................... 3
    1.7 查找技术 ......................................................... 3
    1.8 排序技术 ......................................................... 4
第二章  程序设计基础 .................................................... 5
    2.1 程序设计方法和风格 ................................................ 5
    2.2 结构化程序设计 .................................................... 5
    2.3 面向对象的程序设计 ................................................ 5
第三章  软件工程基础 .................................................... 7
    3.1 软件工程基本概念 .................................................. 7
        3.1.1 计算机软件是包括程序、数据及相关文档的完整集合 .............. 7
        3.1.2 软件按功能分为应用软件、系统软件、支撑软件（或工具软件） .... 7
    3.2 结构化分析方法 .................................................... 8
    3.3 结构化设计方法 .................................................... 9
    3.4 软件测试 ......................................................... 9
    3.5 程序的调试 ...................................................... 10
```

图 3-144　目录

3.6.3 相关知识点

1. 样式

通常所说的格式往往指单一的格式，如字体格式、字号格式等。每次设置格式，都需要选择某一种格式，如果文字的格式比较复杂，就需要多次进行不同的格式设置。而样式作为格式的集合，它可以包含几乎所有的格式，设置时只需选择一下某个样式，就能把其中包含的各种格式一次性设置到文字和段落上。

所谓样式就是由多个格式排版命令组合而成的集合，或者说，样式是一系列预置的排版指令。当希望文档中多处文本使用同一格式设置时，可以使用 Word 2010 的样式来实现，而不必对文本的字符和段落格式逐个设置。因此，使用样式可以极大地提高工作效率。

样式分为内置样式和自定义样式两种，内置样式是 Word 2010 系统自带的、通用的样式，而自定义样式是用户自己定义的样式。两种样式在使用和修改时没有什么区别，只是内置样式不允许被删除。样式可分为两种类型，即段落样式和字符样式。段落样式应用于整个段落，包括字体、行间距、对齐方式、缩进格式、制表位、边框和编号等。字符样式可以应用于任何文字，包括字体、字号和文字效果等。

每个样式都有自己的名称，这就是样式名。单击"开始"选项卡下"样式"组的对话框启动器按钮，弹出样式任务窗格，可以在其中进行查看、新建、删除或修改样式的操作。

"正文"样式是文档中的默认样式，新建的文档中的文字通常采用"正文"样式。很多其他的样式都是在"正文"样式的基础上经过格式改变而设置出来的，因此"正文"样式是 Word

中的最基础的样式，不要轻易修改它，一旦它被改变，将会影响所有基于"正文"样式的其他样式的格式。

"标题1"～"标题9"为标题样式，它们通常用于各级标题段落，与其他样式最为不同的是标题样式具有级别，分别对应级别1～级别9。这样，就能够通过级别得到文档结构图、大纲和目录。在如图3-130所示的样式列表中，只显示了"标题1"～"标题3"的3个标题样式，如果标题的级别比较多，可应用"标题4"～"标题9"样式。

（1）应用样式。

先选定要应用样式的文本，单击"开始"选项卡下"样式"组的对话框启动器按钮，弹出"样式"任务窗格，直接单击要应用的样式名称，即可将选定文本设置成样式指定的格式。

（2）新建样式。

在Word中创建新样式时，可以选择一个最接近需要的"基准样式"，然后在此基础上设计创建新的样式。默认所有样式都以"正文"样式为"基准样式"。这样，如果用户修改了"正文"格式样式，其他样式中的某些格式也将自动进行修改。

创建新的自定义样式的具体操作步骤如下：

① 单击"开始"选项卡下"样式"组的对话框启动器按钮，弹出样式任务窗格。

② 在"样式"任务窗格中单击"新建样式"按钮，打开"根据格式设置创建新样式"对话框，如图3-145所示。

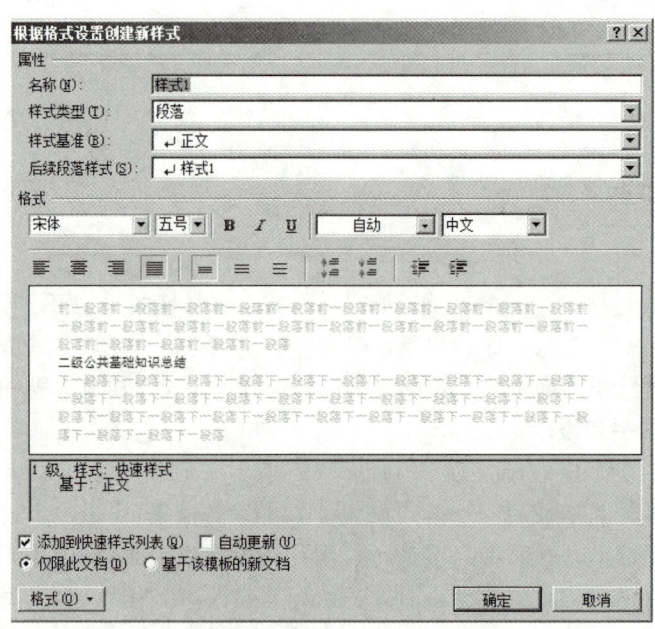

图3-145 "根据格式设置创建新样式"对话框

③ 在"名称"文本框中输入新样式的名称。

④ 在"样式类型"下拉列表中选择"段落"或"字符"选项。

⑤ 在"样式基准"下拉列表中选择一个可作为创建基准的已有样式。

⑥ "后续段落样式"是为应用本段落样式的段落之后的段落设置一个默认样式。

⑦ 在"格式"栏可以通过相应按钮设置样式的格式组成。

单击"格式"按钮，在其列表中，可以选择样式的字体、段、制表位、语言、图文框以及编号等，并可以设置将来执行样式设置操作的快捷键。

⑧ 如选中"基于该模板的新文档"单选按钮，则新建的样式将添加到创建该文档时所使用的模板中。否则只把新建的样式加入到当前文档中。

⑨ 如选中"自动更新"复选框，并对样式格式做了修改，则系统自动更新样式，并自动修改当前文档中使用本样式的文本的格式。

⑩ 为新建的样式设置完所有格式后，单击"确定"按钮，完成新样式的创建。

新样式创建完成后，即出现在"样式"任务窗格中，在以后的格式排版中可以使用。

（3）修改样式。

在 Word 2010 中，对内置样式和自定义样式都可以进行修改。修改样式后，系统会自动对文档中使用该样式设置的文本的格式进行重新设置。修改样式的操作步骤如下：

① 单击"开始"选项卡下"样式"组的对话框启动器按钮，弹出"样式"任务窗格。

② 单击"样式"任务窗格底部的"选项"按钮，弹出"样式窗格选项"对话框，在"选择要显示的样式"下拉列表框中，选择"所有样式"选项，再在上面的列表中查找。

③ 找到后将鼠标指向该样式名，单击样式名右侧的下拉箭头，在弹出的菜单列表中选择"修改"选项。或直接用鼠标右击样式名，在弹出的快捷菜单中选择"修改"命令，打开"修改样式"对话框对样式进行修改。

修改样式的后期过程与创建样式基本相同，这里不再详细介绍。修改完成后单击"确定"按钮即可。

此外，通过对文档中已使用样式设置的文本重新设置格式，同样可以达到修改相应样式的目的。

（4）删除样式。

当文档中不再需要某个自定义样式时，可以从样式列表中删除它，而原来文档内使用该样式的段落将改用"正文"样式格式设置。删除样式方法如下：

① 打开"样式"任务窗格，在"所有样式"列表中，右击要删除的样式名。

② 在弹出的快捷菜单中选择"删除"命令，即可将所选的样式删除。

2．页眉页脚的制作

页眉和页脚分别位于文档页面的顶部或底部的页边距中，常用来插入标题、页码、日期等内容。页眉和页脚只有在页面视图或打印预览中才是可见的。

单击打开"插入"选项卡，选择"页眉和页脚"组→"页眉/页脚"→"编辑页眉/页脚"选项，进入页眉和页脚编辑状态。此时，Word 会自动打开"页眉和页脚工具-设计"选项卡。该选项卡提供了许多用来创建和编辑页眉或页脚的工具按钮，如图 3-138 所示。

页眉或页脚设置完成后，单击工具栏上的"关闭页眉和页脚"按钮即可。

在多页文档如书籍、杂志、论文中，同一章的页面采用章标题作为页眉，不同章的页面页眉不同，这可以通过每一章作为一个节，每节独立设置页眉页脚的方法来实现。

（1）页眉的制作方法。

在各个章节的文字都排好后，设置第一章的页眉。然后跳到第一章的末尾，单击打开"页面布局"选项卡，选择"页面设置"组→"分隔符"按钮，在分节符类型中选择"下一页"选项，不要选择"连续"，若是奇偶页排版根据情况选择"奇数页"或"偶数页"选项。这样就在光标所在的地方插入了一个分节符，分节符下面的文字将属于另外一节。将光标移到第二章，这时可以看到第二章的页眉和第一章是相同的，双击页眉，Word 会弹出"页眉和页脚工具"

选项卡,"导航"组中有一个"链接到前一条页眉"按钮,当这个按钮按下来本节的页眉与前一节相同,我们需要的是各章的页眉互相独立,因此把这个按钮调整为"弹起"状态,然后修改页眉为第二章标题,完成后关闭工具栏。其余各章的制作方法相同。采用插入"域"的办法会更简单方便,例如当页眉为每一章的章标题时,可以选择"插入"选项卡→"文本"组→"文档部件"→"域"选项,弹出"域"对话框,选择 StyleRef 域名,样式名选择"标题1"即可。

(2)页脚的制作方法。

页脚的制作方法相对简单。通常正文前还有扉页和目录等,这些页面是不需要编页码的,页码从正文第一章开始编号。首先,确认正文的第一章和目录不属于同一节。然后,光标移到第一章,单击打开"插入"选项卡,选择"页眉页脚"组→"页脚"→"编辑页脚"选项,弹出页眉页脚工具栏,切换到页脚,确保"链接到前一条页眉"按钮处于弹起状态,插入页码,这样正文前的页面都没有页码,页码从第一章开始编号。

(3)页眉和页脚的删除

单击打开"插入"选项卡,选择"页眉页脚"组→"页眉"→"编辑页眉"选项,首先删除文字,然后选中页眉处的回车符,单击"开始"选项卡→"段落"组→"下框线"右侧按钮,在弹出的下拉菜单中选择"无框线"。切换到"页脚",删除页码。

3. 生成目录

目录用于为读者提供有关内容、层次结构、引用等方面的信息,通过目录,读者可以快速找到需要阅读的部分。一般情况下,长文档都有一个目录,目录列出了长文档中各级标题名称以及每个标题所在的页码,可以通过目录来浏览文档中讨论了哪些主题并迅速定位到某个主题。

Word 2010 具有自动编制目录的功能。在生成的目录中,按下 Ctrl 键的同时单击目录中的某个页码,就可以快速跳转到文档中该页码对应的标题位置。

(1)自动编制目录。

在插入目录之前,应该确定哪些标题插入为目录,这些标题必须以样式来定义,而且同一级别的标题必须使用相同的样式。最好使用 Word 2010 内置的标题样式("标题1"~"标题9")。自动为文档编制目录的方法如下:

① 在文档中,将内置标题样式("标题1"~"标题9")应用到要包括在目录中的标题上。

② 单击要插入目录的位置。一般在文档的开头部分。

③ 单击打开"引用"选项卡,选择"目录"组→"目录"→"插入目录"选项,弹出"目录"对话框,单击打开"目录"选项卡,如图 3-142 所示。

④ 单击"常规"选项组中"格式"下拉列表框右侧的箭头,在下拉列表中选择一种编制目录的风格。

⑤ 如果选中"来自模板"格式,则创建的目录按照内建的默认目录样式来格式化目录。如果不满意,则可以单击"修改"按钮修改内建的目录样式。

⑥ 如果选中"显示页码"复选框,表示在目录中每一个标题后面显示页码。

⑦ 如果选中"页码右对齐"复选框,表示目录中的页码右对齐。

⑧ 在"显示级别"列表框内可以指定目录中显示的标题层数。

⑨ 单击"制表符前导符"下拉列表框右侧下拉箭头可以在下拉列表中选择标题与页码之间的分隔符,默认是"…"。

⑩ 单击"确定"按钮,系统将搜索整个文档的标题以及标题所在的页码,把它们编制成为目录插入到文档中。

（2）修改目录。

自动编制好的目录被插入到文档中后，可以像编辑文档中任意文本一样来编辑目录中文本。如果对目录的格式或目录页码的前导符格式不满意，也可以重新对其进行修改。修改目录格式的操作步骤如下：

① 如前所示，打开"目录"对话框并选择"目录"选项卡。

② 从"格式"下拉列表框中选择"来自模板"格式，然后单击"修改"按钮，打开"样式"对话框。

③ 在"样式"对话框的"样式"列表框中选择要修改的样式，然后单击"修改"按钮，打开"修改样式"对话框。

④ 对所选择的目录样式格式进行修改。修改结束后，单击"确定"按钮，返回"样式"对话框。再在"样式"对话框中单击"确定"按钮逐步返回"目录"对话框。

⑤ 单击"确定"按钮，返回文档，结束对目录格式的修改。

4．公式编排

使用 Word 2010 的公式编辑器，可以在 Word 文档中加入分式、微分、积分以及 150 多个数学符号，从而创建复杂的数学公式。

插入公式的方法有两种。一种是单击打开"插入"选项卡，单击"符号"组→"公式"命令，将在光标位置插入一个公式"控件"容器，系统自动切换到"公式工具"的"设计"选项卡下；另一种是单击"公式"命令的下拉箭头，将会展开内置的"公式"库面板。

这两种方法的不同之处：前者提供了一个空的"控件"容器，可在容器里直接编写公式；后者可从"公式"库里选择一种近似的公式格式放入"控件"容器里，然后，在已有的公式基础上编写公式，如图 3-146 所示。

在 Word 2010 文档中，插入公式有两种模式：一种是"显示"模式，另一种是"内嵌"模式。二者的区别为：前者为独立公式，居中显示；后者为行间公式，可嵌在文字之间。两种模式的切换方式为，单击公式"控件"容器右侧的下拉箭头，打开其命令列表，如图 3-147 所示，列表中提供了"更改为'内嵌'"或"更改为'显示'"的选项。

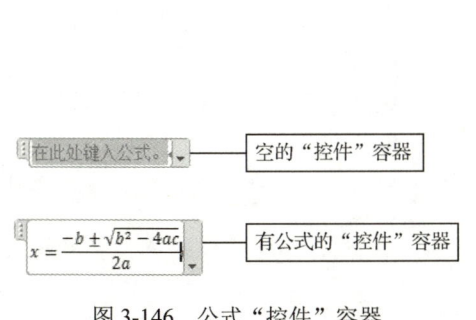

图 3-146　公式"控件"容器

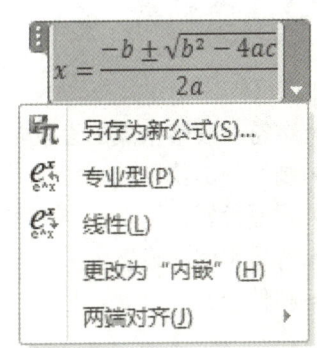

图 3-147　公式"控件"容器下拉列表

在"显示"模式下，单击控件容器右侧的下拉箭头，其公式的"两端对齐"方式有："左对齐""右对齐""居中"和"整体居中"4 种方式。而"整体居中"是指以最长的公式居中对齐，其他公式再依据最长的公式左对齐。要应用这种"整体居中"方式，只有在公式换行时，按 Shift+Enter 快捷键才有效，而按 Enter 键换行无效。

下面举例说明在"控件"容器中直接编写公式的方法。

假如要在文档中输入公式 $X=\dfrac{\sqrt{\alpha+\beta}}{c^2}$，操作步骤如下：

① 在文档中单击要插入公式的位置。

② 直接单击"公式"命令，进入"公式工具—设计"选项卡，如图3-148所示。

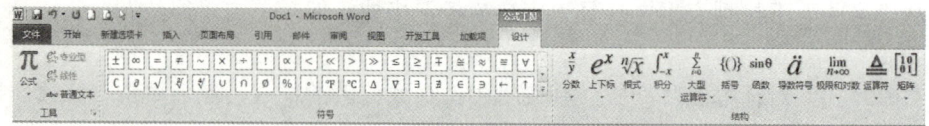

图3-148 "公式工具—设计"选项卡

该选项卡分为"工具""符号""结构"3组，"符号"组按钮，提供了符号列表，从中可以选择插入一些特殊的符号，如希腊字母、关系符号等；"结构"组为"模板"按钮，提供了编辑公式所需的各种不同的模板样式，如分式、根式、上标和下标等。

③ 在"控件"容器中由键盘输入"X="。

④ 在"公式工具—设计"选项卡中，单击"分数"→选择"分式（竖式）"模板，则在"X="右侧出现分式符，并在上面和下面各出现一个虚线方框，称为插槽。

⑤ 将插入点定位于分子插槽内，然后单击"符号"组→选择希腊字母α→从键盘输入"+"，输入希腊字母β。

⑥ 单击分式的分母插槽→"结构"组→"上下标"→选择"上标"模板→在下方输入字母c，在右上方输入上标2。

⑦ 输入完毕，用鼠标在公式编辑区外的任意位置单击，退出公式编辑状态。

如果对所编辑的公式不满意，只要单击要修改的公式，进入"公式工具—设计"选项卡进行修改即可。

3.7 案例6——利用邮件合并制作批量信函

知识目标
- 字符与段落格式的设置。
- 制表位的使用。
- 页面设置。
- 背景水印的设置。
- 邮件合并。

3.7.1 案例说明

在日常工作中，经常需要处理大量的日常报表和信件，如邀请函、工资条或者是学校一年一度的新生录取通知书等。这些报表、信件其主要内容基本相同，只是具体数据有所变化，这些数据经常保存在 Microsoft Word、Microsoft Access、Microsoft Excel 中，难道只能一个一个地复制粘贴吗？其实，借助 Word 2010 中提供的"邮件合并"功能完全可以轻松、准确、快速地完成数据整合应用的任务。

如图 3-149 所示就是一个合并了数据源后的录取通知书，该文档中的新生姓名、系别等信息都是从一个已存在的 Word 表格中自动读取过来的，用户只需要专注于 Word 文档的制作，而不必因为新生名单的改变而对文档做丝毫的改动。

辽宁省交通高等专科学校
LIAONING PROVINCIAL COLLEGE OF COMMUNICATIONS
厚德笃学 实践创新

录取通知书

崔博同学

你已被我校道桥系基础工程专业正式录取，报到时请带上你的准考证和学费 6000 元，务必在 2017 年 9 月 5 日前到校报到！

报到地点：行政办公楼二楼。

辽宁省交通高等专科学校招生办

2017 年 8 月 10 日

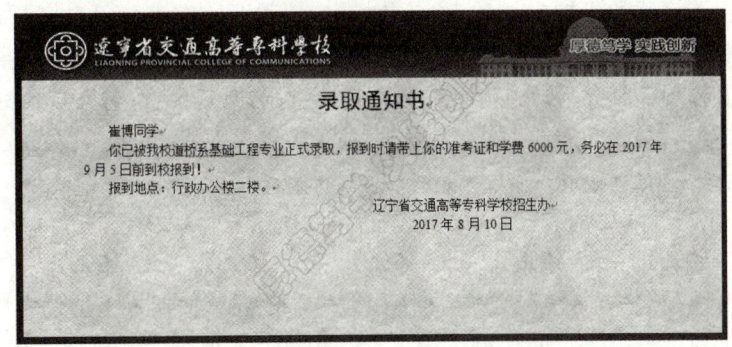

图 3-149　合并了数据源后的录取通知书

邮件合并的步骤如下。

① 建立主文档。主文档指对合并文档的每个版面都具有相同的固定不变的信息部分，类似于模板。

② 创建数据源。数据源是一个信息目录，其中包含相关的字段和记录内容。

③ 利用邮件合并功能把数据源合并到主文档中。数据源中数据记录选定多少，决定了主文件中生成合并邮件的数量。合并结果可以打印输出，也可以通过电子邮件发送。

3.7.2　制作步骤

使用邮件合并功能之前需要先建立主文档和数据源文档。在本例中，主文档为使用 Word 制作的录取通知书文档，数据源文档是利用 Word 表格制作的新生信息表。

步骤 1：制作主文档录取通知书。

录取通知书不同于其他活动的通知，它往往代表学校的形象。因此，录取通知书的制作要求正规并且美观大方。下面介绍制作一个录取通知书的方法。

① 首先要确定录取通知书的尺寸。

单击打开“页面布局”选项卡，单击“页面设置”组的对话框启动器按钮，在弹出的“页面设置”对话框中将纸张宽度设置为 21 厘米，纸张高度设置为 9.5 厘米，上、下页边距设置为 2 厘米。

② 输入录取通知书的固定文本内容并进行字符、段落格式设置。样文如图 3-150 所示。

录取通知书

同学

你已被我校系专业正式录取，报到时请带上你的准考证和学费元，务必在 2017 年 9 月 5 日前到校报到！

报到地点：行政办公楼二楼。

辽宁省交通高等专科学校招生办

2017 年 8 月 10 日

图 3-150　录取通知书文本

设置要求如下：
- 标题设置为黑体、小二号字、居中显示。
- 正文（不含落款）为宋体、五号、首行缩进 2 字符。
- 落款要求利用居中制表位在 30 字符位置处进行居中对齐。

其中，落款位置格式的设置方法如下：同时选中落款两段文字→单击打开"开始"选项卡→"段落"组的对话框启动器按钮，弹出"段落"对话框。单击"段落"对话框左下角的"制表位"按钮，弹出如图 3-151 所示"制表位"对话框，在"制表位位置"文本框中输入 30，对齐方式选择"居中"，单击"确定"按钮。此时，落款和两段落同时完成要求的制表位设置。然后，取消落款段落同时选中状态，分别将光标置于每一段落中，并按 Tab 键，即可将段落移至已设置好的 30 字符、居中对齐式制表符处，从而完成落款位置格式设置。

③ 为录取通知书添加页面边框。

选择"开始"选项卡→"段落"组→"下框线"右侧向下按钮→"边框和底纹"选项，打开"边框和底纹"对话框的"页面边框"选项卡，设置"方框"，颜色为 RGB（103，0，1），线型为实线，宽度为 6 磅，如图 3-152 所示。单击右下方的"选项"按钮，设置边距的"测量基准"为"页边"，上、下、左、右边距均设为 0 磅。

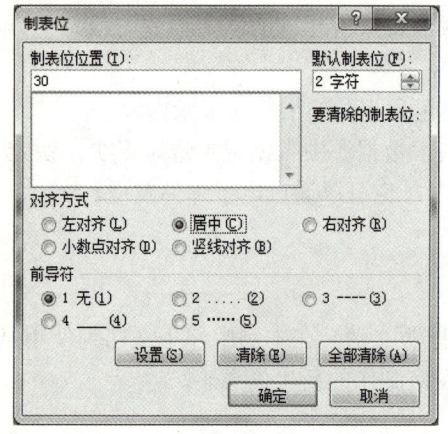

图 3-151 "制表位"对话框

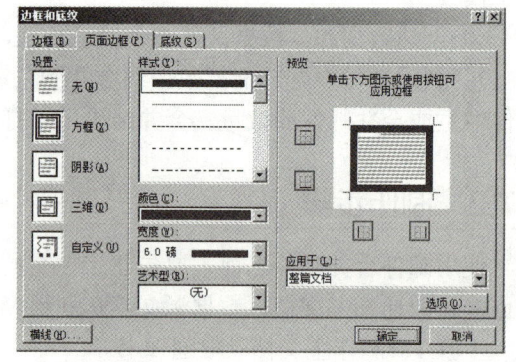

图 3-152 录取通知书的页面边框设置

④ 设置录取通知书的背景和水印。

具体操作如下：选择"页面布局"选项卡→"页面背景"组→"页面颜色"→"填充效果"选项，弹出"填充效果"对话框，单击打开"纹理"选项卡，在纹理当中选择"信纸"（第 4 行，第 4 列），单击"确定"按钮，如图 3-153 所示。

选择"页面布局"选项卡→"页面背景"组→"水印"→"自定义水印"选项，打开"水印"对话框，设置文字内容为学校校训"厚德笃学 实践创新"，华文彩云 32 号字，版式为"斜式"，颜色为"红-半透明"，如图 3-154 所示。

⑤ 插入带有校徽图案的图片。

打开"插入"选项卡，单击"插图"组→"图片"按钮，选择校标图片，在"图片工具格式"→"排列"组→"自动换行"命令按钮的下拉列表中，选择图片环绕方式为"浮于文字上方"。拖动鼠标将图片移动到录取通知书上部。

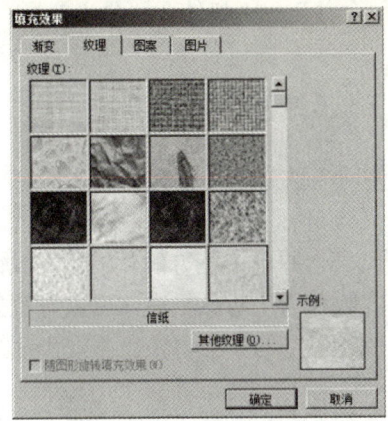
图 3-153 背景填充效果

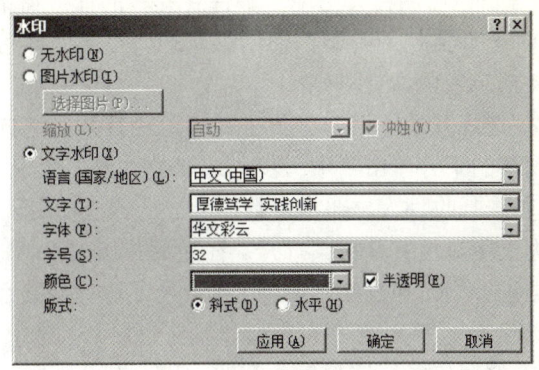
图 3-154 录取通知书的水印设置

⑥ 保存文件,完成的录取通知书如图 3-155 所示,但此时该文档还没有合并数据,即没有将新生信息整合到录取通知书文档中。

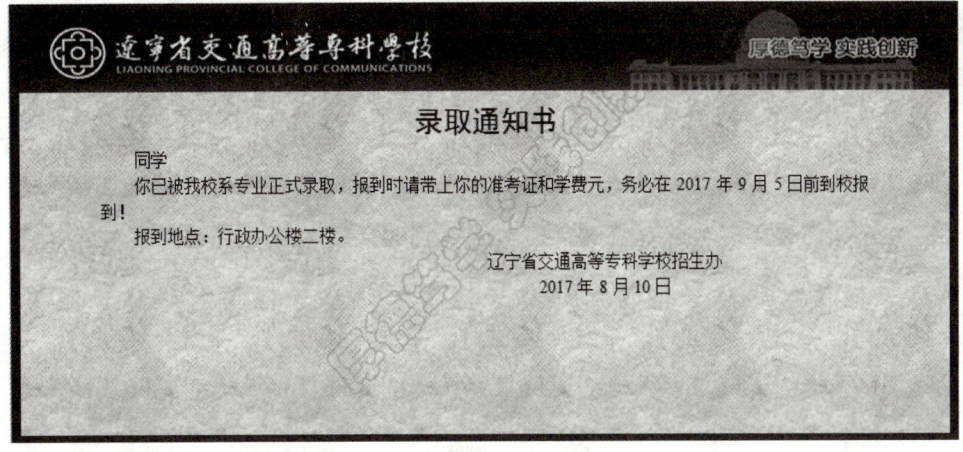

图 3-155 合并前的录取通知书

步骤 2:制作数据源文档。

在本例中,使用 Word 表格制作新生信息表,表格内容如表 3-4 所示。

表 3-4 新生信息表

姓　　名	系　　别	专　　业	学　　费
崔博	道桥	基础工程	6000
汪珊	信息	网络	5000
李畅	机械	机电一体化	6500
刘飞	物流	报关	5000

保存制作的表格,将其作为录取通知书的数据源文档。

步骤 3:利用邮件合并功能完成数据的合并。

下面的工作就是将新生信息表中的相应数据读取出来,并自动添加到录取通知书文档中。

选择"邮件"选项卡→"开始邮件合并"组→"开始邮件合并"→"邮件合并分步向导"选项，在 Word 窗口右侧将会出现"邮件合并"的任务窗格，按以下步骤进行邮件合并操作。

① 选择文档的类型，使用默认的"信函"即可，在任务窗格的下方单击"下一步：正在启动文档"选项。

② 选择开始文档。由于主文档已经打开，选择"使用当前文档"作为开始文档即可。在任务窗格的下方单击"下一步：选取收件人"选项。

③ 选择收件人，即指定数据源。选择"使用现有列表"，并单击下方的"浏览"按钮，选择数据表所在位置并将其打开。在随后弹出的"邮件合并收件人"对话框中，可以对数据表中的数据进行编辑和排序，如图 3-156 所示。完成之后在任务窗格的下方单击"下一步：撰写信函"选项。

④ 撰写信函。这是最关键的一步。在文档中直接单击要插入姓名的位置，单击任务窗格的"其他项目"按钮，打开"插入合并域"对话框，如图 3-157 所示，选择"姓名"字段，并单击"插入"按钮。重复这些步骤，将"系别"和"学费"的信息填入。插入合并域后的文档如图 3-158 所示。完成之后在任务窗格的下方单击"下一步：预览信函"选项。

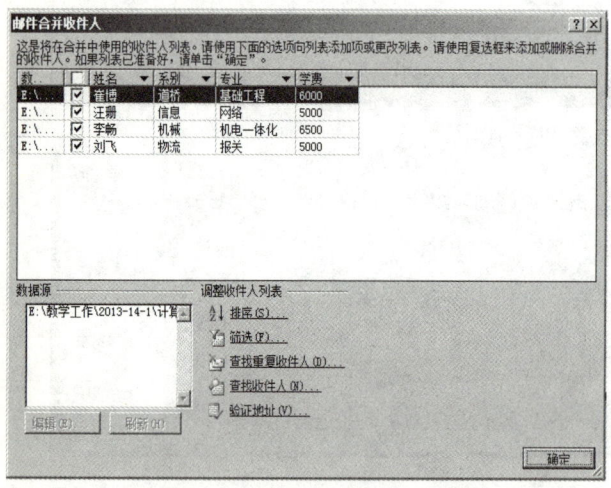
图 3-156 "邮件合并收件人"对话框

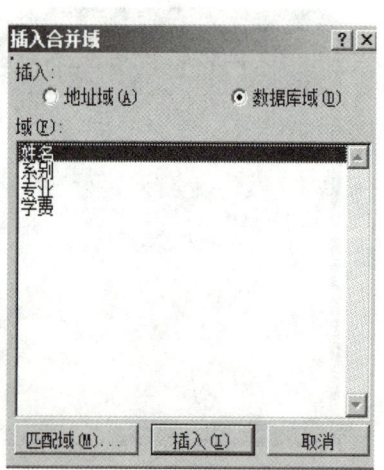
图 3-157 "插入合并域"对话框

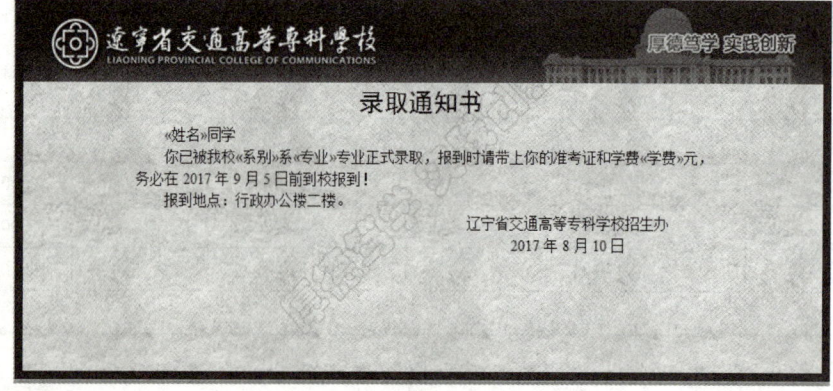
图 3-158 录取通知书效果图

⑤ 预览信函时，可以看到一封一封已经填写完整的信函。如果在预览过程中发现了问题，还可以进行更改，如对收件人列表进行编辑以重新定义收件人范围，或者排除已经合并完成的信函中的若干信函。完成之后在任务窗格的下方单击"下一步：完成合并"选项。

⑥ 完成合并，可根据个人要求选择"打印"或"编辑单个信函"选项。本例选择"编辑单个信函"后，单击"确定"按钮，弹出如图 3-159 所示"合并到新文档"对话框。"编辑单个信函"选项的作用是将这些信函合并到新文档，可以根据实际情况选择要合并的记录的范围。之后可以对这个文档进行编辑，也可以将它保存下来留备后用。

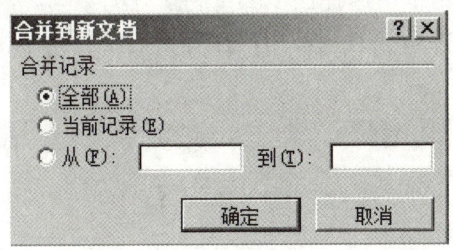

图 3-159　合并到新文档

在日常工作中，"邮件合并"功能除了可以批量处理信函、信封等与邮件相关的文档外，一样可以轻松地批量制作标签、工资条、成绩单等。因此熟练使用"邮件合并"工具栏可以大大降低工作强度，提高操作的效率。

在本例中，一定要掌握"邮件合并"的 3 个基本步骤。只有充分理解了这 3 个基本步骤，才能抓住了邮件合并的"纲"，从而有条不紊地运用邮件合并功能解决实际问题。

3.7.3　工资条的制作

很多用户习惯使用 Excel 来制作工资条，但要做到每行都有相同的标题栏，则必须使用多个技巧或函数才能完成，这对于初学者而言比较难掌握。其实利用邮件合并功能，让 Excel 与 Word 组合使用，则更简单、好用，下面举例说明操作方法。

步骤 1：在 Excel 中准备好数据源（所得税起征点为 3500 元），如图 3-160 所示。

	A	B	C	D	E	F	G	H
1	姓名	部门	基本工资	津贴	奖金	应发工资	所得税	实发工资
2	谢一橙	财务部	3500.00	280.00	260.00	4040.00	16.20	4023.80
3	马能英	财务部	3500.00	280.00	320.00	4100.00	18.00	4082.00
4	张奇所	财务部	3500.00	280.00	190.00	3970.00	14.10	3955.90
5	李寰	财务部	3500.00	280.00	280.00	4060.00	16.80	4043.20
6	宋欣燕	开发部	5000.00	360.00	380.00	5740.00	119.00	5621.00
7	钟世廷	开发部	4000.00	360.00	530.00	4890.00	41.70	4848.30
8	陈爱炳	开发部	4000.00	360.00	280.00	4640.00	34.20	4605.80
9	杨学练	开发部	4000.00	300.00	380.00	4680.00	35.40	4644.60
10	李佑海	销售部	3000.00	300.00	570.00	3870.00	11.10	3858.90
11	陶俊杰	销售部	3000.00	300.00	600.00	3900.00	12.00	3888.00
12	章日照	销售部	2500.00	300.00	460.00	3260.00	0.00	3260.00
13	陈洪生	销售部	2500.00	300.00	380.00	3180.00	0.00	3180.00

图 3-160　工资表示例

步骤 2：新建一个 Word 文档，单击打开"邮件"选项卡，单击"开始邮件合并"组→"开始邮件合并"按钮→"目录"选项，在文档中创建如图 3-161 所示的内容。

×××公司 2017 年 1 月工资							
姓名	部门	基本工资	津贴	奖金	应发工资	所得税	实发工资

图 3-161　主文档

步骤 3：将光标定位在第 1 个单元格内，依次单击"选择收件人"→"使用现有列表"，在弹出的"选取数据源"对话框中选择在步骤 1 制作好的数据源，单击"打开"按钮。

步骤 4：单击"插入合并域"右侧按钮，在弹出的下拉菜单中逐个插入对应的"域"，如图 3-162 所示。

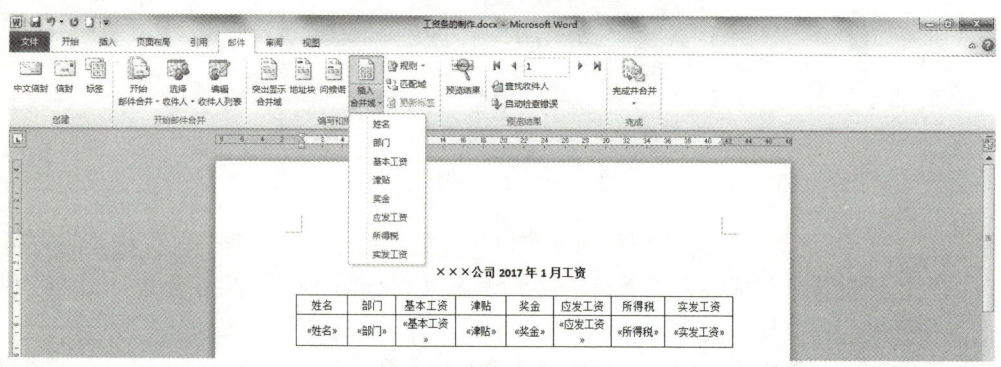

图 3-162　向主文档表格内插入对应的域

步骤 5：单击打开"邮件"选项卡，依次单击"完成"组的"完成并合并"按钮→"编辑单个文档"命令，打开"合并新文档"对话框，设置要合并的范围，单击"确定"按钮，最后保存此文档。最终的结果如图 3-163 所示。

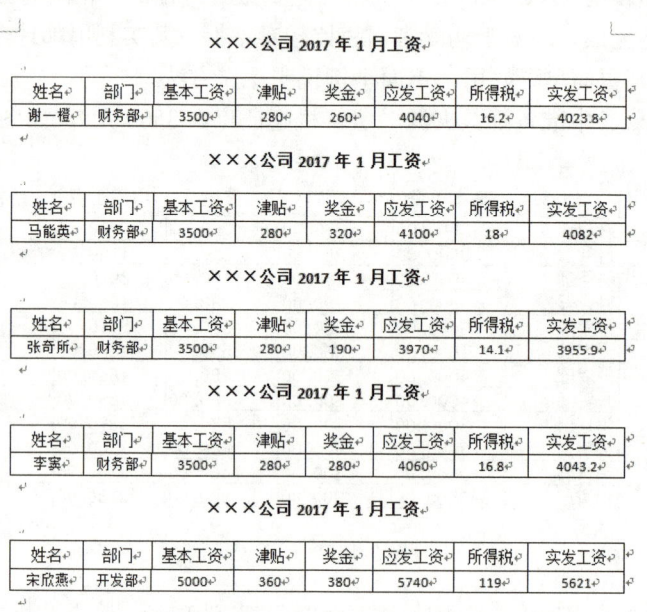

图 3-163　合并好的文档

提示：

（1）主文档类型要选择"目录"型。

（2）为了方便后期工资条的裁剪，主文档中的"×××公司 2017 年 1 月工资"所在的段落可适当增加一些段落间距。

3.7.4 相关知识点

1. 制表位

制表位是指在水平标尺上的位置，指定文字缩进的距离或一栏文字开始之处。制表位的三要素包括制表位位置、制表位对齐方式和制表位的前导字符。在设置一个新的制表位格式时，主要是针对以下三个要素进行操作：

① 位置。制表位位置用来确定表内容的起始位置，比如，确定制表位的位置为"30 字符"时，在该制表位处输入的第一个字符是从标尺上的"30 字符"处开始，然后，按照指定的对齐方式向右依次排列。

② 对齐方式。制表位的对齐方式与段落的对齐格式完全一致，只是多了小数点对齐和竖线对齐方式。选择小数点对齐方式之后，可以保证输入的数值是以小数点为基准对齐；选择竖线对齐方式时，在制表位处显示一条竖线，在此处不能输入任何数据。

③ 前导符。前导符是制表位的辅助符号，用来填充制表位前的空白区间。

应用制表位的关键是如何把光标快速定位到指定的制表位处，然后再输入表中的内容。Word 规定，按 Tab 键就可以快速地把光标移动到下一个制表位处，在制表位处输入各种数据的方法与常规段落完全相同。

设置制表位时需要注意以下 4 点：

① 制表位是属于段落的属性，因此它对整个段落起作用。

② 在未选择段落时设置制表位，它将对光标所在的那一整段起作用。

③ 如果要多个段落有同样的制表位设置，请在设置制表位前，选中多个段落。

④ 在一个设置有制表位的段落中按回车键将产生下一个段落，新段落也会与上一段落具有同样的制表位设置。（段落属性是会继承的）

2. 为文档设置密码保护

Word 2010 提供了文档的多种保护方式，可以设置密码保护，也可以设置文档保护。为文档设置文件打开密码和文件修改密码，设置密码后将拒绝未经授权的用户对文档进行打开或修改操作。设置文档密码保护步骤如下：

① 选择"文件"→"另存为"选项，打开"另存为"对话框，单击"工具"按钮→"常规选项"，弹出"常规选项"对话框，如图 3-164 所示。

② 在"打开文件时的密码"文本框中输入并确认一个限制打开文档的密码。设置此密码后，再次打开该文档时，只有给出正确的密码才能打开文档。

③ 在"修改文件时的密码"文本框中输入并确认一个限制文档修改的密码。设置此密码后，再次打开该文档时如果不输入修改密码将提示以只读方式打开，不能保存对文档的修改（当然可以将修改后的文档另存一份）。

④ 单击"确定"按钮，关闭对话框，密码设置生效。

如果要删除密码，选中"打开文件时的密码"或"修改文件时的密码"文本框中的内容并删除，再单击"确定"按钮即可删除密码。

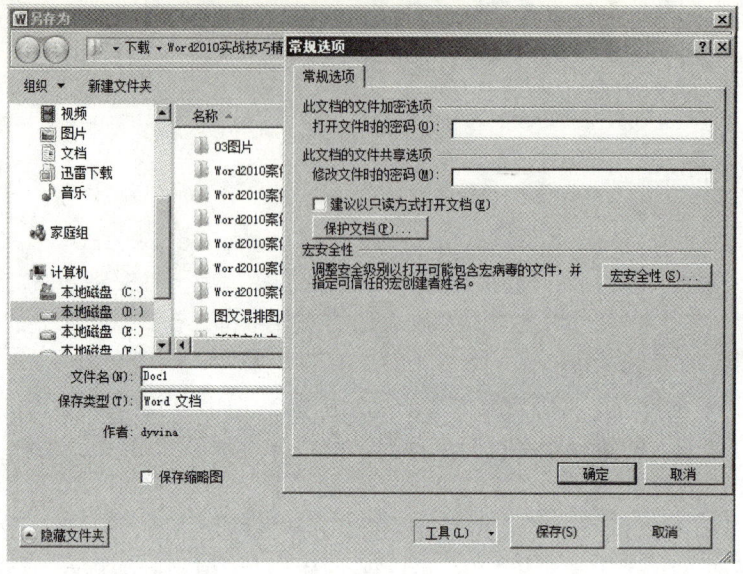

图 3-164　为文档设置保护密码

3. 保护文档

Word 2010 的"限制编辑"功能除了提供以前版本的修订保护、批注保护、窗体保护之外，还新增了对文档格式的限制、对文档的局部进行保护等功能。启用"限制编辑"后，不需要输入密码就可以打开文件，但是不允许更改文件内容。

（1）设置文档的格式限制功能来保护文档格式。

① 单击"开发工具"选项卡下"保护"组的"限制编辑"按钮，打开"限制格式和编辑"任务窗格，如图 3-165 所示。

② 在"限制格式和编辑"任务窗格中，选中"限制对选定的样式设置格式"复选框，单击"设置"按钮。

③ 在弹出的"格式设置限制"对话框中，选中"限制对选定的样式设置格式"复选框，然后在对话框中选择需要进行格式限制的样式，并清除文档中不允许设置的样式，如图 3-166 所示。

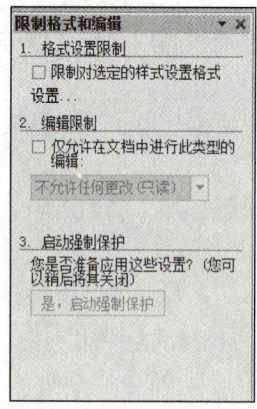
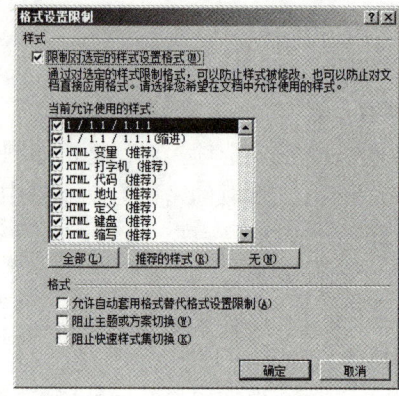

图 3-165　"限制格式和编辑"任务窗格　　　　图 3-166　格式设置限制

④ 单击"确定"按钮,在弹出的警告对话框中单击"是"按钮。

如果在"格式设置限制"对话框中取消对"标题 1"样式的勾选,确定后,全部应用了"标题 1"样式的区域格式将会被清除,而其他格式则保留。

⑤ 在"限制格式和编辑"窗格中单击"是,启动强制保护"按钮。

⑥ 在"启动强制保护"对话框中的"新密码(可选)"文本框中输入密码,确认该密码后,单击"是"按钮即可启动文档格式限制功能。

(2)设置文档的局部保护。

文档的局部保护可以将部分文档指定为无限制(允许用户编辑)。具体方法如下:

① 选定需要进行编辑的(无限制的)文本,按住 Ctrl 键可选中不连续的内容。

② 在"编辑限制"的"仅允许在文档中进行此类型的编辑"列表中选中"不允许任何更改(只读)"选项,以防止用户更改文档,如图 3-167 所示。

③ 在"例外项"中选择可以对其编辑的用户。

如果允许打开文档的任何人编辑所选部分,则选中"组"框中的"每个人"复选框。

如果允许特定的个人编辑所选部分,单击"更多用户"选项,然后输入用户名(可以是 Microsoft Windows 用户账户或电子邮件地址),使用分号分隔,单击"确定"按钮,如图 3-168 所示。

④ 对于允许编辑所选部分的个人,请选中其名字旁的复选框,最后单击"是,启动强制保护"按钮,并输入保护密码。

提示:

若要给文档指定密码,以便知道密码的用户能解除保护,请选中"密码"单选按钮并输入和确认密码。若要加密文档,使得只有文档的授权拥有者才能解除保护,请选中"用户验证"单选按钮,如图 3-169 所示。

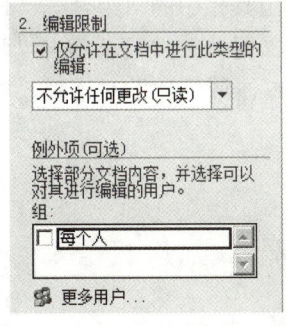

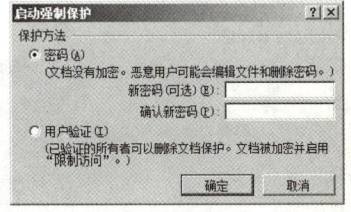

图 3-167　编辑限制　　　　图 3-168　添加用户　　　　图 3-169　启动强制保护

这样,只有选定区域的文本可以编辑(突出显示),而其他没有选中的区域就不能进行编辑。

在"限制格式和编辑"任务窗格的"编辑限制"列表中还有如下 3 个选项(设置方法同上)。

① 批注:不允许添加、删除文字或标点,也不能更改格式,但是可以在文档中插入批注。

② 修订:允许修改文件内容或格式,但是任何修改都会以突出的方式显示,并作为修订保存,原作者可以选择是否接受修订。

③ 填写窗体:保护窗体后,输入点光标消失,不允许直接用鼠标选择文字,也无法更改文档。

如果要停止保护，可单击"限制格式和编辑"任务窗格底部的"停止保护"按钮。

4. 窗体设计

在实际生活中有许多表单需要填写，例如"请假单""问卷调查""反馈表"等，通常情况下，这些表单制作完成后需要打印出来，然后再进行填写，但是这样的表单难以统计和管理填写情况。

通过 Microsoft Word 2010 的窗体设计，便可以实现在线的电子表单填写了。设计 Word 表单的操作步骤如下：

① 首先，利用 Word 创建一个可供填写信息的表单文档，如图 3-170 所示。

② 打开"开发工具"选项卡，单击"控件"组→"旧式工具"按钮，打开"旧式窗体"工具栏，如图 3-171 所示，"旧式窗体"工具栏中主要包括"文字型窗体域""复选框型窗体域"和"下拉型窗体域"3 种形式。

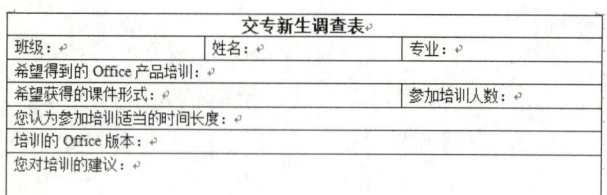

图 3-170　使用 Word 编辑调查表

图 3-171　"旧式窗体"工具栏

③ 将光标停留在要填写"班级"的单元格内，单击"旧式窗体"工具栏中的"文本域（窗体控件）"按钮，这样在光标所在的单元格中就插入了一个"文本域（窗体控件）"。如果文本域（窗体控件）处于激活状态，则在插入"文本域（窗体控件）"的位置上会显示出域底纹，反映在文档中则是一小块灰色的标记。

④ 将光标置于需要填写"专业"的单元格，单击"旧式窗体"工具栏中的"组合框（窗体控件）"按钮，这样在光标所在的单元格中就插入了一个"组合框（窗体控件）"。单击"开发工具"选项卡中"控件"组的"属性"按钮，可以打开"下拉型窗体域选项"对话框，如图 3-172 所示。

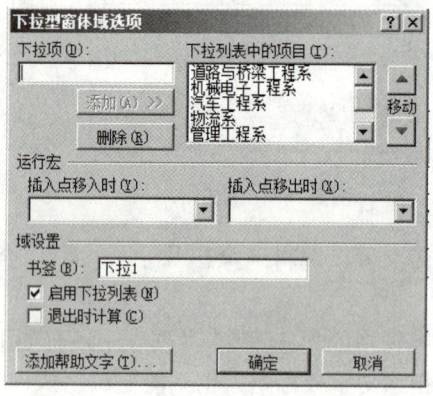

图 3-172　"下拉型窗体域选项"对话框

⑤ 在对话框中的"下拉项"文本框中，输入相关的选择项目。每输入一个选项，即单击"添加"按钮，将输入项添加到"下拉列表的项目"列表中。在"下拉列表的项目"列表中选

中某个选项，然后单击列表右侧的上下箭头按钮，可以在列表框中移动选项到合适的位置。

⑥ 按照同样的方法完成调查表中其他区域的窗体制作。

这样，一个电子调查表就完成了。单击"审阅"选项卡中"保护"组的"限制编辑"按钮，在弹出的"限制格式和编辑"任务窗格中，选择编辑限制中"仅允许在文档中进行此类型的编辑"复选框，在下拉菜单中选择"填写窗体"选项，单击"启动强制保护"中的"是，启动强制保护"按钮，在弹出的"启动强制保护"对话框中输入密码，单击"确定"按钮后，窗体处于保护状态，这样不仅可以做到避免文档的格式被破坏，更重要的是用户只可以在窗体里输入信息，不能在窗体以外的地方输入，可以使文档更加规范，如图 3-173 所示。

图 3-173　电子调查表

提示：

只有在保护窗体的状态下，才能填写窗体内容。要修改窗体，首先要解除对所选窗体的保护。另外，要保护文档用于窗体编辑，首先要保证在"开发工具"选项卡中的"设计模式"是关闭的（如果"设计模式"是活动的，就无法保护窗体）。

⑦ 保存窗体。

通常，将已设计好的窗体文档保存为模板以备后用。具体方法是选择"文件"→"另存为"命令，设置"保存类型"为文档模板，将窗体文档另存为模板文档，并保存到默认文件夹（Templates）中。

⑧ 使用窗体模板。

利用窗体模板新建文档：选择"文件"→"新建"命令，在"新建文档"界面中单击"可用模板"→"根据现有内容新建"选项，在弹出的对话框中，打开已创建的窗体模板，填写窗体域内容，保存文档即可。

3.8　综合实训

实训目的

- 复习、巩固 Word 2010 的知识技能，使学生熟练掌握字处理软件的使用技巧。
- 提高学生运用 Word 2010 的知识技能分析问题、解决问题的能力。
- 培养学生信息检索技术，提高信息加工、信息运用能力。

实训任务

任务 1：

按照图 3-174 所示的效果，完成"计算机的诞生与发展"文档的排版。

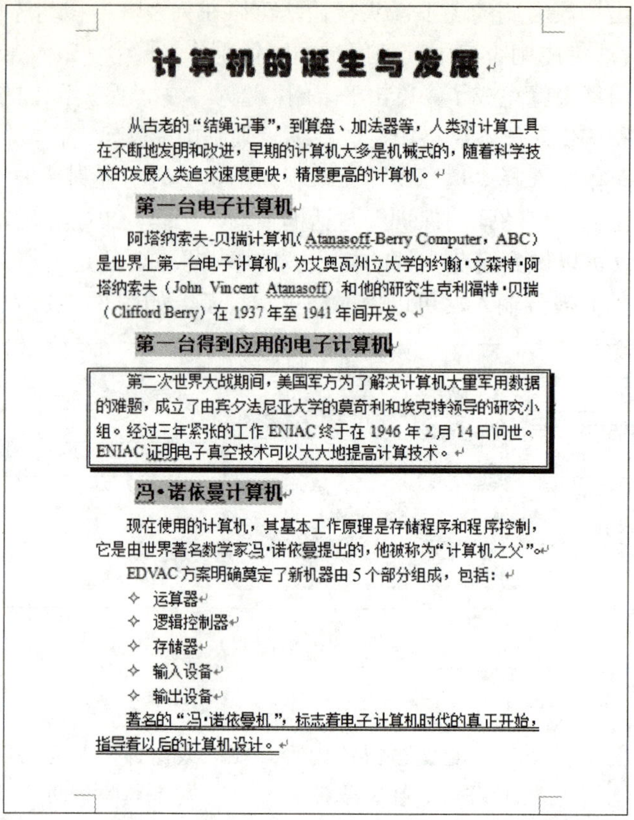

计算机的诞生与发展

从古老的“结绳记事”，到算盘、加法器等，人类对计算工具在不断地发明和改进，早期的计算机大多是机械式的，随着科学技术的发展人类追求速度更快，精度更高的计算机。

第一台电子计算机

阿塔纳索夫-贝瑞计算机（Atanasoff-Berry Computer，ABC）是世界上第一台电子计算机，为艾奥瓦州立大学的约翰·文森特·阿塔纳索夫（John Vincent Atanasoff）和他的研究生克利福特·贝瑞（Clifford Berry）在1937年至1941年间开发。

第一台得到应用的电子计算机

第二次世界大战期间，美国军方为了解决计算机大量军用数据的难题，成立了由宾夕法尼亚大学的莫奇利和埃克特领导的研究小组。经过三年紧张的工作ENIAC终于在1946年2月14日问世。ENIAC证明电子真空技术可以大大地提高计算技术。

冯·诺依曼计算机

现在使用的计算机，其基本工作原理是存储程序和程序控制，它是由世界著名数学家冯·诺依曼提出的，他被称为“计算机之父”。

EDVAC方案明确奠定了新机器由5个部分组成，包括：

- 运算器
- 逻辑控制器
- 存储器
- 输入设备
- 输出设备

著名的“冯·诺依曼机”，标志着电子计算机时代的真正开始，指导着以后的计算机设计。

图 3-174　任务 1 效果图

要求

① 页面设置：纸张为B5（JIS），页边距上下为2.5厘米、左右为3厘米。

② 第1段标题文字（“计算机的诞生与发展”）：华文琥珀小一号，加粗，居中，文字效果为文本“渐变填充-预设颜色为宝石蓝，线性向下”，字符间距加宽2磅。

③ 第2段～最后段（正文）：中文字体宋体，西文字体Times New Roman，小四号，1.2倍行距，首行缩进2字符；第2段（从古老的“结绳记事”……精度更高的计算机。）段前间距1行。

④ 正文小标题（第3段、第5段、第7段）：宋体小三号，加粗，首行缩进2字符。文字添加底纹“蓝色，强调文字颜色1，淡色60%”。

操作提示：选中文本，单击“开始”选项卡中“段落”组的“边框”下拉按钮，在弹出的下拉列表中选择“边框和底纹”命令，弹出“边框和底纹”对话框，切换到“底纹”选项卡，如图3-175所示。在“填充”下拉列表框中选择“蓝色，强调文字颜色1，淡色60%”选项，在“应用于”下拉列表中选择“文字”选项，单击“确定”按钮。

⑤ 小标题（“第一台得到应用的电子计算机”）下面的段落（第6段）：添加“阴影”“深蓝色”“0.5磅”“双实线”方框。

操作提示：选中段落，单击“开始”选项卡中“段落”组的“边框”下拉按钮，在弹出的下拉列表中选择“边框和底纹”命令，弹出“边框和底纹”对话框，如图3-176所示。在“边框”选项卡中，单击“设置”选项组中的“阴影”选项，在样式列表框中选择双实线样式，在"颜色"下拉列表中选择深蓝,在"宽度"下拉列表框中选择"0.5 磅",在"应用于"下拉列表中选择"段落",单击"确定"按钮。

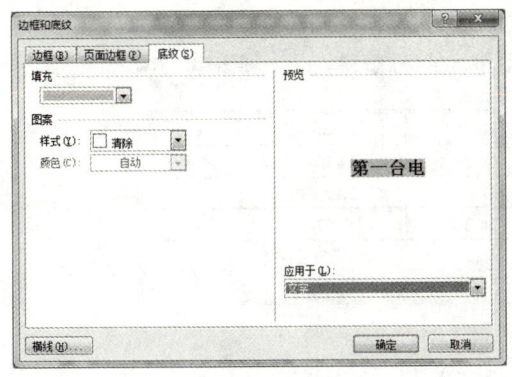

图 3-175　为文字添加底纹

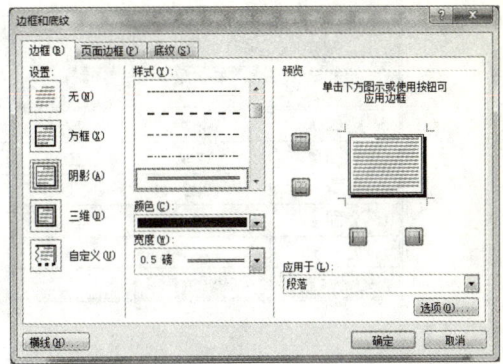

图 3-176　为段落添加方框

⑥ 为最后一段文字添加深蓝色双实线型下画线。
⑦ 参照效果图,为文中机器 5 个组成部分添加项目符号❖。
⑧ 将文件以"任务 1:班级_姓名"命名保存。

任务 2:
打开任务 2 素材文件,完成如下要求。
① 打开"任务 2 文字素材 1.docx"文档,在文档后插入"任务 2 文字素材 2.docx"。

操作提示: 将定位光标在"任务 2 文字素材 1.docx"文档末尾,单击打开"插入"选项卡,选择"文本"组→"对象"→"文件中的文字"命令,在"插入文件"对话框中查找"任务 2 文字素材 2.docx"插入即可。

② 将标题文字设置格式:"黑体""二号",文字效果"阴影-外部-右下斜偏移"。
③ 将文中两个自然段合为一段。
④ 将文中所有字母均设置成"三号""倾斜"并加双下画线。
⑤ 将文件以"任务 2:班级_姓名"命名保存。

任务 3:
制作如图 3-177 所示的"求职信息登记卡"。

姓　名		性　别		出生年月		照 片
通讯地址				电　话		
学历	学校名称	系别	入学时间	毕业	毕业日期	
经历	单位名称	职称	任职时间	离职原因		
应征职务			希望待遇			

图 3-177　"求职信息登记卡"效果图

任务 4：

制作某行业各主要公司 2015 年和 2016 年的营业收入增长率表，效果如图 3-178 所示。

公司	2015 年收入（百万元）	2016 年收入（百万元）	2016 年各公司占市场份额（%）	增长率（%）	增长率排名
公司 A	1460	1766	15.69	17.33	1
公司 C	876	1023	9.09	14.37	2
公司 D	1089	1245	11.06	12.53	3
公司 E	1573	1684	14.96	6.59	4
公司 B	1786	1837	16.32	2.78	5
合计	6784	7555	最高增长率	17.33	

图 3-178　某行业各主要公司 2015 年和 2016 年的营业收入增长率表

要求

① 打开"任务 4 素材.docx"文档，将文档中的文字转换成一个 7 行 5 列的表格。

② 分别计算 2015 年合计收入、2016 年合计收入、增长率（%）、2016 年各公司占市场份额（%）、最高增长率。（注：增长率=（2016 年营业收入-2015 年营业收入）/2016 年营业收入×100%）

③ 按表中增长率的计算结果降序排序表中数据，并在表格右侧插入"增长率排名"列，输入排名结果。

④ 将表格外框线和表格第一行下框线设置成 0.75 磅双实线；将第 1 行和第 7 行设置"茶色，背景 2，深色 10%"底纹；文字水平居中。

⑤ 将文件以"任务 4：班级_姓名"命名保存。

任务 5：

制作"未来计算机"宣传小报，效果如图 3-179 所示。

图 3-179　宣传小报效果图

要求

① 页面设置：纸张大小为 A4，横向，页边距左、右均为 2.5 厘米，上、下均为 2 厘米；页面边框为"艺术型"，宽度"20 磅"，边距的测量基准为"页边"，边距的上下左右各 3 磅；页面"填充效果→纹理→新闻纸"（第 4 行，第 1 列）。

② 文本编辑。

复制"任务 5 文字素材.docx"文档中文字内容，单击"粘贴选项"中"只保留文本"按钮，粘贴到设计文档中。

设置正文字体格式为"楷体""小四"，行距为"1.5 倍行距"，第三、第四段设置首行缩进"2 字符"。

③ 分栏设置。

将第三段分成两栏，并添加分割线。

④ 首字下沉。

将第二段文字设置"首字下沉"，下沉字体为"隶书"，下沉行数为"2 行"，距正文"0.3 厘米"。

⑤ 设置艺术字。

艺术字格式效果如图 3-180 所示。

图 3-180　艺术字效果图

操作提示：选中第一段标题"未来计算机"，单击"插入"选项卡中"文本"组的"艺术字"按钮，在弹出的艺术字库中选择第 6 行第 3 列"填充-红色，强调文字颜色 2，粗糙棱台"，设置艺术字字体"隶书"，字号 60 磅。

艺术字文本填充为"深红，渐变，线性向右"，如图 3-181 所示，阴影效果为"左上对角透视"，如图 3-182 所示。

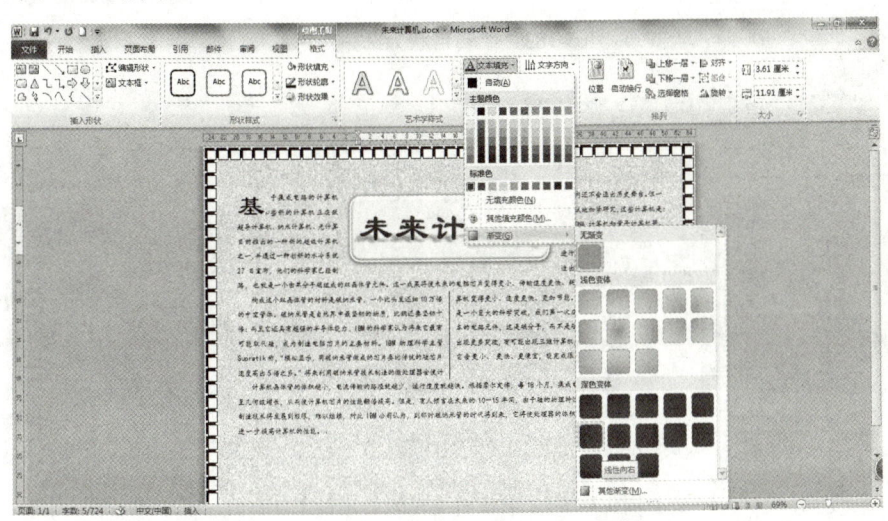

图 3-181　选择艺术字"文本填充"样式

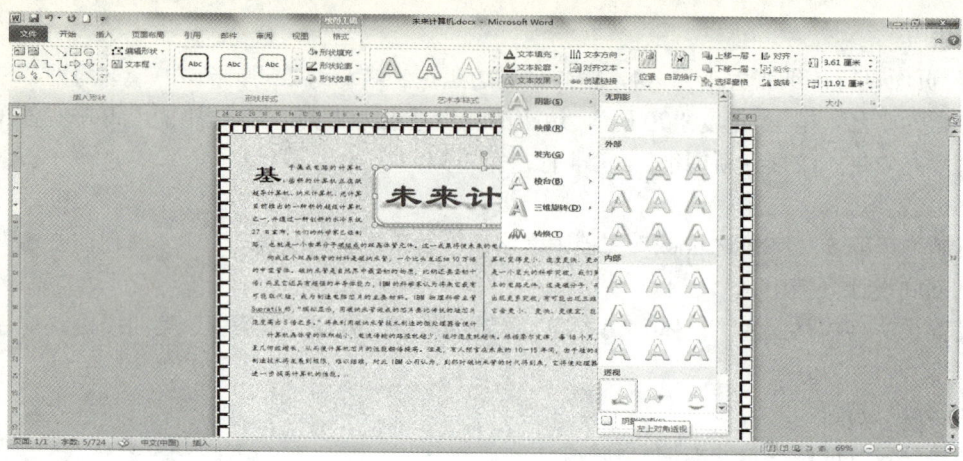

图 3-182　选择艺术字"文本效果"

编辑艺术字边框形状为圆角矩形。单击"插入形状"组→"编辑形状"按钮→"更改形状"→"矩形"组→"圆角矩形"工具,如图 3-183 所示,形状效果设为"预设 1",如图 3-184 所示。

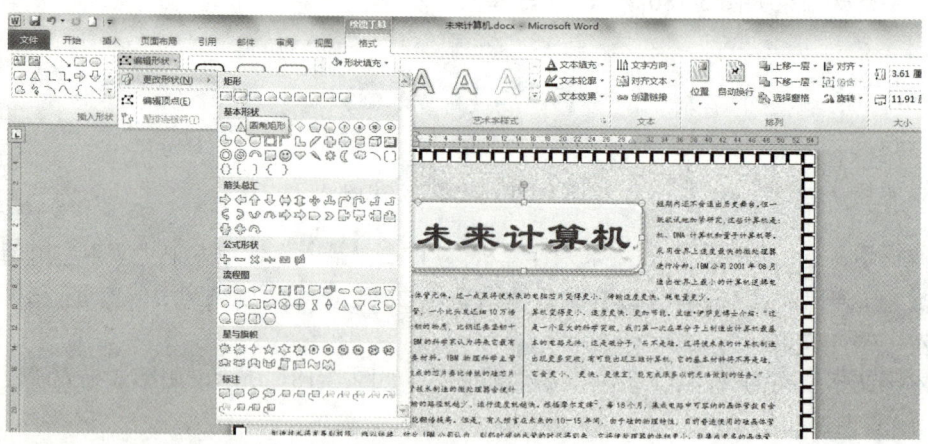

图 3-183　编辑形状为圆角矩形

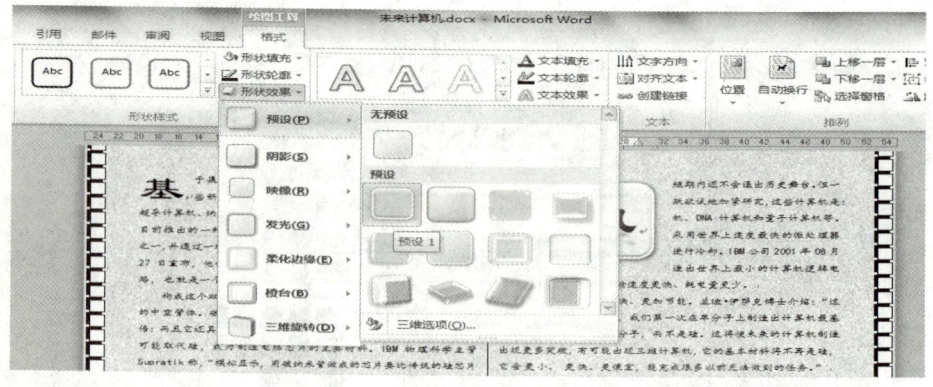

图 3-184　形状效果设为"预设 1"

单击"排列"组→"位置"→"文字环绕"→"顶端居中,四周型文字环绕"选项,如

图 3-185 所示,将艺术字移到合适位置。

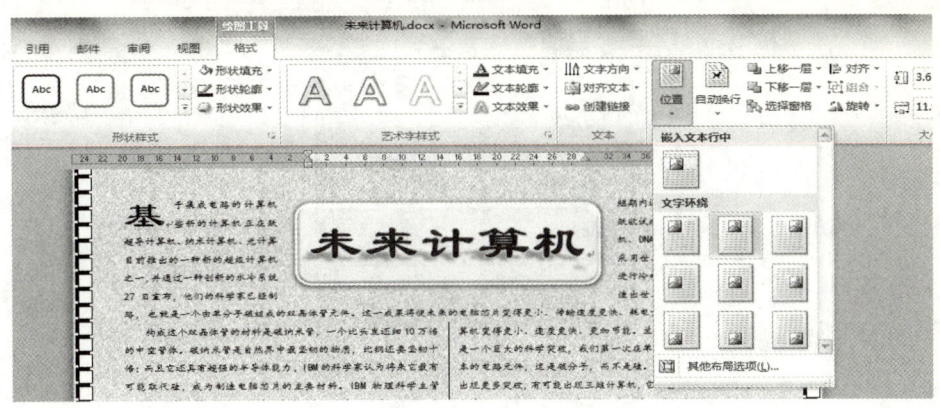

图 3-185　设置艺术字位置

⑥ 设置图片。

在正文后插入素材文件图片 computer.jpg 图片。将图片样式设置为"映像右透视",如图 3-186 所示,环绕方式为"四周型环绕",图片高度为"3.5 厘米"、宽度为"5.5 厘米",如图 3-187 所示,参照效果图,将图片移至合适位置。

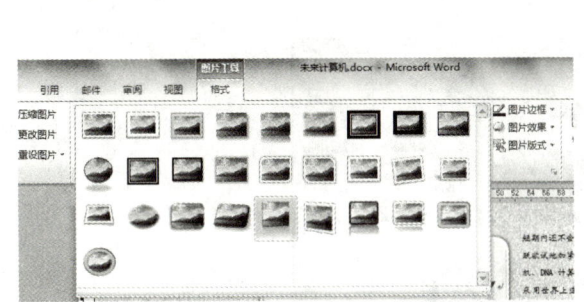

图 3-186　设置图片样式

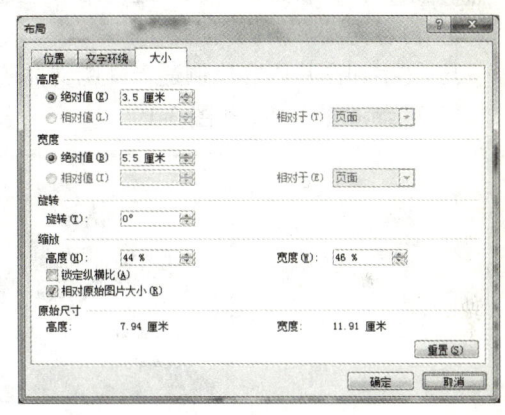

图 3-187　设置图片大小

⑦ 设置文本框。

插入文本框,输入文字"科技引领未来!",设置为"隶书""初号""加粗""深红",文本框形状填充为"无填充颜色",形状轮廓为"无轮廓",参照效果图,将图片移至合适位置。

⑧ 添加尾注。

为第四段"摩尔定律"添加尾注,尾注符号为"①",并"应用于整篇文档",尾注内容为"由英特尔创始人之一戈登·摩尔(Gordon Moore)提出。"

操作提示:移动光标在"摩尔定律"后,单击"引用"选项卡中"脚注"组的右下角对话框启动器按钮 ,打开"脚注和尾注"对话框。参数设置如图 3-188 所示。在尾注区域录入尾注文本,设置尾注文本字体为"楷体""五号"。

⑨ 将文件以"任务 5:班级_姓名"命名保存。

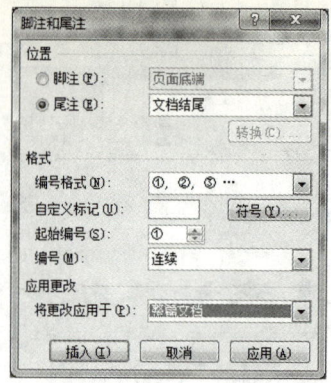

图 3-188 "脚注和尾注"对话框

任务 6：

自由创作板报。

要求

① 将页面设置为 A4 纸，横向与纵向不限。
② 主题不限，可以介绍自己的家乡，自己的校园，自己的家庭、班级等。
③ 素材自行收集，可以通过网络或通过数码照相机等自行拍摄。
④ 内容充实，积极向上。
⑤ 文字和图片内容比例适当，图文并茂，美观生动。
⑥ 可参考图 3-189 和图 3-190。

图 3-189 板报效果图（1）

图 3-190　板报效果图（2）

任务 7：

长文档排版练习。

要求

① 页面设置：B5 纸；上下左右边距均为 2 厘米，文档网格每页 36 行，每行 38 字，将文件以"任务 7：班级_姓名"命名保存。

② 设置文档中使用的样式：

文档中的正文，采用宋体五号字，段落设置为两端对齐，左右缩进 0 字符，首行缩进 2 字符，段前 0.5 行，段后 0.5 行，单倍行距。

文档中的每一章节的大标题，采用"标题 1"样式、居中，章节中的小标题，按层次分别采用"标题 2"～"标题 3"样式（采用内置式）。

③ 将文档分节：插入分节符（下一页）封面为单独一节、目录为单独一节、正文的每一部分各自分成为一节。

④ 制作封面，效果参考图 3-191。

输入文字"高职示范校建设方案"，将其设置为宋体、二号字、加粗，居中对齐；输入"辽宁交专示建办""2008年1月"并设置为宋体、三号字、加粗、居中对齐。

图3-191 封面效果图

插入图片"封面图片",调整其大小,使其与整个页面大小一致(可以参考页面的大小,设置图片的大小),将图片的文字环绕方式设为"衬于文字下方"。再插入图片"校徽",将"校徽"的白色区域设为透明。调整大小和位置。文字环绕方式为"四周型"插入艺术字"厚德笃学实践创新"和"脚踏实地追求卓越"。文字环绕方式为"四周型"。

⑤ 设置页眉:封面和目录不加页眉页脚,正文奇偶页的页眉不同,奇数页页眉是本章标题右对齐;偶数页页眉是"专业+班级+学号+姓名"左对齐。

⑥ 设置页码:封面无页码,目录页码用大写罗马数字形式。正文页码用阿拉伯数字,页码从1开始。奇数页码一律在页面底端的右侧,偶数页码一律在页面底端的左侧。

⑦ 在正文内容前插入目录,目录的格式为"正式",目录显示级别为3,目录独立一节。

第 4 章

Excel 2010 的使用

Excel 2010 是一款功能强大的电子表格处理软件,是 Microsoft Office 2010 的重要组件之一。通过它可以进行各种数据的处理、统计分析和辅助决策操作,因此被广泛地应用于管理、统计财经、金融等众多领域。

电子表格是以表格形式对数据进行组织、计算和管理,类似于财务工作中的账簿。它可以绘制各种复杂表格,也可以进行复杂的数据计算,还提供了图表、透视表等数据格式来增强数据的可视性。本章主要介绍 Excel 2010 的基本使用方法,包括创建工作表、工作表格式设置、公式和函数的使用、数据管理以及图表应用等。

4.1 案例 1——制作职工档案表

知识目标:

- 工作簿的建立、保存与关闭。
- 表格的数据输入。
- 快速输入数据的方法。
- 工作表的编辑。
- 选择单元格、设置单元格的格式。
- 条件格式。

4.1.1 案例说明

本案例将通过职工档案表的制作实例,介绍 Excel 工作表的基本应用。通过本例,掌握如何建立和保存新工作簿文档,如何在工作簿中输入、修改和删除数据,如何设置单元格格式等。案例效果如图 4-1 所示。

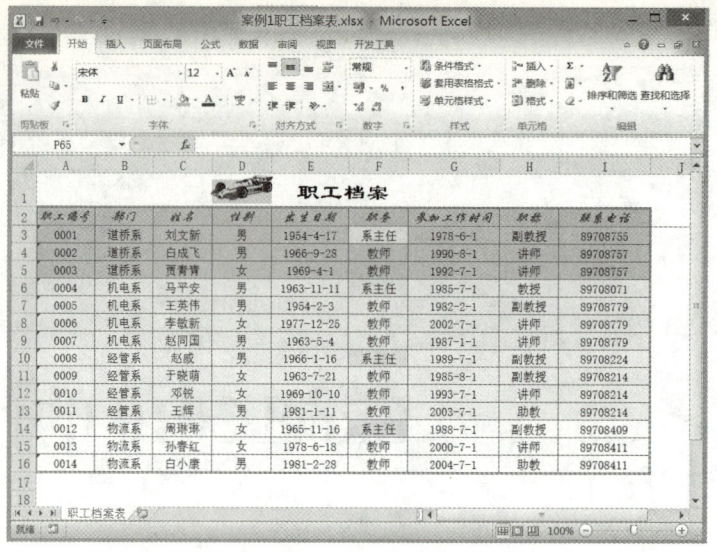

图 4-1　职工档案表

4.1.2　制作步骤

1. 新建工作簿

单击"开始"→"所有程序"→Microsoft Office→Microsoft Excel 2010 命令，启动 Excel 2010，出现如图 4-2 所示的 Excel 窗口界面，即完成创建空白工作簿。

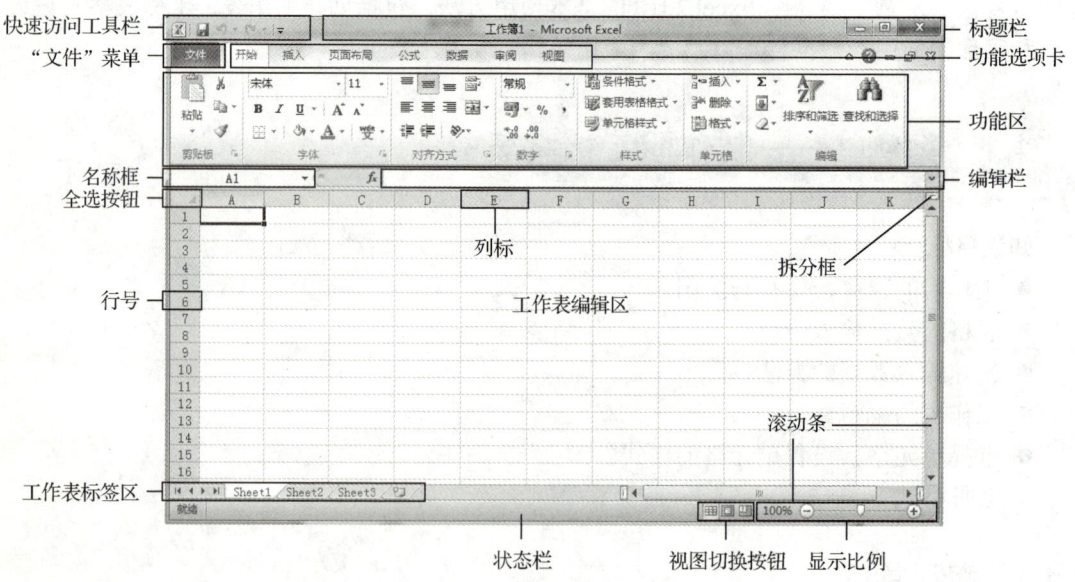

图 4-2　Excel 2010 窗口界面

2. 在 Sheet1 工作表中输入数据

① 输入表格标题。

选中 A1:I1 区域，单击"开始"选项卡中"对齐方式"组下的"合并后居中"按钮，输入表格标题"职工档案"，按 Enter 键后，光标移至单元格 A2 中。

② 输入列标题。

在单元格 A2 中输入列标题"职工编号",然后按 Tab 键,使单元格 B2 成为活动单元格,在其中输入标题"部门"。

使用相同的方法,在单元格区域 C2:I2 中依次输入标题"姓名""性别""出生日期""职务""参加工作时间""职称"和"联系电话"。

③ 设置"职工编号"(A3:A16 区域)数据格式为文本格式。

鼠标选中 A3:A16 区域,选择"开始"选项卡→"数字"组→"常规"下拉列表中的"文本"选项。

④ 利用自动填充功能实现自动连续编号。

在单元格 A3 中输入初值 0001,然后拖动填充柄向下填充。

填充柄:活动单元格右下角黑色控点,用鼠标光标指向该控点时指针变为细"十"字形。

⑤ 利用数据有效性实现"部门"。

选中"部门"(B3:B16 区域),单击"数据"选项卡中"数据工具"组的"数据有效性"按钮,打开"数据有效性"对话框,如图 4-3 所示,在"设置"→"允许"下拉列表框中选择"序列"选项,在"来源"下拉列表框中输入"道桥系,机电系,经管系,物流系"(逗号应在英文输入状态下输入),如图 4-4 所示。

图 4-3 打开"数据有效性"对话框

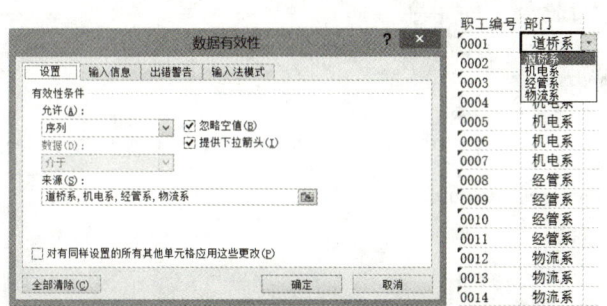

图 4-4 部门"数据有效性"对话框

利用同样方法可设置"性别""职务"和"职称"的选择性录入,如图 4-5～图 4-7 所示。

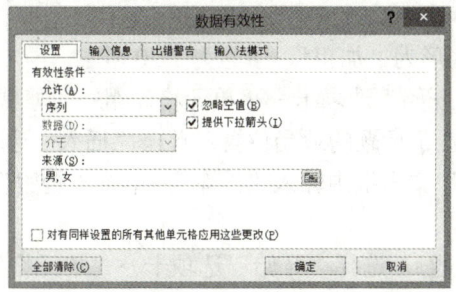

图 4-5 性别"数据有效性"对话框

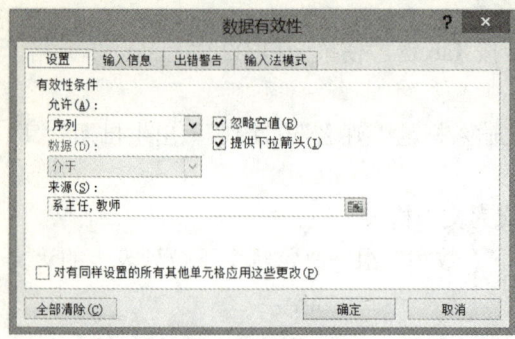
图 4-6 职务"数据有效性"对话框

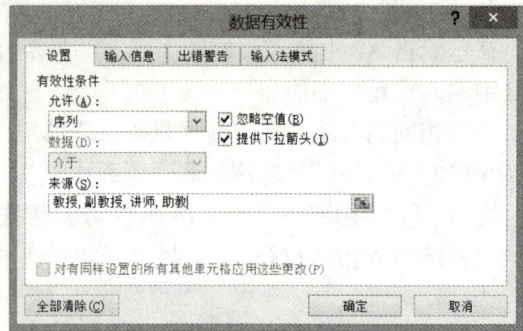
图 4-7 职称"数据有效性"对话框

⑥ 使用数字小键盘和"/"或"-"键快速输入"出生日期"和"参加工作时间"。输入过程中如果单元格中显示"######",说明在单元格中输入的数据太长,可以双击列号右边框自动调整列宽以显示全部内容。

⑦ 设置"联系电话"的自定义数字格式以减少敲键次数,实现快速录入。

选中 I3:I16 区域,右击选中区域,在弹出的快捷菜单中单击"设置单元格格式"命令选项,弹出"设置单元格格式"对话框,单击打开"数字"选项卡,在"分类"列表中单击"自定义"选项,在"类型"文本框中输入 89708000,如图 4-8 所示。

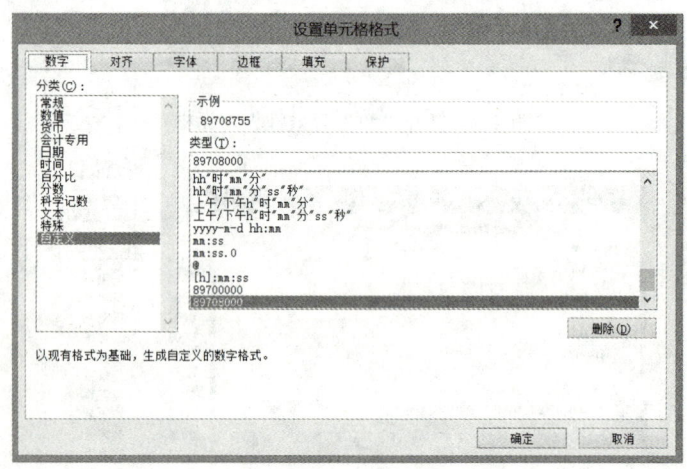
图 4-8 设置电话列单元格格式

3. 设置表格数据的格式

① 表格标题格式。

设置字体为"隶书"、字形为"加粗"、字号为"20 号"。

设置行高为 30:选择"开始"选项卡→"单元格"组→"格式"列表项→"行高"选项。

插入"汽车"剪贴画并置于标题的适当位置:单击"插入"选项卡中"插图"组下的"剪贴画"按钮,在"搜索文字"文本框中输入"汽车",单击"搜索"按钮,如图 4-9 所示。

② 列标题格式。

选中 A2:I2 区域(列标题),选择"开始"选项卡→"单元格"组→"格式"→"设置单元格格式"选项,打开"设置单元格格式"对话框。

单击打开"对齐"选项卡,在"水平对齐"和"垂直对齐"下拉列表中,选择"居中"选项。

单击打开"字体"选项卡,设置字体为"华文行楷"、字形为"倾斜"、字号为"12号"、文字颜色为"紫色,强调文字颜色4,深色50%",如图4-10所示。

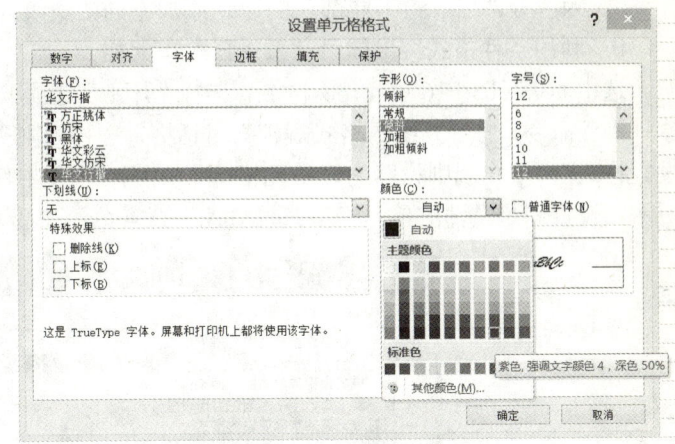

图4-9 插入"汽车"剪贴画　　　　　　　　图4-10 列标题字体格式

也可以利用"开始"选项卡的"字体"组和"对齐方式"组完成上述设置。

③ 具体数据即职工记录(A3:I16区域)格式。

设置对齐方式为水平、垂直居中。

设置字体为"宋体"、字形为"常规"、字号为"11号"。

4. 为表格添加边框

① 选中列标题及所有记录(A2:I16区域),右击选中区域,在弹出的菜单中选择"设置单元格格式"命令,打开"设置单元格格式"对话框。

② 单击打开"边框"选项卡,设置线条样式为"双实线"、颜色为"绿色",然后单击"外边框"按钮,如图4-11所示。再选择一种"细直线"样式,单击"内部"按钮即可设置表格的内框线。

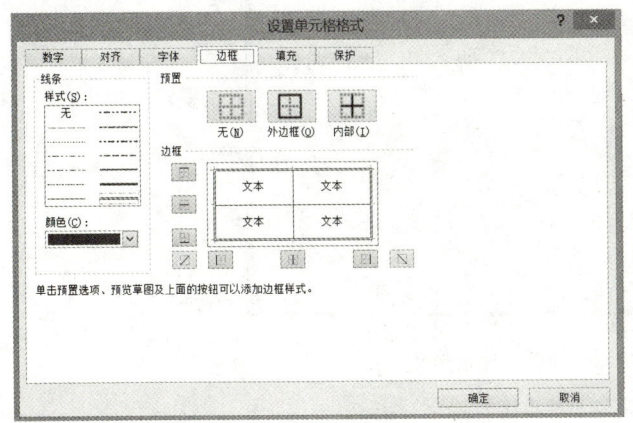
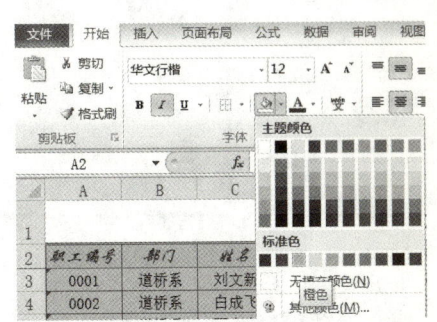

图4-11 "边框"及"底纹"选项卡

③ 取消网格线：在"视图"选项卡中，将"显示"组中"网格线"复选框前面勾选取消。

5. 为表格添加底纹

① 选中列标题区域，单击"开始"选项卡中"字体"组，在"填充颜色"下拉列表中选择"橙色"，或者打开"设置单元格格式"对话框，单击打开"填充"选项卡，设置单元格背景色为"橙色"，如图4-11所示。

② 为区分部门，给不同部门的记录添加不同的底纹（颜色自选）。

6. 利用条件格式突出显示"系主任"单元格

选中职务（F3:F16 单元格）区域，选择"开始"选项卡→"样式"组→"条件格式"→"新建规则"命令，打开"编辑格式规则"对话框，选择规则类型为"只为包含以下内容的单元格设置格式"，编辑规则说明为"单元格值""等于""系主任"，单击"格式"按钮，如图4-12所示，设置满足条件的单元格填充"黄色"背景色，如图4-13所示。

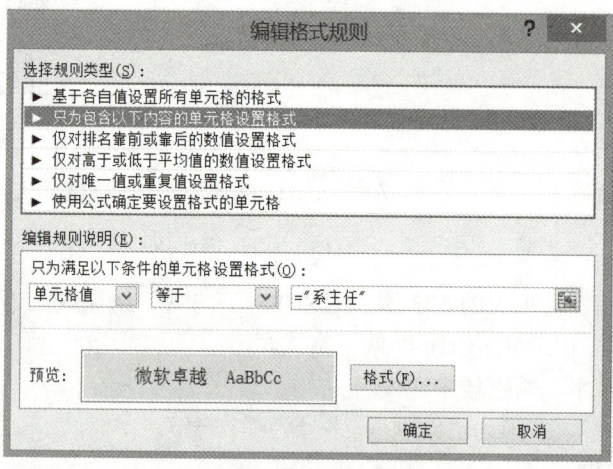

图 4-12　创建单元格的格式规则

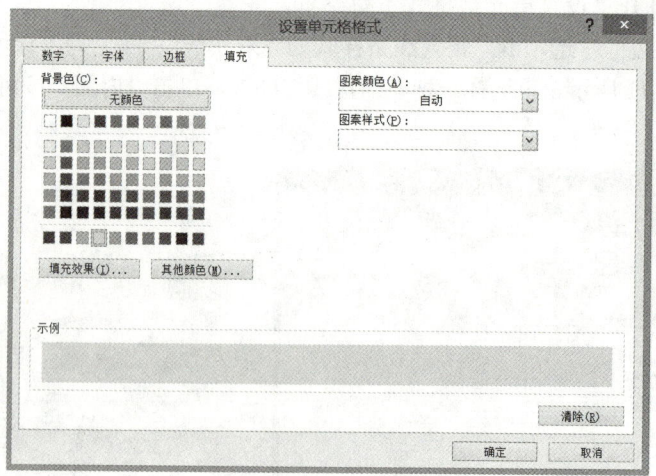

图 4-13　设置单元格的条件格式

7. 冻结窗格快速浏览信息

选中 A3 单元格，选择"视图"选项卡→"窗口"组→"冻结窗格"→"冻结拆分窗格"

命令，则 A3 单元格上面的"行"就会被冻结，此时，再使用滚动条浏览记录，冻结的部分就不会做任何移动了，这非常适合大表格的浏览，如图 4-14 所示。

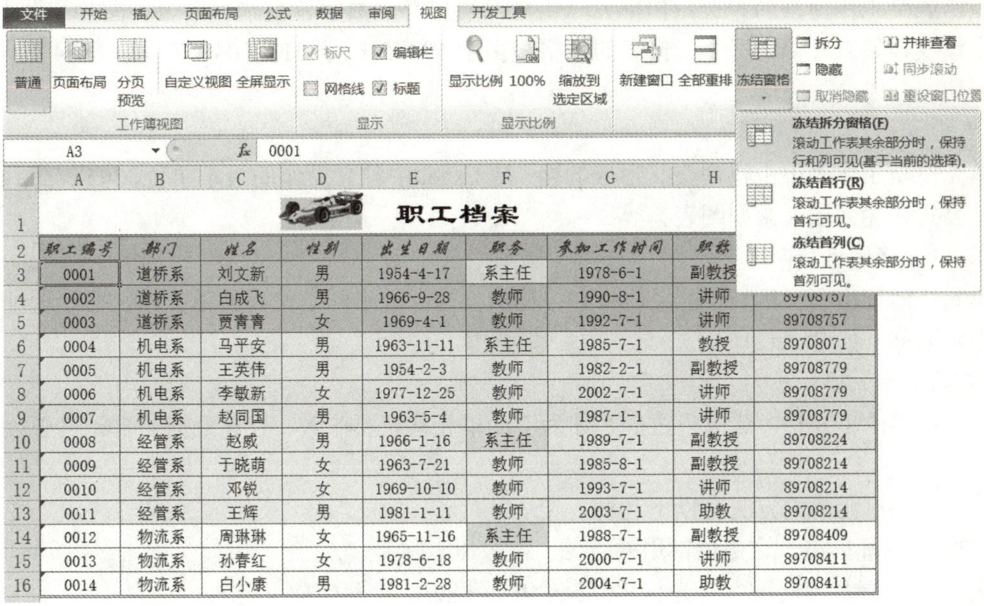

图 4-14 冻结窗格

8. 命名职工档案工作表

用鼠标右击工作表标签 Sheet1，在快捷菜单中选择"重命名"命令，然后输入文字"职工档案表"即可。用鼠标右击工作表标签 Sheet2，在快捷菜单中选择"删除"命令，删除无用工作表。用同样的方法可删除 Sheet3。

9. 打印预览职工档案表

单击打开"页面布局"选项卡，将"纸张方向"设置为"横向"。"页边距"设置为"自定义页边距"，上下 2.5 厘米、左 5 厘米、右 2 厘米，单击"打印预览"按钮，可查看工作表打印效果。

10. 保存职工档案表

文件命名为"职工档案.xlsx"：单击快速访问工具栏中的"保存"按钮，或者单击"文件"菜单中的"保存"→"另存为"命令，将文件保存为 Excel 工作簿（*.xlsx）。

4.1.3 相关知识点

1. 启动 Excel 2010 及相关术语

方法 1：单击"开始"→"所有程序"→Microsoft Office→Microsoft Excel 2010 菜单命令，启动 Excel 并建立一个新的工作簿。

方法 2：双击一个已有的 Excel 工作簿，也可启动 Excel 并打开相应的工作簿。

方法 3：双击桌面上的 Excel 快捷图标。

① 工作簿。

每个 Excel 文档都是一个工作簿，每个工作簿都由若干张工作表（Sheet）构成，其默认文件扩展名是.xlsx。新建工作簿时，在默认情况下同时打开 3 个工作表，分别为：Sheet1，Sheet2，

Sheet3。

② 工作表（Sheet）。

工作表是工作簿里的一页，由单元格组成，可以存储数字、文本、图表、图片和图形等，通过工作表标签来标识。每个工作表的网格最多由 1048576 行（1～1048576）、16384 列（A～XFD）构成。

③ 单元格。

单元格是工作表中由行列交叉形成的格，是 Excel 中独立操作的最小单位，可以存储数字、文本、公式和迷你图（微型图表）等。

④ 单元格地址。

单元格地址由列坐标+行坐标（如 A3）构成，为区分不同工作表的单元格，要在地址前加上工作表名称（如 Sheet2！A3）。

⑤ 活动单元格。

正在使用的单元格（黑色粗边框）称为活动单元格。要输入、处理数据的单元格必须是活动单元格。

移动活动单元格的方法有以下几种。
- 使用鼠标单击，这是最常用的方法。
- 使用"键盘方向键"将光标移到某个单元格中。
- 使用"名称框"：单击"名称框"，输入单元格地址（如 E34）→按 Enter 键确认即可。
- 用 Enter 键和 Shift+Enter 快捷键控制垂直方向，用 Tab 键和 Shift+Tab 快捷键控制水平方向。

⑥ 单元格区域。

单元格区域指由多个单元格组成的区域或者是整行、整列等。例如单元格区域 A3:I16 表示区域左上角 A3 单元格到区域右下角 I16 单元格之间的全部相邻单元格。

2. Excel 2010 的窗口组成

Excel 2010 窗口组成元素与 Word 2010 应用程序窗口元素类似，其中快速访问工具栏、标题栏、"文件"菜单、功能选项卡、功能区、拆分框、滚动条的使用请参考前面章节。

下面，将介绍 Excel 特有的窗口元素，如图 4-2 所示。

① 编辑栏（也称公式栏）。

显示当前活动单元格的内容，即数据会在单元格和编辑栏中同时显示。当单元格宽度不够显示单元格的全部内容时，则通常在编辑栏中编辑单元格内容。

② 名称框。

显示当前活动单元格的地址。使用"名称框"可以快速定义、选取单元格或区域。

③ 工作表标签。

工作表标签包括工作表翻页按钮和工作表标签按钮。右击"工作表标签"可以进行工作表的插入、删除、重命名、移动或复制、隐藏等操作。

④ 状态栏。

位于窗口界面最下方，显示当前有关的状态信息，包括数据统计区、视图切换按钮以及页面显示比例等。其中，状态栏的"数据统计区"将显示选中单元格的平均值、计数、求和结果，右击状态栏则可以自定义状态栏，如添加其他的自动计算方式。

数据统计区的右侧有 3 个视图切换按钮，以黄色为底色的按钮表示当前正在使用的视图方式。Excel 2010 默认的视图方式为"普通"视图。

3．选定单元格的技巧

① 选定连续的单元格区域：按住鼠标左键拖动所选区域，或者用鼠标单击区域左上角单元格，再按住 Shift 键单击区域右下角单元格。

② 选定不连续的区域：按住 Ctrl 键的同时用鼠标单击或拖动。

③ 选定整行（列）。

- 选定单行（列）：用鼠标单击行（列）号。
- 选定多行（列）：按住 Ctrl 键或 Shift 键，用鼠标单击，然后拖动行（列）号。

④ 选定整个工作表：单击工作表左上角行号与列号相交处的"全选"按钮。

⑤ 使用"名称框"快速定位。

- 区域命名：选中区域，在名称框中输入名称，按 Enter 键确认；或者选中区域，选择"公式"选项卡→"定义的名称"组→"定义名称"命令，在文本框输入名称，单击"确定"按钮。
- 快速定位：可以在名称框的下拉列表中找到所有定义的名称，单击名称即可快速选定区域。

4．在单元格中输入数据

在 Excel 单元格中可以输入 3 种数据：文本、数字和公式。文本可以是数字、汉字、空格和非数字字符的组合；数字项目包含数字 0~9 的一些组合，还可以包含如"+""–""/""％""E""$""￥"等特殊字符。默认情况下，文本在单元格中靠左对齐，数字在单元格中靠右对齐。

① 输入数字组成的文本数据。

如果要输入的文本数据全部由数字组成（如编号、邮政编码、身份证号码、电话号码等），则应在数字前加一个西文单引号"'"，以区别数值格式的数据。如输入编号 0002 时应输入'0002，否则 Excel 将自动舍去数字前面的 0。

或者在输入数据之前，定义单元格数据的格式为文本格式。

② 输入数值格式的数据。

数值格式的数据可以是整数（如 123）、小数（如 12.34）、分数（如 1/2）。

- 输入分数时应在分数前加 0 和一个空格。
- 带括号的数字被认为是负数。
- 如果在单元格中输入的是带千分位"，"的数据，而编辑栏中显示的数据没有"，"。
- 无论在单元格中输入多少位数值，Excel 只保留 15 位的数字精度。如果数值长度超出了 15 位，则 Excel 将多余的数字位显示为 0。
- 数值格式（如小数位数、使用千位分隔符、使用货币格式等）可以在输入数据之前或之后进行设置。方法是选择"开始"选项卡→"数字"组→"常规"选项，并在"常规"下拉列表设置即可。

课堂练习 4-1：打开"输入练习"文件，将 A4:A11 单元格中数据设置为货币并带货币符号。

③ 输入日期和时间。

Excel 内置了一些日期和时间的格式，当向单元格中输入的数据与这些格式相匹配时，Excel 将它们识别为日期型数据。

如果只用数字表示日期,可以使用分隔符(-)或斜杠(/)来分隔年、月、日。如 2013/12/05、1-Oct-13 等。

当输入时间时,可以用 AM/PM 或者 24 小时制的时间,使用 AM/PM 方式时,时间和 AM/PM 之间必须输入空格,如 9:50 AM。

在一个单元格中允许同时输入日期和时间,但必须在它们之间输入空格。

在默认情况下,日期和时间项在单元格中右对齐。

Excel 可以定义需要的日期和时间格式,这样,无论用哪一种格式输入这类数据,Excel 都会自动将其用指定的格式显示。

如果要输入当前系统的日期,按 Ctrl+;快捷键。如果要输入当前系统的时间,按 Ctrl+Shift+;快捷键。

课堂练习 4-2:打开"输入练习"文件,在 A2 单元格中输入当前系统日期,并显示为"****年**月**日"。

5. 快速输入数据的方法

(1) 自动填充。

在使用 Excel 输入数据之前应观察要输入数据的规律性,以确定是否可利用"自动填充"功能高效地完成数据的输入。

① 鼠标拖动填充等差数列。

● 数值型数据的填充。

选中第一个初值,直接拖动填充柄,数值不变,相当于复制。

选中第一个初值,在拖动填充柄的同时按 Ctrl 键,则填充的步长为±1,即向右、向下填充数值加 1,向左、向上填充数值减 1。

选中前两项作为初值,用鼠标拖动填充柄进行填充,则填充的步长等于前两项之差。

还可以通过"自动填充选项"来选择填充所选单元格的方式。例如,可选择"仅填充格式"或"不带格式填充"。

课堂练习 4-3:打开"输入练习"文件,在 B2:B11 单元格中填充 1~10。

● 文本型数据的填充。

不含数字串的文本串,无论填充时是否按 Ctrl 键,内容均保持不变,相当于复制。

含有数字串的文本串,直接拖动,文本串中最后一个数字串成等差数列变化,其他内容不变;按 Ctrl 键拖动,相当于复制。

● 日期型数据的填充。

直接拖动填充柄,按"日"生成等差数列;按 Ctrl 键拖动填充柄,相当于复制。

② 序列填充。

选择"开始"→"编辑"组→"填充"按钮→"系列"命令,打开"序列"对话框(见图 4-15),可以设置等比数列、等差数列(公差任意)、按年(月、工作日)变化的日期序列的填充。

"序列"对话框参数设置如下:

序列产生在:选择序列是按行还是按列填充。

类型:选择填充数列的类型,如果选择"日期",还要选择步长是按日、工作日、月还是按年变化,如果选择

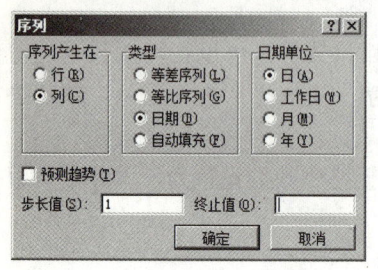

图 4-15 "序列"对话框

"自动填充",效果相当于用鼠标左键拖动填充。

预测趋势:只对等差数列和等比数列起作用,可以预测数列的填充趋势。

步长值:输入数列的步长。

终止值:输入数列中最后一项值。如果预先选中了填充区域,此项可以省略。

课堂练习 4-4:打开"输入练习"文件,在 C2:C6 单元格中填充 1~10 的奇数。

课堂练习 4-5:打开"输入练习"文件,在 D2:D8 单元格中按月填充至 2015 年 6 月 1 日。

(2)自定义序列。

凡是出现在"自定义序列"列表中的序列都可以利用自动填充来完成,从而实现数据的快速输入。

① 自定义序列:单击"文件"→"选项"菜单命令,在弹出的对话框中单击打开"高级"选项卡,单击"编辑自定义列表"按钮,输入序列(按 Enter 键分隔序列条目),单击"添加"按钮。单击"删除"按钮可删除所选自定义序列,但不能删除内置的自定义序列。

② 从单元格中导入自定义序列:单击"从单元格中导入序列"文本框,选择单元格区域,单击"导入"按钮。

课堂练习 4-6:打开"输入练习"文件,将 E2:E5 单元格设置为自定义序列,并在 E7:E10 中进行填充。

(3)在多个单元格中同时输入相同数据。

选择多个单元格或区域,在编辑栏中输入数据,按 Ctrl+Enter 快捷键即可完成输入。

课堂练习 4-7:打开"输入练习"文件,选择 B15:E21,将其中所有单元格同时输入"计算机基础 Excel"。

6. 选择性粘贴

"选择性粘贴"可以对单元格中的公式、数字、格式等进行选择性复制,还可以实现单元格区域的行列转置。

选定区域,复制(按 Ctrl+C 快捷键),选择粘贴区域,单击"粘贴"下拉列表中的"选择性粘贴"命令选项,在弹出的对话框中选择所需的粘贴方式即可。

7. 查找与替换

Excel 的查找与替换功能不仅可以针对内容,还可以针对格式。

Excel 的内容查找替换功能可以使用通配符,用问号(?)代替任意单个字符,用星号(*)代替任意字符串。

选择"开始"选项卡中"编辑"组"查找和选择"下的"查找"或者"替换"命令。

搜索时可以搜索单元格区域,某个工作表,多个工作表,直至整个工作簿。在默认范围是工作表的前提下,分为以下 3 种情况:

● 只选定一个单元格,在当前工作表内进行查找或替换。

● 选定单元格区域,则在该区域中进行查找或替换。

● 选定多个工作表,则在多个工作表内查找或替换。

若范围改为工作簿则不受以上限制,在整个工作簿中查找或替换。

课堂练习 4-8:打开"输入练习"文件,选择 F2:F10,将其中的性别"男"替换为 M。

8. 工作表背景

① 添加背景:单击"页面布局"选项卡"页面设置"组的"背景"按钮,选择图片后单击"插入"按钮。

② 删除背景：单击"页面布局"选项卡"页面设置"组的"删除背景"按钮。

9. 利用格式刷复制格式

① 格式的复制，即使得若干个单元格都使用相同的格式。

选定单元格或区域，单（双）击"开始"选项卡"剪贴板"组中的格式刷，用鼠标单击或拖过目标单元格或区域。

② 格式的删除。

选定单元格或区域，选择"开始"选项卡"编辑"组"清除"下拉列表的"清除格式"命令，此时将只会清除单元格格式而保留单元格的内容或批注。

10. 清除单元格

清除单元格是删除单元格中的内容（公式和数据）、格式（包括数字格式、条件格式和边框）以及任何附加的批注等。

选择要清除内容的单元格，单击"开始"选项卡"编辑"组"清除"下拉列表的"全部清除"命令，则单元格中的数据和格式被全部删除。

11. 设置页面

在打印工作表前，需进行页面设置，如纸张大小、打印方向、页眉和页脚等。基本页面设置项都在"页面布局"选项卡"页面设置"组中，如图 4-16 所示。

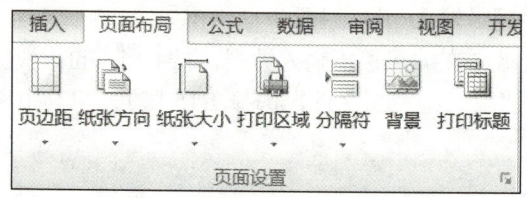

图 4-16 "页面设置"组

页面设置的各个选项卡如图 4-17～图 4-20 所示。

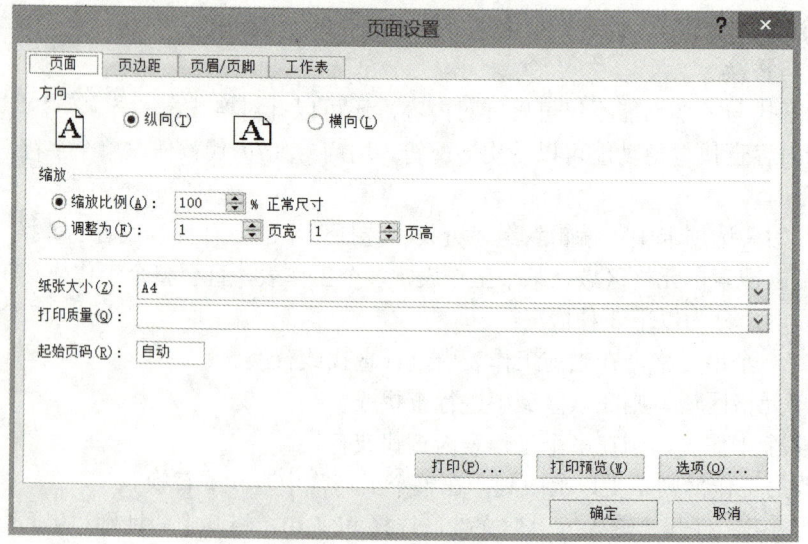

图 4-17 "页面"选项卡

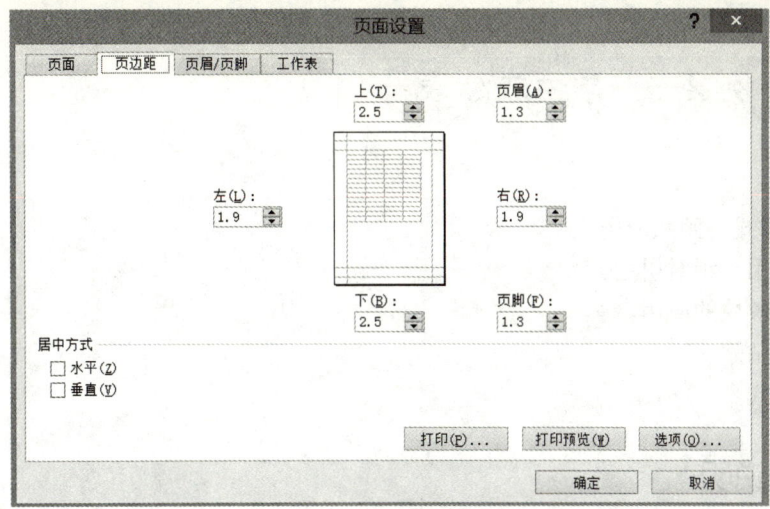

图 4-18 "页边距"选项卡

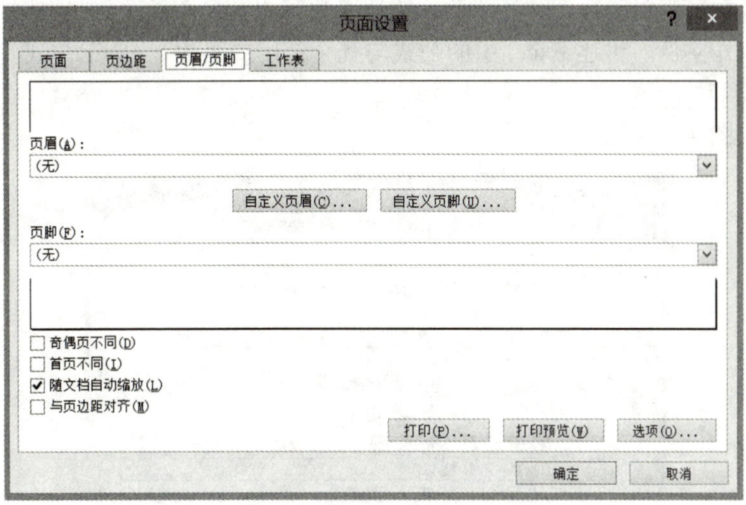

图 4-19 "页眉/页脚"选项卡

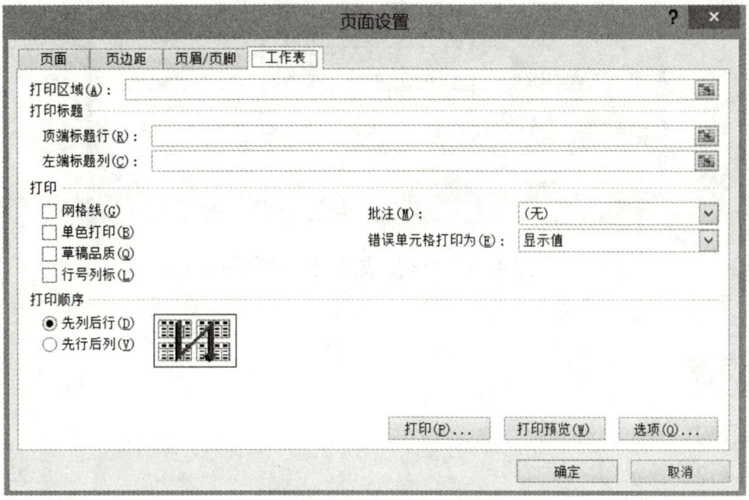

图 4-20 "工作表"选项卡

4.2 案例 2——学生成绩表

知识目标：
- Excel 公式与函数应用之一。
- 相对引用与绝对引用。
- 数据有效性的应用。
- 选择性粘贴。
- 条件格式。

4.2.1 案例说明

Excel 提供了大量的函数，涉及不同的工作领域，主要包括：日期与时间函数、数学与三角函数、文本函数、逻辑函数、财务函数、统计函数等 400 多个函数。在本例中，将通过一个学生成绩表的制作实例，讲述 Excel 中的公式与几个常用的函数（AVERAGE、SUM、MAX、MIN、IF 及 AND）。

实例效果如图 4-21 所示。

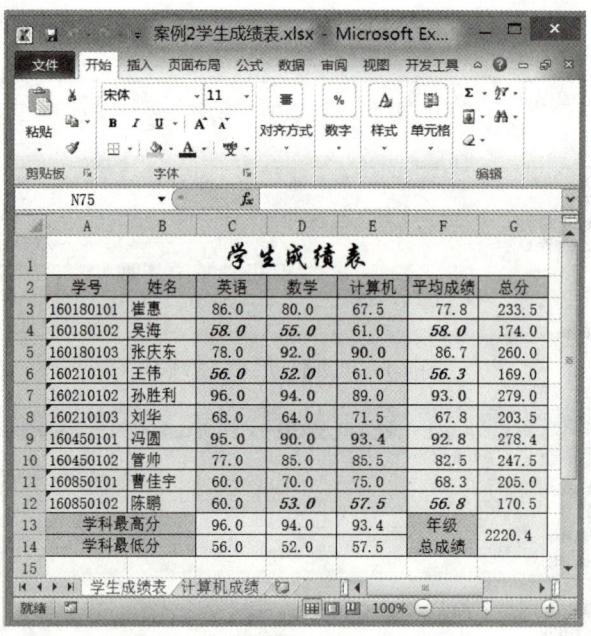

图 4-21 "学生成绩表"效果图

4.2.2 制作步骤

1. 建立表结构

表结构如图 4-22 所示。

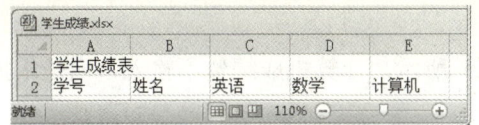

图 4-22 表结构

① 启动 Excel 2010，新建一个空白工作簿，将其保存为"学生成绩表.xlsx"。

② 用鼠标右击 Sheet1 工作表标签，在弹出的菜单中选择"重命名"命令，输入工作表名称"学生成绩表"。也可以直接双击 Sheet1 工作表标签对其进行重命名。

③ 在 A1 单元格中输入表格标题"学生成绩表"。

④ 在单元格区域 A2:E2 中输入学生成绩表的列标题，分别是"学号""姓名""英语""数学""计算机"。

2. 数据有效性设置

① 学号的有效性设置，如图 4-23 所示。

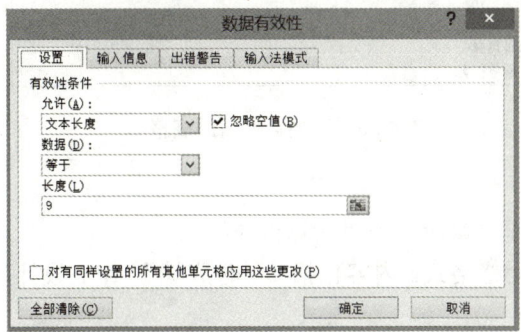 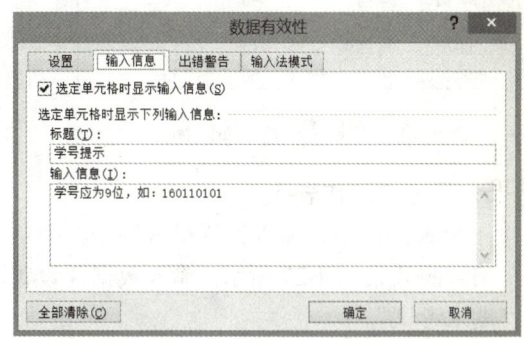

图 4-23 "学号"数据有效性设置

选中 A3:A12 区域，设置单元格格式数字分类为"文本"。

选中 A3:A12 区域，选择"数据"选项卡"数据工具"组的"数据有效性"按钮，打开"数据有效性"对话框。

在"允许"列表框中选择"文本长度"，在"数据"列表框中选择"等于"，在"长度"文本框中输入 9。

单击打开"输入信息"选项卡，可以设置数据输入时的提示信息。

② 各科成绩的有效性设置，如图 4-24 所示。

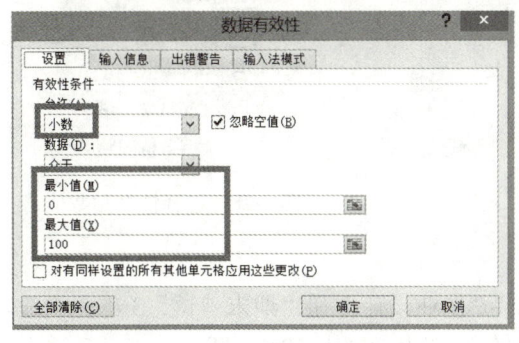 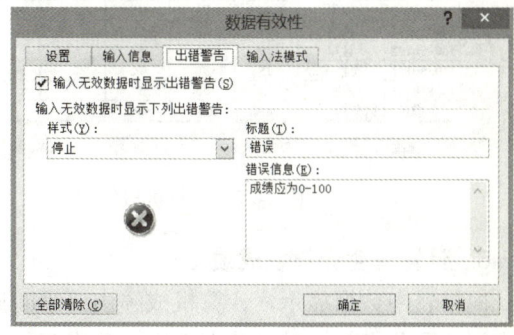

图 4-24 "各科成绩"数据有效性设置

选中 C3:E12 区域，打开"数据有效性"对话框。在"设置"选项卡中，设置限制数值型数据输入范围：小数，介于 0~100 之间。在"出错警告"选项卡中自定义出错警告。

3. 输入基础数据

输入基础数据如图 4-25 所示，计算机成绩暂不输入，而是根据计算机成绩表中数据选择性粘贴输入。

4. 添加数据

添加数据后的表格如图 4-26 所示。

	A	B	C	D	E	F	G
1	学生成绩表						
2	学号	姓名	英语	数学	计算机		
3	160180101	崔惠	86	80			
4	160180102	吴海	58	55			
5	160180103	张庆东	78	92			
6	160210101	王伟	56	52			
7	160210102	孙胜利	96	94			
8	160210103	刘华	68	64			
9	160450101	冯圆	95	90			
10	160450102	管帅	77	85			
11	160850101	曹佳宇	60	70			
12	160850102	陈鹏	60	53			

图 4-25　学生成绩表基础数据

	A	B	C	D	E	F	G
1	学生成绩表						
2	学号	姓名	英语	数学	计算机	平均成绩	总分
3	160180101	崔惠	86	80			
4	160180102	吴海	58	55			
5	160180103	张庆东	78	92			
6	160210101	王伟	56	52			
7	160210102	孙胜利	96	94			
8	160210103	刘华	68	64			
9	160450101	冯圆	95	90			
10	160450102	管帅	77	85			
11	160850101	曹佳宇	60	70			
12	160850102	陈鹏	60	53			
13	学科最高分						年级总成绩
14	学科最低分						

图 4-26　添加数据后的表格

5. 重命名工作表

在 Sheet2 表中，输入计算机成绩表，并将工作表重命名为"计算机成绩"。

请参照效果图 4-27 所示，输入数据并设置单元格格式。内容包括"平时成绩""作业设计"及"期末考试"。

其中，"学号"与"姓名"列的内容可从"学生成绩表"中复制并选择性粘贴，如图 4-28 所示。

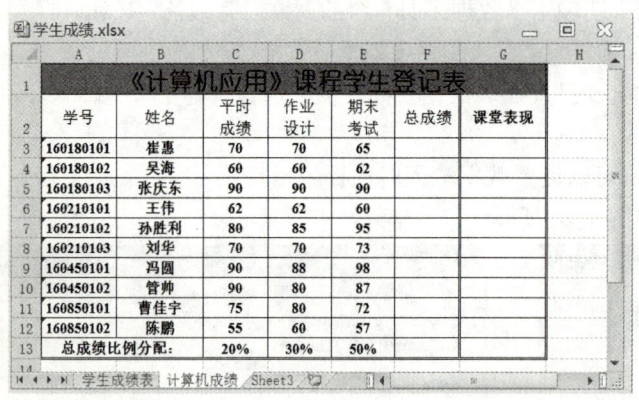

图 4-27　计算机成绩表

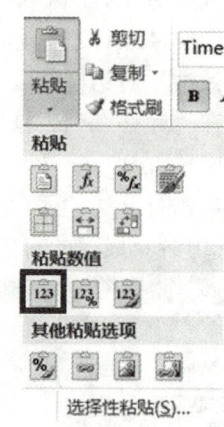

图 4-28　选择性粘贴数值

6. 计算学生计算机成绩

根据表中数据显示，计算机成绩由"平时成绩""作业设计"和"期末考试"3 部分组成，其比例分配分别是平时成绩占 20%，作业设计占 30%，期末考试占 50%。即

计算机成绩=平时成绩*20%+作业设计*30%+期末考试*50%。

注意，比例分配需要使用绝对地址引用（列标及行号加$），这样在自动填充时比例分配值才不会改变。

① 选中单元格 F3，输入公式"=C3*$C$13+D3*$D$13+E3*$E$13"，单击 ✓ 按钮或按 Enter 键确认。

② 向下拖动 F3 单元格的填充柄复制公式，完成所有"总成绩"列单元格的填充。

③ 设置成绩小数位数，选择"开始"选项卡"数字"组的"增加小数位数"按钮，将计算机成绩保留一位小数，如图 4-29 所示。

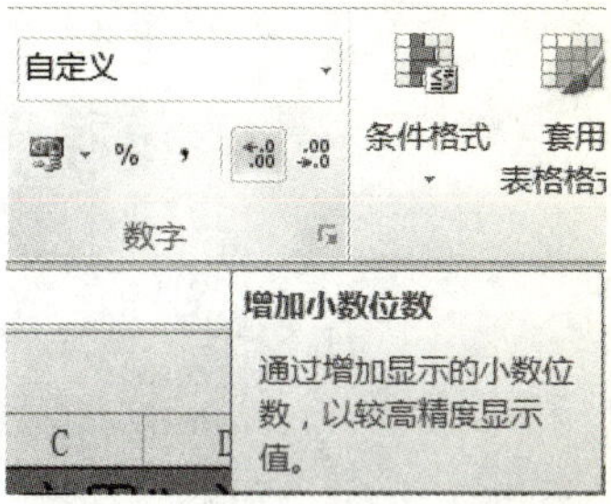

图 4-29 计算机成绩小数保留位数

注意：

- 公式以"="开始，建议使用鼠标选取单元格或区域进行引用的方式输入公式。即输入公式时，若用鼠标单击某个单元格，则该单元格的地址将直接出现在公式中，而不必手动输入单元格地址。
- 按 F4 键可以为选中的单元格地址快速添加"$"符号，以表示绝对地址引用。

7. 利用 IF 及 AND 函数完成计算机成绩表的"课堂表现"填充

"计算机成绩"表中如果平时成绩与作业设计都为 75 分及以上则"课堂表现"为"表现良好"，否则为空（一个空格）。即 G3 单元格=IF(AND(C3>=75,D3>=75),"表现良好"," ")。

函数说明：

- IF(条件,值 1,值 2) 条件为"真"时取值 1，否则取值 2。
    ◇ IF 函数可以对数值和公式进行条件检测，可以嵌套 64 层。
- AND(逻辑值 1，逻辑值 2，...) 当所有的条件都满足时返回"真"，只要有条件不满足时就返回"假"。
    ◇ AND 函数可以用来对多个条件进行判断，判断是否同时满足，最多可以有 30 个条件。

① 选择单元格 G3，输入"=if"，如图 4-30 所示，在提示函数中双击 IF 后，单击编辑栏左侧"插入函数"按钮 fx，进入 IF 函数编辑状态，如图 4-31 所示。

② 在名称框中选择 AND 函数，若名称框中没有 AND 函数，可在下拉箭头 ▼ 中选择"其他函数"选项，在"搜索函数"文本框中输入 and，单击"转到"按钮，在"选择函数"中选择 AND，如图 4-32 所示。

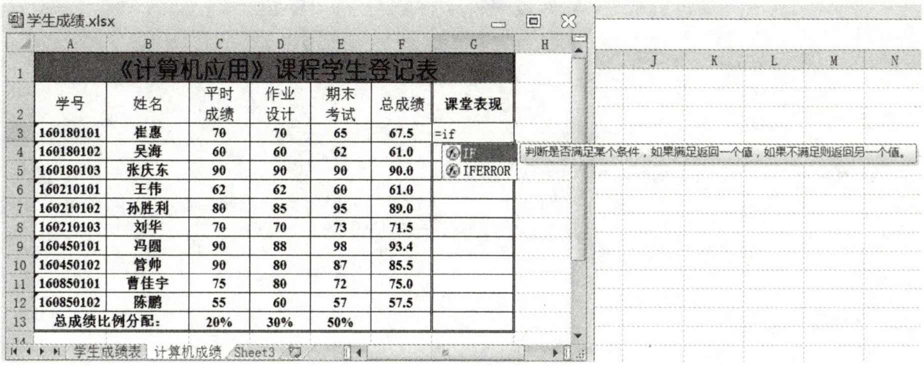

图 4-30 插入 IF 函数

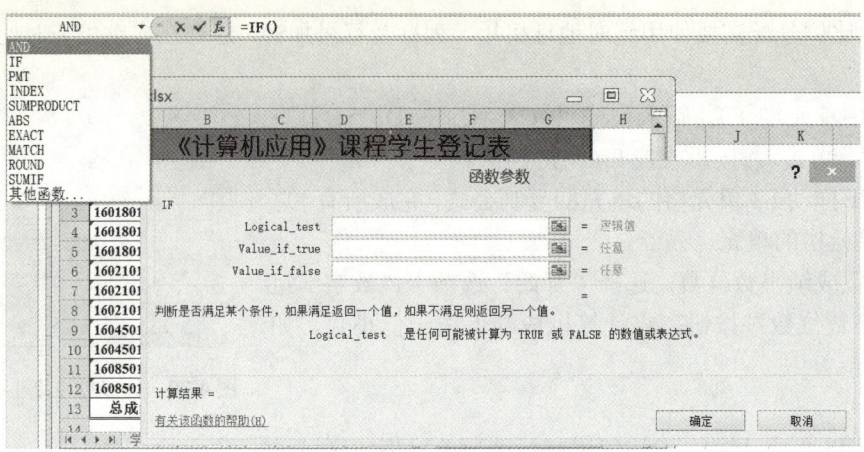

图 4-31　IF 函数编辑状态

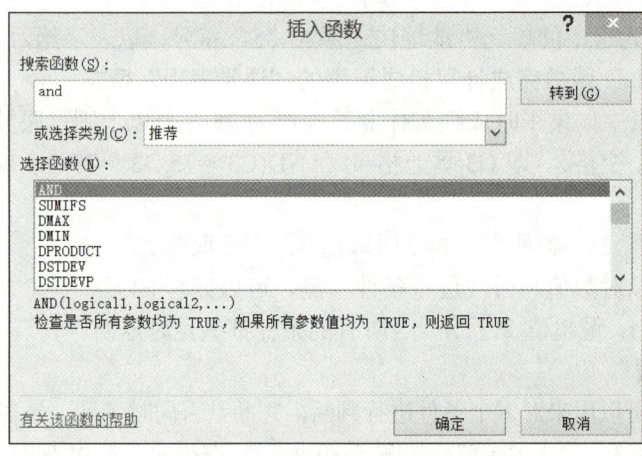

图 4-32　搜索 AND 函数

③ 进入 AND 函数编辑状态,在 logical1 和 logical2 中分别输入 "C3>=75" 和 "D3>=75",如图 4-33 所示。注意,C3 和 D3 可用鼠标选择。

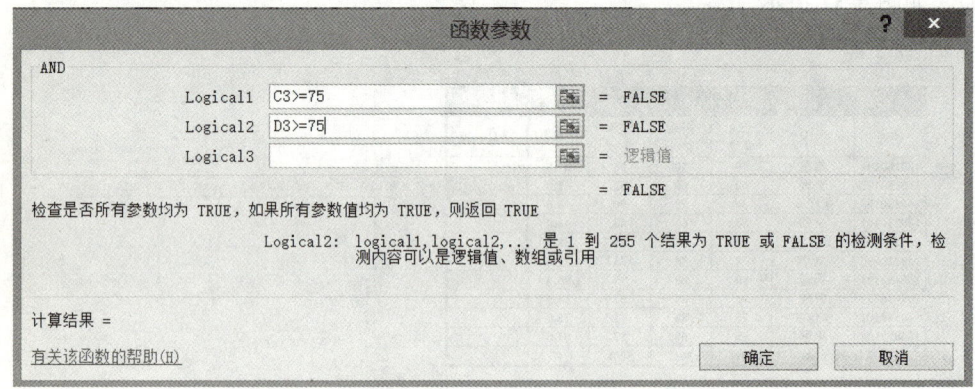

图 4-33　AND 函数参数对话框

④ 单击编辑栏 IF,返回 IF 函数编辑状态,第 2 个参数填写 "表现良好",第 3 个参数输

入一个空格,单击"确定"按钮完成输入,如图 4-34 所示。

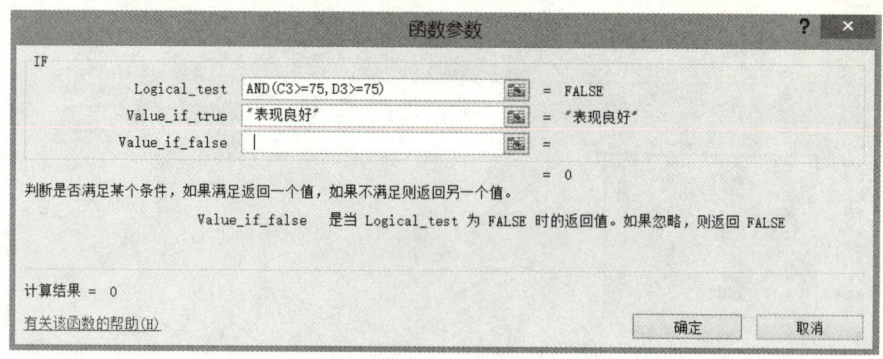

图 4-34　IF 函数参数对话框

⑤ 使用填充柄完成 G4:G12 区域的自动填充。

8. 利用选择性粘贴将计算机成绩复制到学生成绩表的"计算机"中

选择并复制计算机成绩表中 F3:F12 区域,在学生成绩表 E3 单元格中右击,在粘贴选项中选择值。

9. 设置成绩小数位数

选定各科成绩及平均成绩,即 C3:F12 区域,右击,在弹出的菜单中选择"设置单元格格式"命令,单击打开"数字"选项卡,在"分类"列表中选择"数值"选项,"小数位数"设为 1,其他选项默认,如图 4-35 所示。

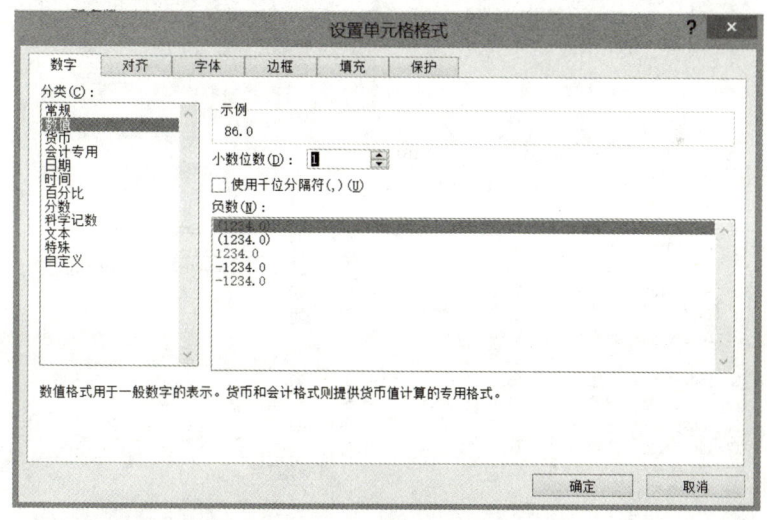

图 4-35　成绩小数保留位数

10. 计算成绩

使用"自动求和"按钮计算平均成绩、总分、学科最高分、学科最低分及年级总成绩。

① AVERAGE 函数计算平均成绩:选中区域 C3:F12,单击"开始"选项卡"编辑"组(或者"公式"选项卡"函数库"组)的"自动求和"按钮,在下拉列表中单击"平均值"选项,如图 4-36 所示。

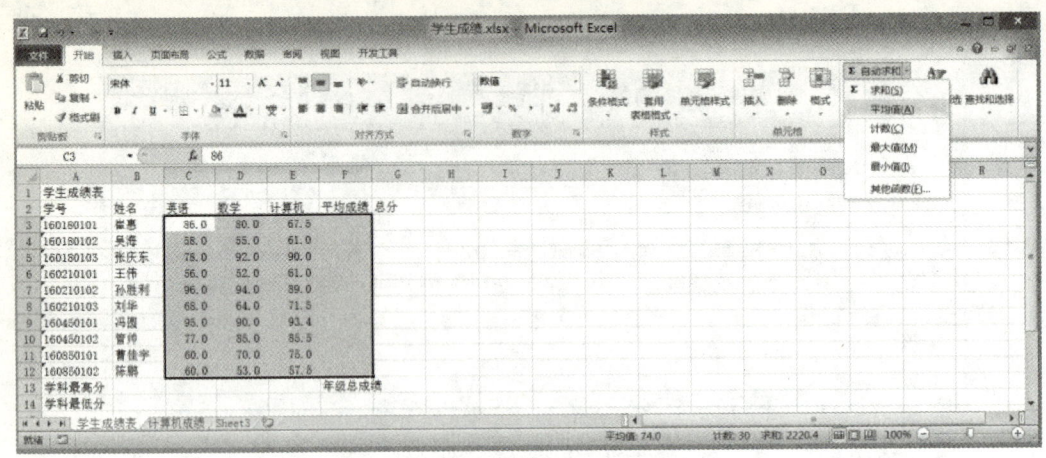

图 4-36 "自动求和"按钮

这里，应用了函数 AVERAGE（区域），其功能是返回指定区域的算术平均值。例如，F3 单元格中的公式为：=AVERAGE(C3:E3)。

② SUM 函数计算总分：选中单元格 G3，单击"开始"选项卡"编辑"组的"自动求和"按钮，在其下拉列表中单击"求和"命令，弹出对话框，在"SUM 函数参数"中选择求和区域 C3:E3，如图 4-37 所示，单击 Enter 键确认输入，使用填充柄完成 G4:G12 区域的自动填充。

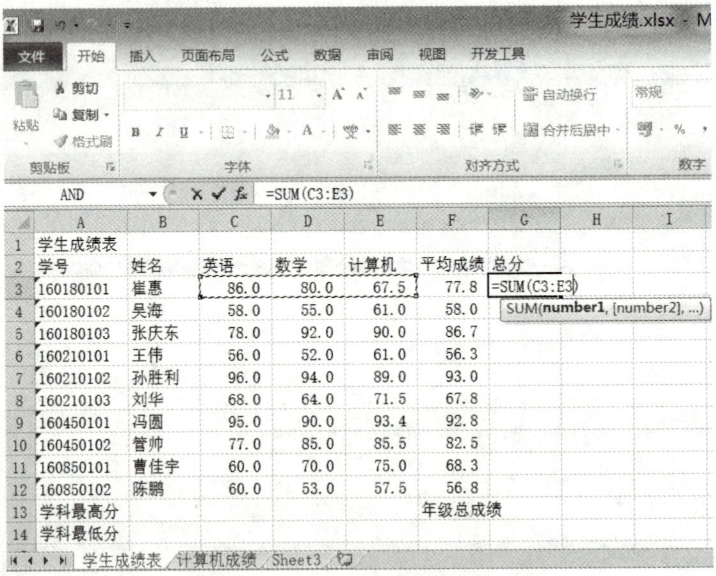

图 4-37 "SUM 函数参数"的选择

总分计算完毕后，选中区域 G3:G13，单击"开始"选项卡"编辑"组的"自动求和"按钮，按 Enter 键后即可完成"年级总成绩"的计算。

③ MAX 函数计算学科最高分：选中区域 C3:E13，单击"开始"选项卡"编辑"组中的"自动求和"按钮，在其下拉列表中选择"最大值"选项。

④ MIN 函数计算学科最高分：选中单元格 C14，单击"开始"选项卡"编辑"组中的"自

动求和"按钮,在其下拉列表中选择"最小值"选项,在"MIN 函数参数"中选择计算区域 C3:C12,按 Enter 键确认输入,使用填充柄完成 D14:E14 区域的自动填充。

注意:
- 如果对使用的函数非常熟悉,也可以按照函数的语法规则直接在编辑栏中输入。例如,可以直接在 G3 单元格中输入公式=SUM(C3:E3)。
- 参数必须放在括号内。有些函数没有参数,但是必须有括号。如果函数有多个参数,则参数之间用逗号间隔。对于没有明确规定参数个数的函数(如 SUM、AVERAGE 等),最多可以用 255 个参数。

至此,完成了"学生成绩表"及"计算机成绩表"的全部计算,如图 4-38 所示。

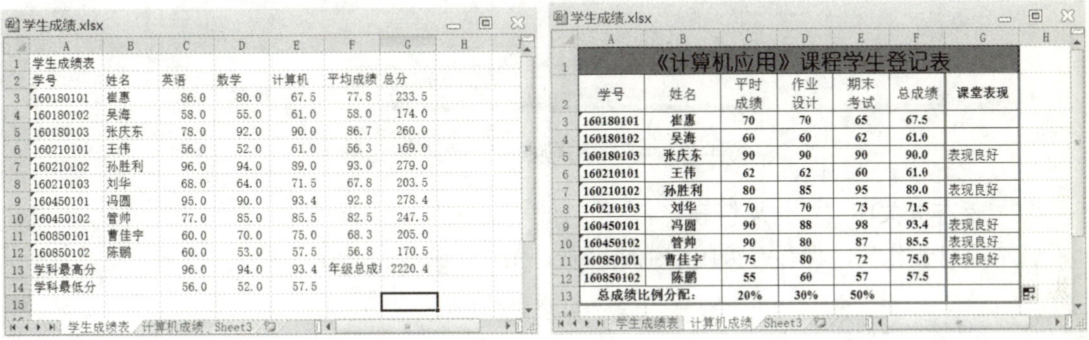

图 4-38　全部计算结果

11. 美化"学生成绩表"

① 设置表格标题。选中 A1:G1 区域,合并居中,设置其行高为 30,字体为华文行楷,字号 20。

② 参照效果图 4-21 所示,设置单元格的边框、底纹、对齐、小数位数,其中学科最高分(A13:B13)、学科最低分(A14:B14)、年级总成绩(F13:F14,G13:G14)区域合并后居中,且年级总成绩单元格合并后自动换行。

③ 为英语、数学、计算机和平均成绩设置条件格式:60 分以下数据为蓝色、加粗倾斜显示;90 分及以上数据为红色、加粗显示。如图 4-39 所示。

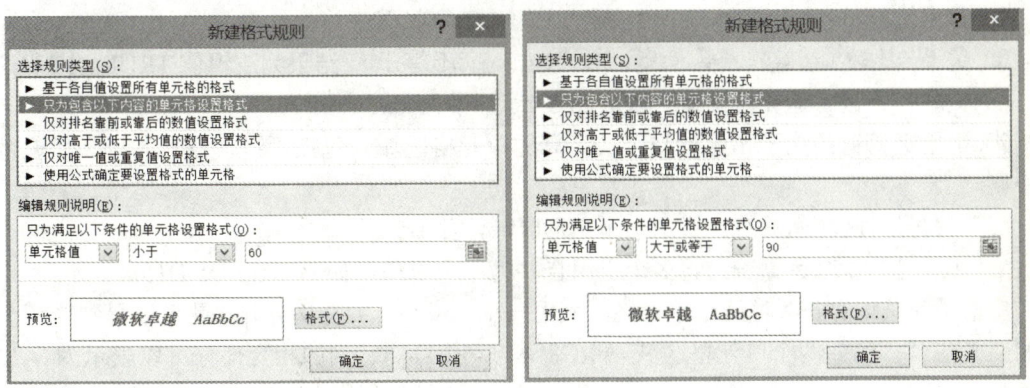

图 4-39　设置条件格式

添加条件格式:选中成绩区域(C3:F12),选择"开始"选项卡→"样式"组→"条件格式"→"新建规则"命令。

管理规则：选择"开始"选项卡→"样式"组→"条件格式"→"管理规则"命令，打开"条件格式规则管理器"对话框，如图 4-40 所示。

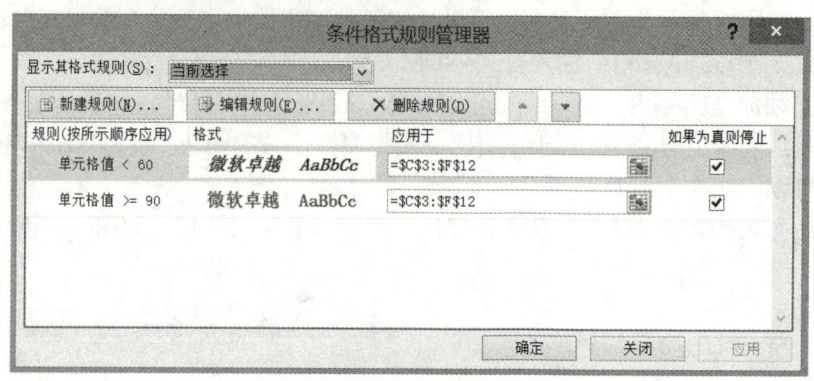

图 4-40 "条件格式规则管理器"对话框

12. 保存并关闭"学生成绩表"

完成所有工作后，保存并关闭学生成绩表。

4.2.3 相关知识点

1. 什么是公式

公式是对单元格中数值进行计算的等式，它以等号（=）开头，其后为常数、单元格引用、函数和运算符等。当原始数据发生变化时，Excel 会自动根据公式更新结果。

输入公式时，既可以直接输入单元格引用地址，也可以用鼠标选取单元格或区域进行引用。

在默认情况下，Excel 不在单元格中显示公式，而是直接显示公式的计算结果。如果希望检查单元格中的公式，可以选择公式所在的单元格，并通过编辑栏来查看公式。

2. 运算符

运算符是公式组成的元素之一，用于指明对公式中的元素进行计算的类型。在 Excel 中包含 4 种类型的运算符：算术运算符、关系（比较）运算符、文本（连接）运算符和引用运算符。

① 算术运算符：+、-、*、/、^（乘方）、%（百分号）。

② 关系（比较）运算符：=、<、>、>=、<=、<>（不等于）。结果为逻辑值 TRUE 或 FALSE。

③ 文本（连接）运算符：&，例如 ab & hg 结果为 abhg。

④ 引用运算符：用于指定参与公式计算的单元格区域，包括"："（冒号）、"，"（逗号）和空格。

"："（冒号）区域运算符：引用一个矩形区域，如 B5:B15。

"，"（逗号）联合运算符：将多个引用合并为一个引用，如 B5:B15,D5:D15。

空格是交叉运算符：将两个单元格区域用一个（或多个）空格分开，就可以得到这两个区域的交叉部分。例如两个单元格区域 A1:C8 和 C6:E11，它们的相交部分可以表示为 A1:C8 C6:E11。

3. 相对引用

直接用列标和行号表示单元格。

Excel 通常使用相对引用,当公式移动或复制时,公式中的引用将被更新,并指向与当前公式位置相对应的其他单元格,即公式中的行号或列号发生相对改变。

如:H3=E3+F3+G3,将 H3 单元格公式复制到 H4 单元格时,公式自动更新为 H4=E4+F4+G4。

4. 绝对引用

在表示单元格的列标和行号前加符号$。

当公式移动或复制到新位置时,公式中的单元格地址保持不变。如:H3=$E$3+$F$3+$G$3,将 H3 单元格公式复制到 H4 单元格时,公式仍为 H4=$E$3+$F$3+$G$3。

5. 混合引用

在表示单元格的列标或行号前加符号$。

如果在公式复制中有的地方需要绝对引用,而有的地方需要相对引用,那么可以使用混合引用。复制时不希望行(列)号发生改变,就在被复制公式的行(列)号前加一个美元符号$。

按 F4 键可以使单元格地址在相对引用、绝对引用、混合引用间反复切换。

课堂练习 4-9:打开"公式练习"文件,用公式计算"销售量"工作表"同比增长"列的内容(同比增长=(2016 年销售量−2015 年销售量)/2015 年销售量,百分比型,保留小数点后两位)。

课堂练习 4-10:打开"公式练习"文件,打开"销售量"工作表,用公式计算在 B15 及 C15 分别计算"年度总额"。

课堂练习 4-11:打开"公式练习"文件,打开"销售量"工作表,用公式计算"2016 年每月销售量比例"列的内容(2016 年每月销售量比例=每月销售量/年度总额,百分比型,保留小数点后两位),注意,年度总额需要绝对引用。

6. 使用函数

函数是按照特定语法进行计算的一种表达式。函数的一般形式为函数名([参数 1], [参数 2], ...),其中,函数名是系统保留的名称,参数可以是数字、文本、逻辑值、数组、单元格引用、公式或其他函数。函数有多个参数时,它们之间用逗号隔开,当函数没有参数时,其圆括号也不能省略。

① 手动输入函数。

如果用户对函数名及其参数比较熟悉,可以直接输入函数。先选定要输入函数的单元格,输入等号(=),然后输入函数名的第一个字母,Excel 会自动列出以该字母开头的函数名,多次按↓键定位到需要函数,并按 Tab 键进行选择,在单元格内函数名右侧自动输入一个"(",选定参数并输入右括号,然后按 Enter 键。

② 使用函数向导输入函数。

当记不住函数的名称或参数时,可以使用粘贴函数的方法,即启动函数向导,引导建立函数运算公式。

- 单击"编辑栏"左侧的"插入函数" *fx* 按钮。
- 单击"公式"选项卡"函数库"组中的"插入函数"按钮。
- 按 Shift+F3 快捷键。

③ 使用自动求和。

选定要参与求和的数值所在的单元格区域,然后切换到"开始"选项卡,在"编辑"组中单击"求和"按钮或选择下拉列表中的函数应用。

7. 常用函数

本案例相关的常用函数说明如表 4-1 所示。

表 4-1　Excel 中常用函数之一

分　类	名　称	说　明
数学和三角函数	ABS	ABS(Number)。用于计算某一数值的绝对值。Number 表示要计算绝对值的数值
	ROUND	ROUND(Number,Num_digits)。返回某个数字按指定位数取整后的数字。Number 需要进行四舍五入的数字；Num_digits 指定的位数，按此位数进行四舍五入。如果 Num_digits 大于 0，则四舍五入到指定的小数位；如果 Num_digits 等于 0，则四舍五入到最接近的整数；如果 Num_digits 小于 0，则在小数点左侧进行四舍五入
	SUM	SUM(Number1,Number2,...)。计算所有参数的和。Number1,Number2,...是要求和的 1～30 个参数
统计函数	AVERAGE	AVERAGE(Number1,Number2,...)。计算所有参数的算术平均值。Number1,Number2,...是要计算平均值的 1～30 个参数
	MAX	MAX(Number1,Number2,...)。返回数据集中的最大数值。Number1,Number2,...是需要找出最大数值的 1～30 个数值
	MIN	MIN(Number1,Number2,...)。返回数据集中的最小数值。Number1,Number2,...是需要找出最大数值的 1～30 个数值
逻辑函数	IF	IF(Logical_test,Value_if_true,Value_if_false)。判断是否满足某个条件，如果满足返回一个值，如果不满足则返回另一个值。Logical_test 选项填写条件；Value_if_true 选项填写条件为真返回的值；Value_if_false 选项填写条件为假返回的值。可以省略 Value_if_true 或 Value_if_false，但不能同时省略。函数 IF 可以嵌套七层
	AND	AND(Logical1,Logical2, ...)。用来检验一组数据是否都满足条件。Logical1,Logical2,...表示待检测的 1～30 个条件值，各条件值可能为 TRUE，也可能为 FALSE。参数必须是逻辑值，或者包含逻辑值的数组或引用。所有参数的逻辑值为真时返回 TRUE，只要一个参数的逻辑值为假即返回 FALSE

课堂练习 4-12：打开"公式练习"文件，打开"销售量"工作表，填写"备注"信息，如果"同比增长"列内容高于或等于 20%，则在"备注"列给出"较快"，否则内容为一个空格（利用 IF 函数）。

课堂练习 4-13：打开"公式练习"文件，打开"销售量"工作表，填写"增长情况"。使用 ABS 函数配合 IF 函数可以判断两年销售量的增长或减少情况，2015 年小于 2016 年销售量，则"增长情况"信息为"'增长'+两年差额+'个'"，否则"'减少'+两年差额+'个'"。

"=IF(B2<C2,"增长","减少")&ABS(B2-C2)&"个""，即先用 IF 函数判断是增长还是减少，再用 ABS 函数求出两年销售额差值的绝对值，然后加上单位"个"。

课堂练习 4-14：打开"公式练习"文件，打开"销售量"工作表，利用函数填写"年度平均额"，不保留小数位（ROUND 函数）。

4.3　案例 3——学生成绩统计表

知识目标：

- 工作表的选择。

- 选择性粘贴。
- 行、列的插入与删除。
- Excel 公式与函数应用之二。

4.3.1 案例说明

在本例中,将进一步对学生成绩表进行计算,生成学生成绩统计表,进行成绩分析。讲述 Excel 中的几个查找类及统计类函数(VLOOKUP、MID、RANK、COUNTIF、SUMIF 及 IF 函数多层嵌套)。

实例结果如图 4-41 所示。

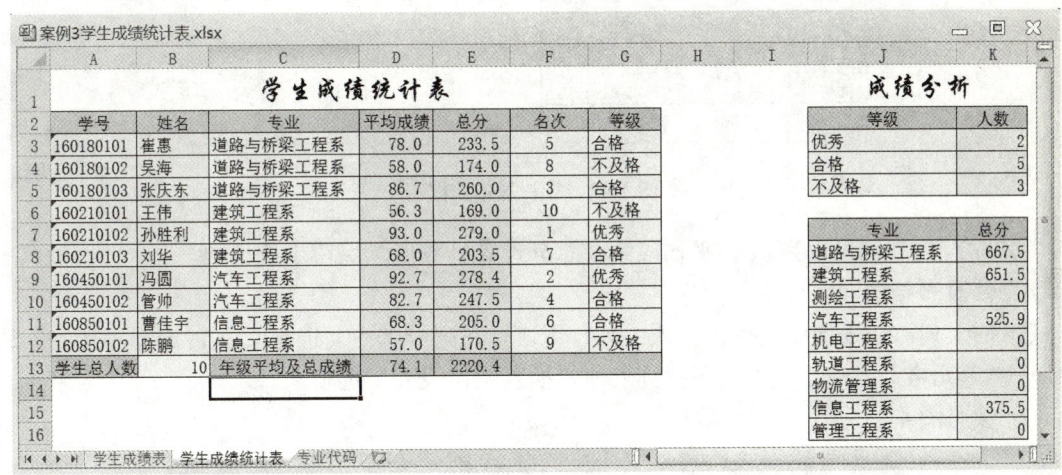

图 4-41 学生成绩统计表

4.3.2 制作步骤

1. **复制学生成绩表**

① 启动 Excel 2010,新建一个空白工作簿,将其保存为"学生成绩统计表.xlsx"。

② 打开"学生成绩表.xlsx",单击列标 A 左侧(行号 1 上方)的全选按钮,选择整个学生成绩表并复制。

③ 在新建立的"学生成绩统计表.xlsx"的工作表 Sheet1 中选择单元格 A1,粘贴复制的学生成绩表。

④ 关闭"学生成绩表.xlsx"文件。

2. **工作表重命名**

① 将新建立的"学生成绩统计表.xlsx"工作表 Sheet1 重命名为"学生成绩表"。

② 工作表 Sheet2 重命名为"学生成绩统计表"。

③ 工作表 Sheet3 重命名为"专业代码"。

3. **在"学生成绩统计表"中填写基本数据**

① 选择工作表"学生成绩统计表",在单元格 A1 中输入表格标题"学生成绩统计表"。

② 选择工作表"学生成绩表",复制学号、姓名、平均成绩及总分列,即选择区域 A2:B12,

在按住 Ctrl 键的同时选择区域 F2:G12，右击鼠标，在弹出菜单中选择“复制”选项。

③ 在“学生成绩统计表”A2 单元格中右击鼠标，粘贴选项选择“值”123。粘贴结果如图 4-42 所示。

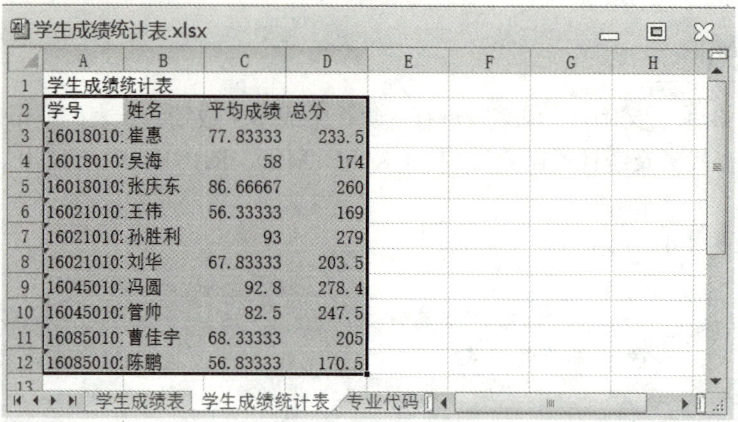

学生成绩统计表.xlsx

	A	B	C	D
1	学生成绩统计表			
2	学号	姓名	平均成绩	总分
3	16018010:	崔惠	77.83333	233.5
4	16018010:	吴海	58	174
5	16018010:	张庆东	86.66667	260
6	16021010:	王伟	56.33333	169
7	16021010:	孙胜利	93	279
8	16021010:	刘华	67.83333	203.5
9	16045010:	冯圆	92.8	278.4
10	16045010:	管帅	82.5	247.5
11	16085010:	曹佳宇	68.33333	205
12	16085010:	陈鹏	56.83333	170.5

学生成绩表 学生成绩统计表 专业代码

图 4-42　复制基本数据

④ 将 A:D 列宽设置为 10，平均成绩及总分设置为数值，保留 1 位小数。

4. 修改表结构

① 插入列：在平均成绩列前插入 1 列，用鼠标在列号上拖动选定 C 列，选择“开始”选项卡→“单元格”组→“插入”下拉列表→“插入工作表列”选项卡。

② 参照图 4-43 所示，输入数据。

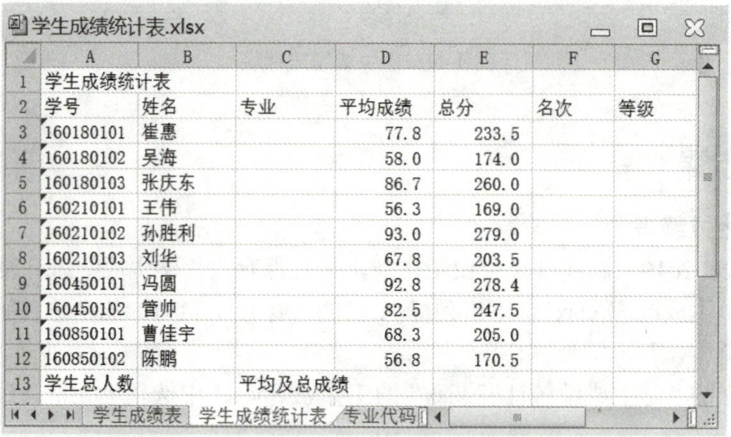

学生成绩统计表.xlsx

	A	B	C	D	E	F	G
1	学生成绩统计表						
2	学号	姓名	专业	平均成绩	总分	名次	等级
3	160180101	崔惠		77.8	233.5		
4	160180102	吴海		58.0	174.0		
5	160180103	张庆东		86.7	260.0		
6	160210101	王伟		56.3	169.0		
7	160210102	孙胜利		93.0	279.0		
8	160210103	刘华		67.8	203.5		
9	160450101	冯圆		92.8	278.4		
10	160450102	管帅		82.5	247.5		
11	160850101	曹佳宇		68.3	205.0		
12	160850102	陈鹏		56.8	170.5		
13	学生总人数		平均及总成绩				

学生成绩表 学生成绩统计表 专业代码

图 4-43　修改后的表结构

5. 填写工作表“专业代码”

其效果如图 4-44 所示。输入专业代码时，先设置代码区域（单元格区域 A2:A10）为文本格式，再输入代码，保证代码左上角有绿色标识。

6. 设置专业代码对应的专业名称

使用 MID 函数截取学号中的专业代码，使用 VLOOKUP 函数在专业代码表中查找专业名称。

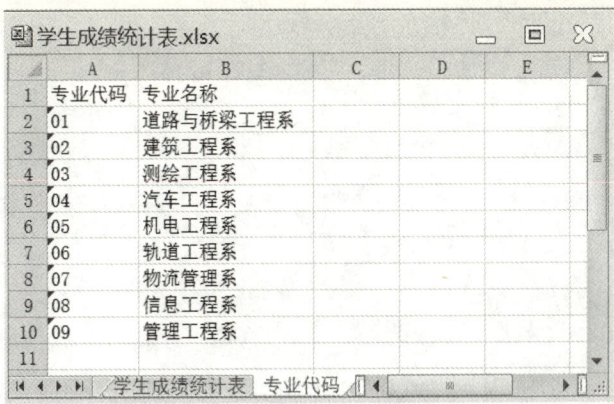

图 4-44 专业代码表

函数说明:

VLOOKUP(查找的值,查找区域,返回值的列号,查找方式):在指定查找区域内的首列查找指定值,若找到则返回同行的指定列的单元格的值。

MID(文本,起始位置,字符个数):从文本字符串的指定起始位置开始返回指定字符个数的字符。

① 选择"学生成绩统计表",选中单元格 C3,选择"公式"选项卡→"函数库"组→"插入函数"选项,选择查找与引用类函数 VLOOKUP,如图 4-45 所示。

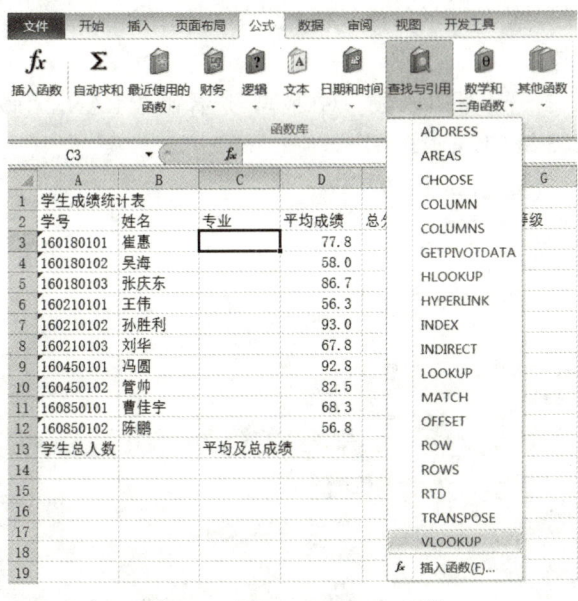

图 4-45 插入 VLOOKUP 函数

② 设置函数参数如图 4-46 所示,即=VLOOKUP(MID(A3,3,2),专业代码!$A$2:$B$10,2)。

函数作用:按专业代码查询专业名称,即在"专业代码"表的 A2:B10 区域的首列(专业代码列)中,查找 A3 学号的 3、4 两位,若找到则返回同行第 2 列单元格的值(专业名称)。

③ 使用填充柄完成 C4:C12 区域的自动填充。

④ 将 C 列列宽设置为 18。

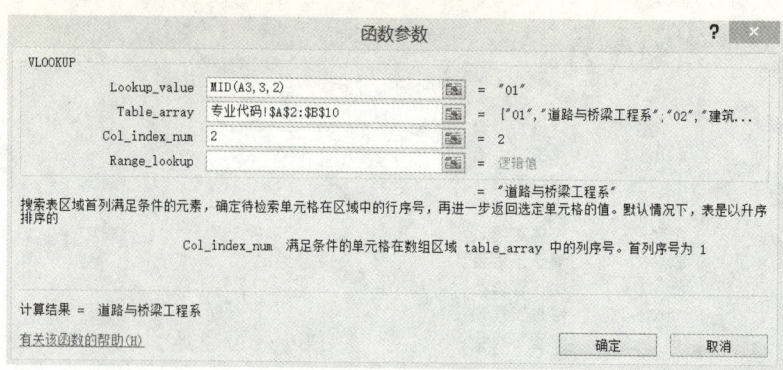

图 4-46　VLOOKUP "函数参数"对话框

7. 使用函数 RANK 统计名次

函数说明：

RANK（数值,范围,顺序）用于返回某数字在一列数字中相对于其他数值的排位。RANK 函数为旧版，可在"其他函数"下"兼容性"列表中找到，如图 4-47 所示，RANK.EQ 函数是 Excel 2010 新增函数，二者完全相同。

- "数值"：是要查找排名的数字（如某个学生的总分）。
- "范围"：指定参与排名的数值范围（如全部学生的总分），非数值将被忽略。
- "顺序"：用来指定排名的方式，为 0 或省略，表示降序排列，若不是 0，则表示升序排列。

当有同值的情况时，会给相同的等级。例如，第 2 名有两人，其等级均为 2，且下一位就变成第 4 名，而无第 3 名。

① 选中单元格 F3，打开"插入函数"对话框，选择函数 RANK，设置函数参数如图 4-48 所示，即=RANK(E3,$E$3:$E$12)。

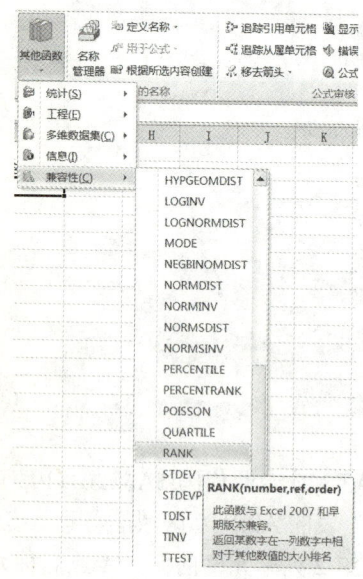

图 4-47　插入 RANK 函数

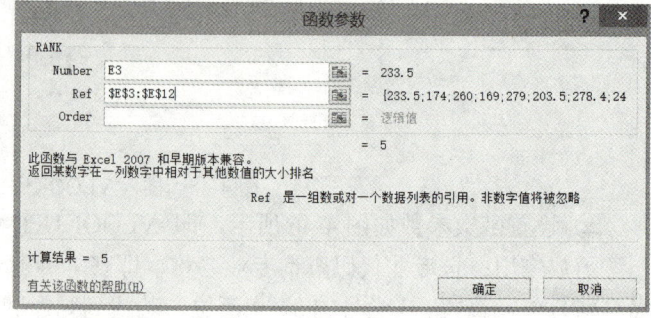

图 4-48　RANK "函数参数"对话框

② 使用填充柄完成 F4:F12 区域的自动填充。

8. 使用 IF 函数判断等级

函数说明：

IF（条件,值 1,值 2）条件为真取值 1，否则取值 2。

IF 函数可以对数值和公式进行条件检测，可以嵌套 64 层。本例中 IF 函数判定条件：平均成绩>=90 为优秀，平均成绩在 60~90 之间为合格，平均成绩<60 为不及格。

① 选中单元格 G3，打开"插入函数"对话框，选择逻辑类函数 IF，设置函数参数如图 4-49 所示，即=IF(D3>=90,"优秀",IF(D3<60,"不及格","合格"))。

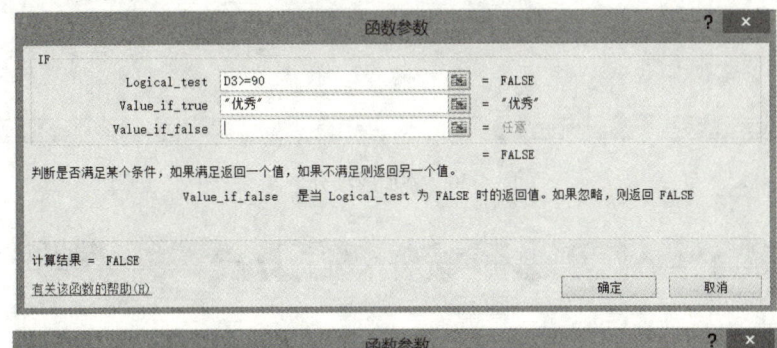

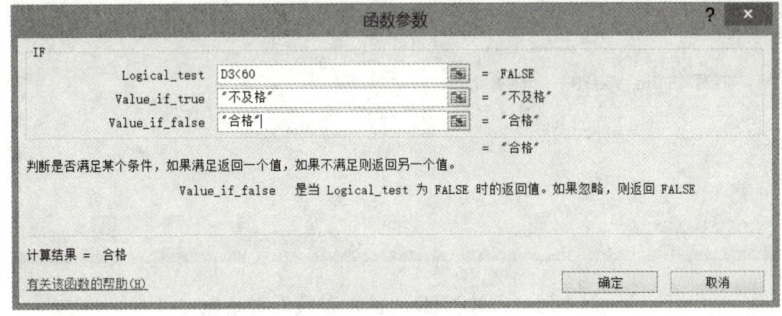

图 4-49 IF"函数参数"对话框

② 使用填充柄完成 G4:G12 区域的自动填充。

注意：设置第 1 个 IF 函数的第 3 个参数时，要先单击第 3 个文本框，再插入第 2 个 IF 函数，这样才能实现 IF 函数的嵌套。

9. 统计学生人数与计算年级平均及总成绩

① 使用 COUNTA 函数：B13 单元格=COUNTA(B3:B12)。

② 使用 AVERAGE 函数：D13 单元格=AVERAGE(D3:D12)。

③ 使用 SUM 函数：E13 单元格=SUM(E3:E12)。

10. 设置"成绩分析"基本结构

在单元格 J1 中输入"成绩分析"，其他数据依据图 4-50 填写，专业可从"专业代码"表复制。

11. 使用 COUNTIF 函数统计各种等级的人数

函数说明：

COUNTIF（区域,条件）　计算区域中满足给定条件的单元格的个数。

① K3 单元格=COUNTIF($G$3:$G$12,J3)，如图 4-51 所示。

② 拖动填充柄完成 K4:K5 单元格的自动填充。

	A	B	C	D	E	F	G	H	I	J	K	L
1	学生成绩统计表									成绩分析		
2	学号	姓名	专业	平均成绩	总分	名次	等级			等级	人数	
3	160180101	崔惠	道路与桥梁工程系	77.8	233.5	5	合格			优秀		
4	160180102	吴海	道路与桥梁工程系	58.0	174.0	8	不及格			合格		
5	160180103	张庆东	道路与桥梁工程系	86.7	260.0	3	合格			不及格		
6	160210101	王伟	建筑工程系	56.3	169.0	10	不及格					
7	160210102	孙胜利	建筑工程系	93.0	279.0	1	优秀			专业	总分	
8	160210103	刘华	建筑工程系	67.8	203.5	7	合格			道路与桥梁工程系		
9	160450101	冯圆	汽车工程系	92.8	278.4	2	优秀			建筑工程系		
10	160450102	管帅	汽车工程系	82.5	247.5	4	合格			测绘工程系		
11	160850101	曹佳宇	信息工程系	68.3	205.0	6	合格			汽车工程系		
12	160850102	陈鹏	信息工程系	56.8	170.5	9	不及格			机电工程系		
13	学生总人数	10	年级平均及总成绩	74.0	2220.4					轨道工程系		
14										物流管理系		
15										信息工程系		
16										管理工程系		

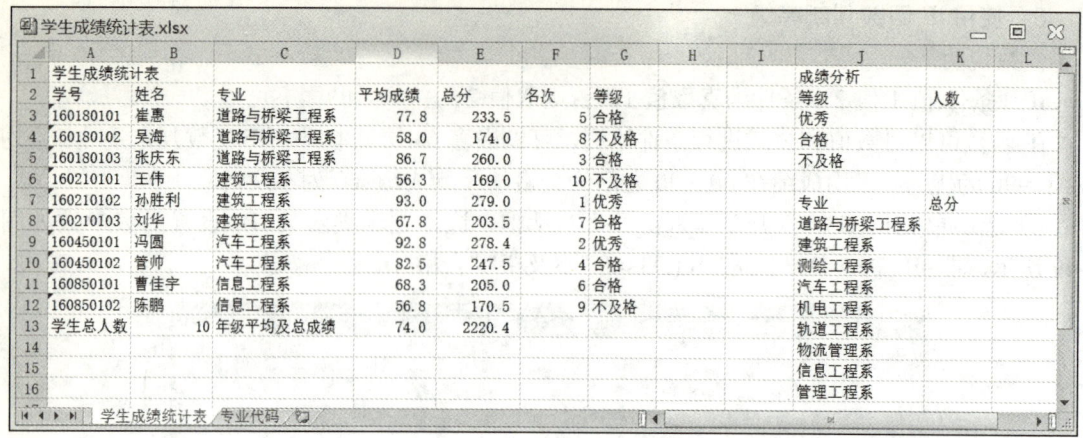

图 4-50　添加成绩分析

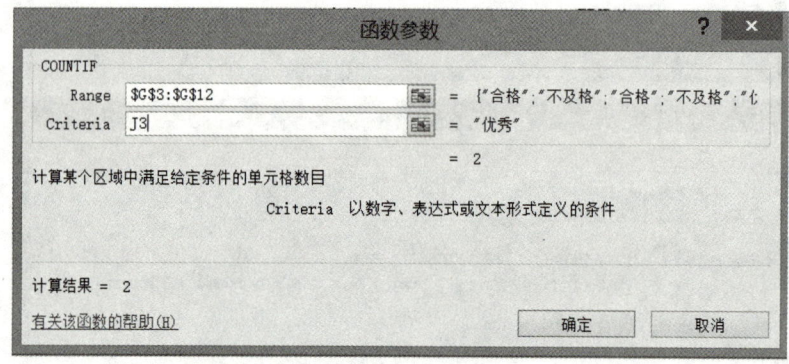

图 4-51　COUNTIF“函数参数”对话框

12. 使用 SUMIF 函数计算各专业学生总分

函数说明：

SUMIF(条件区域,条件,求和区域)用于在条件区域中查找满足条件的单元格，找到后对同行的求和区域中的单元格求和。

① K8 单元格=SUMIF($C$3:$C$12,J8,$E$3:$E$12)，如图 4-52 所示。

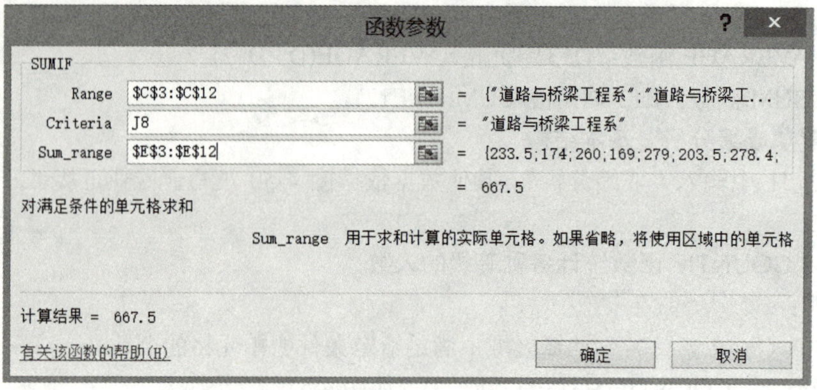

图 4-52　SUMIF“函数参数”对话框

② 拖动填充柄完成 K9:K16 单元格的自动填充。

至此，便完成了学生成绩统计表中的全部计算，如图 4-53 所示。

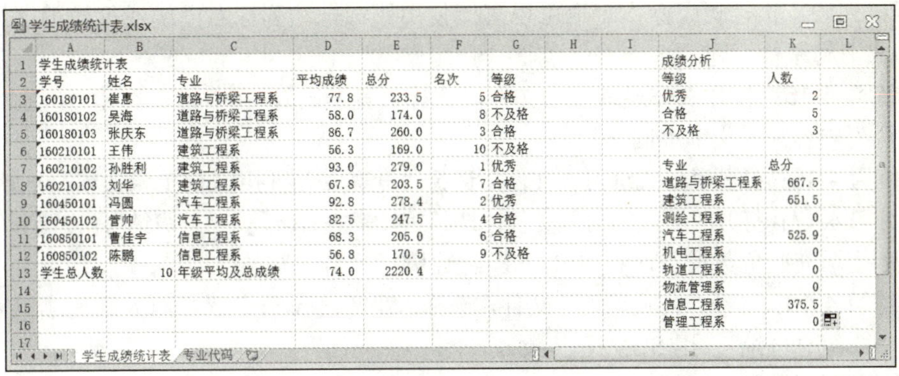
学生成绩统计表.xlsx

	A	B	C	D	E	F	G	H	I	J	K	L
1	学生成绩统计表									成绩分析		
2	学号	姓名	专业	平均成绩	总分	名次	等级			等级	人数	
3	160180101	崔惠	道路与桥梁工程系	77.8	233.5	5	合格			优秀	2	
4	160180102	吴海	道路与桥梁工程系	58.0	174.0	8	不及格			合格	5	
5	160180103	张庆东	道路与桥梁工程系	86.7	260.0	3	合格			不及格	3	
6	160210101	王伟	建筑工程系	56.3	169.0	10	不及格					
7	160210102	孙胜利	建筑工程系	93.0	279.0	1	优秀			专业	总分	
8	160210103	刘华	建筑工程系	67.8	203.5	7	合格			道路与桥梁工程系	667.5	
9	160450101	冯圆	汽车工程系	92.8	278.4	2	优秀			建筑工程系	651.5	
10	160450102	管帅	汽车工程系	82.5	247.5	4	合格			测绘工程系	0	
11	160850101	曹佳宇	信息工程系	68.3	205.0	6	合格			汽车工程系	525.9	
12	160850102	陈鹏	信息工程系	56.8	170.5	9	不及格			机电工程系	0	
13	学生总人数	10	年级平均及总成绩	74.0	2220.4					轨道工程系	0	
14										物流管理系	0	
15										信息工程系	375.5	
16										管理工程系	0	
17												

图 4-53 全部计算结果

13. 美化工作表

① 表格标题：将 A1:G1、J1:K1 区域合并居中，设置其行高为 30，字体为华文行楷，字号 20。

② 参照效果图设置单元格的边框、底纹、对齐、小数位数以及单元格的合并。

③ 在工作表标签上右击鼠标，选择“工作表标签颜色”，设置颜色。

④ 单击打开“视图”选项卡的“显示”组，撤选“网格线”选项。

14. 保存并关闭学生成绩统计表

完成所有工作后，保存并关闭学生成绩统计表。

4.3.3 相关知识点

1. 插入、删除、移动、隐藏工作表

- 插入工作表：选择“开始”选项卡→“单元格”组→“插入”下拉列表→“插入工作表”命令。
- 删除工作表：选择“开始”选项卡→“单元格”组→“删除”下拉列表→“删除工作表”命令。
- 移动工作表：用鼠标直接拖动工作表标签到需要的目标位置。
- 隐藏工作表：用鼠标右击工作表标签，在弹出的快捷菜单中单击“隐藏”命令。

用鼠标右击工作表标签，通过弹出的快捷菜单也可以实现工作表的插入、删除、移动或复制、重命名、取消隐藏等常用操作。

2. 插入、删除、移动、隐藏行或列

- 插入行或列：选择“开始”选项卡→“单元格”组→“插入”下拉列表→“插入工作表行”或“插入工作表列”选项。插入行时，插入的行在选择行的上面；插入列时，插入的列在选择列的左侧。
- 插入单元格：选择“开始”选项卡→“单元格”组→“插入”下拉列表→“插入单元格”选项。
- 删除行、列或单元格：单击打开“开始”选项卡“单元格”组的“删除”下拉列表，执行相应操作。
- 隐藏和取消隐藏行、列：单击打开"开始"选项卡"单元格"组的"隐藏和取消隐藏"下拉列表，执行相应操作。也可以直接使用鼠标拖动列标右框线或行号下框线来隐藏和取消隐藏行、列。

课堂练习 4-15：打开"公式练习"文件，选择"竞赛表"，在"姓氏"和"组别"列间插入一列，全列内容都为文字"同学"。

课堂练习 4-16：打开"公式练习"文件，选择"竞赛表"，利用 LEFT 函数填写"姓氏"列。

课堂练习 4-17：打开"公式练习"文件，选择"竞赛表"，计算"总成绩"，设置其条件格式为数据条渐变填充蓝色数据条，利用 RANK 函数填写"名次"。

课堂练习 4-18：打开"公式练习"文件，选择"竞赛表"，计算"二组人数"（用 COUNTIF 函数）和"二组总成绩"（用 SUMIF 函数）。

3. 套用表格格式

Excel 2010 提供了"表"功能，用于对工作表中的数据套用"表"格式，从而实现快速美化表格外观的目的。

其操作步骤如下：

① 选定要套用"表"格式的单元格区域，切换到"开始"选项卡，在"样式"组中单击"套用表格格式"按钮，从弹出的下拉菜单中选择一种表格格式，如图 4-54 所示。

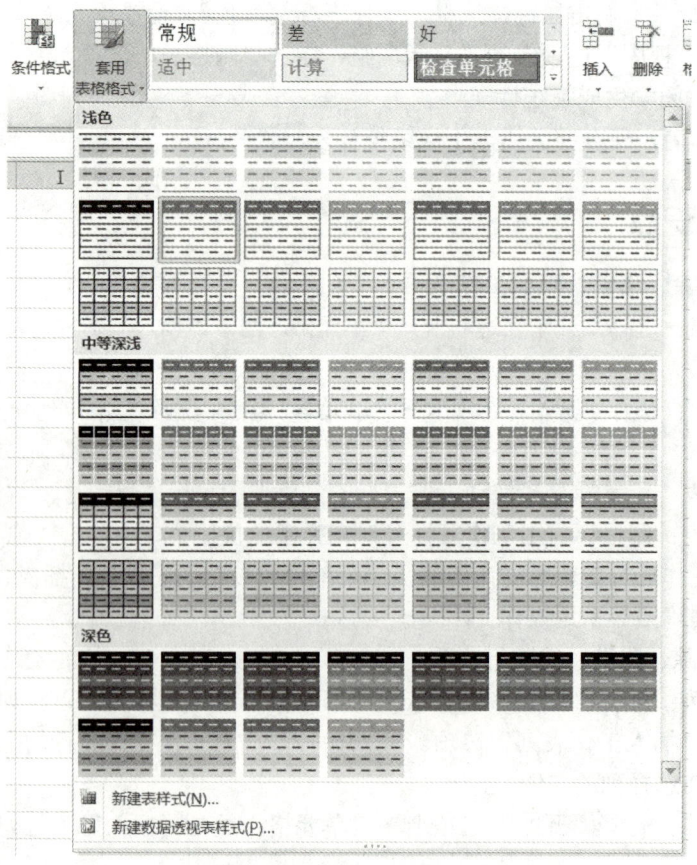

图 4-54 "套用表格格式"下拉菜单

② 在打开的"套用表格格式"对话框中，确认表数据的来源区域是否正确。如果希望标题出现在套用格式的表中，选中"表包含标题"复选框。

③ 单击"确定"按钮，表格式套用在选择的数据区域中。

④ 如果要将表转换为普通的区域，则切换到"设计"选项卡，单击"工具"选项组中的"转换为区域"按钮，在弹出的对话框中单击"是"按钮。

课堂练习 4-19：打开"公式练习"文件，选择"竞赛表"，将 A2:J12 套用表格格式"表样式中等深浅 7"并转换为区域。

4. 为工作表添加密码

如果不希望工作表被随意查阅或修改，则给它添加打开权限密码。

选择"文件"→"另存为"→"工具"下拉列表→"常规选项"选项，在弹出对话框的"打开权限密码"文本框中输入密码，单击"确定"按钮后，再次重新输入密码进行确认，保存文件即可。

删除密码：只需重新进入设置，删除密码字符即可。

课堂练习 4-20：打开"公式练习"文件，将其另存并添加打开权限密码 123，另存的文件名为"密码为 123.xlsx"。

5. 局部单元格的保护

为避免人员录入基本数据时误操作统计区的公式数据，可以对统计区进行保护，即统计区只能由已定的公式进行自动计算，不允许人为修改，只有具备解除单元格保护密码的人员才能修改统计区。

① 选中工作表的基本数据区域（该区域允许用户修改），右击，在弹出的快捷菜单中单击"设置单元格格式"命令，打开"单元格格式"对话框，单击打开"保护"选项卡，取消勾选"锁定"复选框，单击"确定"按钮，如图 4-55 所示。

② 单击"审阅"选项卡"更改"组中的"保护工作表"按钮，在弹出的"保护工作表"对话框中输入取消工作表保护时使用的密码并设置允许"选定未锁定的单元格"，单击"确定"按钮即可，如图 4-56 所示。

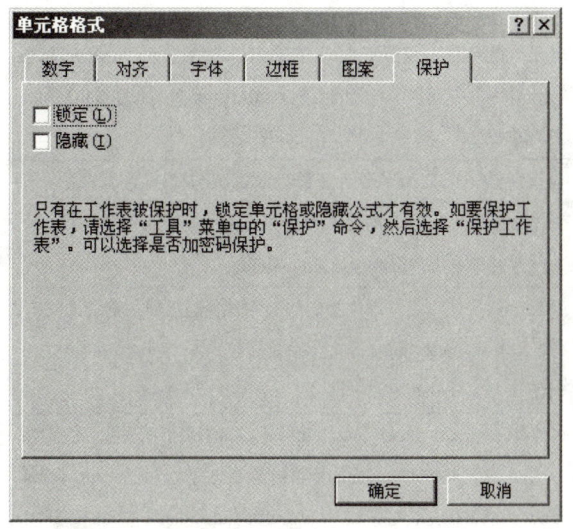

图 4-55　取消单元格的锁定

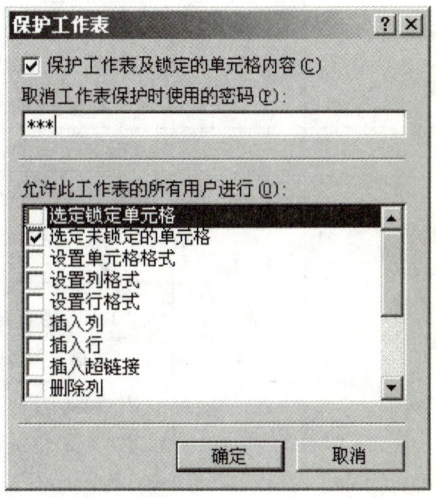

图 4-56　"保护工作表"对话框

设置保护后的工作表只允许光标定位在基本数据区，其他区域不能进行操作。解除工作表保护也很简单，只要单击"审阅"选项组"更改"组中的"撤销工作表保护"按钮，输入撤销密码即可。

6. 隐藏公式

设置隐藏公式后，当选中公式单元格时，编辑栏将不再显示公式。

① 选中全部公式单元格：选择"开始"选项卡→"编辑"组→"查找和选择"下拉列表→"公式"选项。

② 打开"单元格格式"对话框，单击打开"保护"选项卡，勾选"隐藏"复选框，单击"确定"按钮。

③ 选择"审阅"选项卡"更改"组→"保护工作表"命令，设置完后单击"确定"按钮。

④ 解除工作表保护即单击"审阅"选项卡"更改"组的"撤销工作表保护"按钮，输入撤销密码即可解除公式的隐藏。

⑤ 再次重复①和②的操作，取消勾选"隐藏"复选框，即可将公式单元格隐藏设置彻底取消。

7. 其他函数

本案例中函数用其他相关常用函数说明，如表 4-2 所示。

表 4-2　Excel 常用函数之二

分　类	名　称	说　明
数学和三角函数	SUMIF	SUMIF(Range,Criteria,Sum_range)。用于计算一定范围中符合指定条件的值的和。Range 为条件区域，用于条件判断的单元格区域；Criteria 是求和条件，由数字、逻辑表达式等组成的判定条件；Sum_range 为实际求和区域，需要求和的单元格、区域或引用
统计函数	COUNTA	COUNTA(Value1,Value2,...)。用于计算数组或单元格区域中数据项的个数。Value1,Value2,...所要计数的值，参数个数为 1～30 个
统计函数	COUNTIF	COUNTIF(Range,Criteria)。用于计算区域中满足给定条件的单元格的个数。Range 为需要计算其中满足条件的单元格数目的单元格区域；Criteria 为确定哪些单元格将被计算在内的条件，其形式可以为数字、表达式或文本
统计函数	RANK	RANK(Number,Ref,[Order])。对特定的一组数值进行升序或者降序的排位。Number 为需要求排名的那个数值或者单元格名称（单元格内必须为数字）；Ref 为排名的参照数值区域；Order 指定排名的方式，如果为 0 或忽略、降序、非零值、升序
文本函数	LEN	LEN(Text)。用来计算文本串的字符数。Text 为要计算长度的文本字符串，包括空格
文本函数	LEFT	LEFT(Text,Num_chars)。该函数用于从左边开始提取字符。Text 是包含要提取字符的文本串；Num_chars 指定要由 LEFT 所提取的字符个数，如果忽略为 1
文本函数	MID	MID(Text,Start_num,Num_chars)。从文本字符串中指定的起始位置起返回指定长度的字符。Text 是包含要提取字符的文本串；Start_num 是文本中要提取的第 1 个字符的位置；Num_chars 是要提取的字符个数，从左边开始提取字符
查找与引用函数	VLOOKUP	VLOOKUP(Lookup_value,Table_array,Col_index_num,Range_lookup)。用于在表格或数值数组的首列查找指定的数值，并由此返回表格或数组当前行中指定列处的数值。Lookup_value 表示要查找的对象；Table_array 表示查找的表格区域；Col_index_num 表示要查找的数据在 Table_array 区域中处于第几列的列号；Range_lookup 表示查找类型，其中 1 表示近似匹配，0 表示精确匹配，一般用精确匹配的情况较多

4.4 案例 4——图表

知识目标：
- 多工作表的数据输入与计算。
- 单元格样式与套用表格格式。
- 合并计算（三年总计表为合并计算完成）。
- 图表类型与数据分析。
- 格式化图表。
- 图表与数据表。
- 2Y 轴图表制作。

4.4.1 案例说明

将 Excel 工作表中的数据制作成图表，可以更加直观地体现数据之间的关系。

在本例中，将基于"三年总计"表和"2Y 图表"的数据，根据下列需求制作不同类型的图表。

① 每月不同销售员的销售额比较。
② 不同销售员每月的销售额比较。
③ 每月总体销售额比较。
④ 一月份销售员销售比例。
⑤ 每个月销售员的销售额占每月总销售额的比例。
⑥ 销售员 2016 年第一季度与三年总销售业绩的比较。
⑦ 销售员 2016 年与 2015 年第一季度的销售业绩比较。

4.4.2 制作步骤

1. 制作"一季度销售"中各年数据表

其效果如图 4-57 所示。

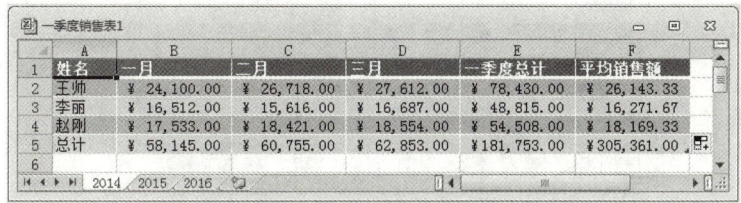

图 4-57 一季度销售表

① 选择"文件"→"新建"命令，新建空白工作簿。
② 分别将 Sheet1～Sheet3 工作表标签重命名为"2014""2015""2016"。
③ 选定上述 3 张工作表为一组工作表。

方法 1：选择全部工作表 右击工作表标签，在弹出的菜单中选择"选定全部工作表"命令。

方法 2：选择多张不相邻的工作表　按住 Ctrl 键并单击工作表标签。

方法 3：选择多张相邻工作表　单击第 1 个工作表标签，按住 Shift 键并单击最后一个工作表标签。

④ 输入 3 张表的相同数据。直接在当前工作表中输入数据即可实现向多张工作表中同时输入相同数据，结果如图 4-58 所示。

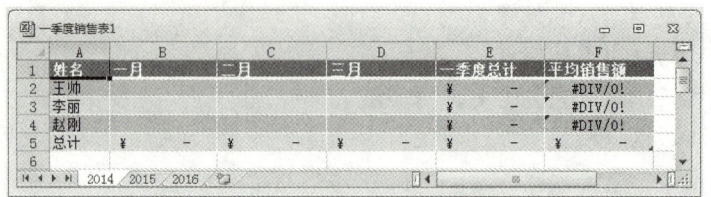

图 4-58　输入表格数据

- 输入文本数据（行、列标题）。
- 使用"自动求和"按钮或者应用 SUM、AVERAGE 函数计算"一季度总计"和"平均销售额"。
- 为数值数据（B2:F5 区域）设置"会计专用"格式（保留 2 位小数）：选中 B2:F5 区域，选择"开始"选项卡→"样式"组→"单元格样式"下拉列表→"货币"选项。或者打开"设置单元格格式"对话框完成设置。
- 取消工作组：单击某个工作表标签或者右击工作表标签，在弹出的快捷菜单中选择"取消组合工作表"命令。

⑤ 自动套用格式：单击选择工作表 2014，选中表格区域（A1:F5 区域），单击"开始"选项卡"样式"组"套用表格格式"下拉列表的"表样式中等深浅 9"按钮，如图 4-59 所示。

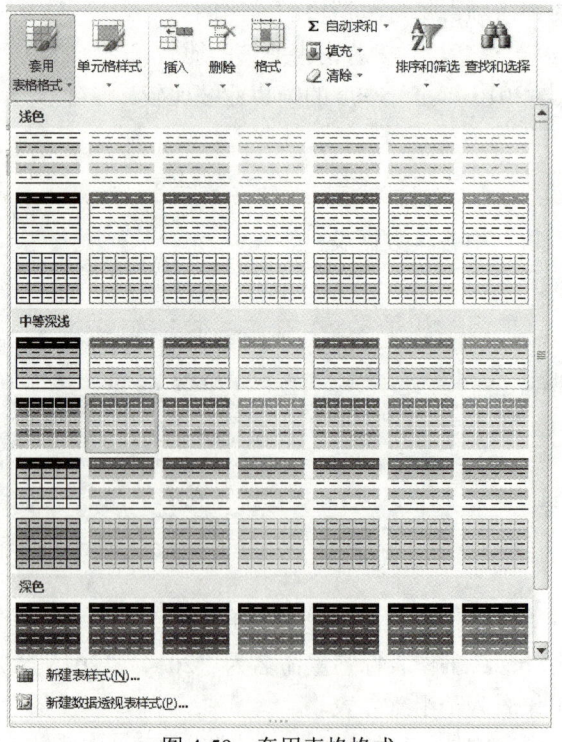

图 4-59　套用表格格式

选中 2014 工作表 A1:F5 区域，单击"开始"选项卡"剪贴板"组，双击"格式刷"按钮，用鼠标光标分别刷过 2015 和 2016 工作表的表格区域，再次单击"格式刷"按钮取消格式刷。

⑥ 按照表 4-3 所示，在各工作表中输入一月、二月、三月的销售额。

表 4-3 表格基础数据

时间 姓名	2014-1	2014-2	2014-3	2015-1	2015-2	2015-3	2016-1	2016-2	2016-3
王帅	24100	26718	27612	22478	26102	24876	22896	25617	26216
李丽	16512	15616	16687	14687	15719	14322	16236	17865	17108
赵刚	17533	18421	18554	17648	19547	18234	18726	20631	19856

建议使用数字小键盘完成表格基础数据的输入。

为各表设置自动调整列宽：全部选中当前工作表，单击"开始"选项卡"单元格"组的"格式"下拉列表，选择"自动调整列宽"命令。

⑦ 添加"三年总计"工作表，计算一月到三月的三年总计。

"三年总计"表中的基础数据均由数据合并计算得到，即一月到三月的每个单元格数据均由前 3 张表中的对应数据相加而成。虽然使用求和函数可以实现，但使用数据的合并计算更快捷。

插入一张新的工作表，重命名为"三年总计"，活动单元格定位到 A1 单元格；单击"数据"选项卡"数据工具"组的"合并计算"命令，弹出的对话框如图 4-60 所示，在"函数"列表中选择"求和"，引用位置选择 2014 工作表中的 A1:E4，单击"添加"按钮，顺序添加 2015 和 2016 工作表中对应区域。

在"标签位置"勾选"首行"和"最左列"复选框，这样表格的行列标题在合并计算后会显示出来，单击"确定"按钮后完成合并计算。

由于选择了首行和最左列，在两者交叉处的 A1 单元格中内容为空，在 A1 单元格添加"姓名"列。

选择"三年总计"工作表中的 A1:E4 单元格，设置自动调整列宽，套用表格格式"表样式中等深浅 6"，效果如图 4-61 所示。

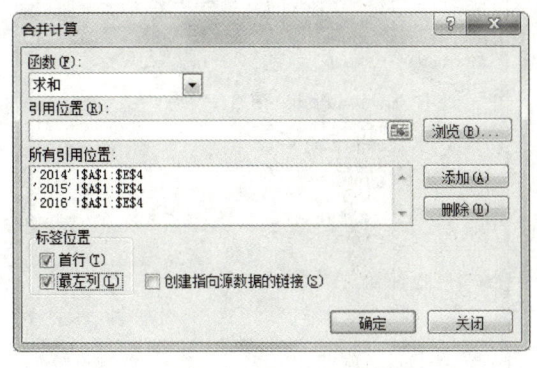

图 4-60 合并计算

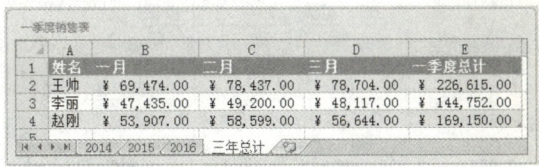

图 4-61 三年总计工作表效果图

2. 三年总计一季度不同销售员每月的销售额比较

① 确定图表类型：使用直方图表（柱形图和条形图）描述数据之间的比较关系。

② 制作簇状柱形图，如图 4-62 所示，完成后插入到"三年总计"工作表的 A7:E23 区域。

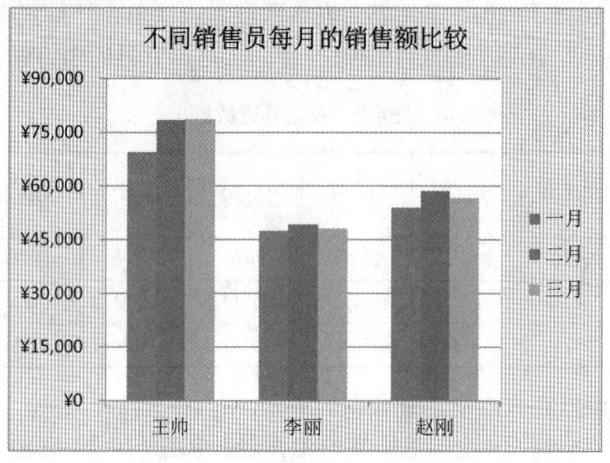

图 4-62　不同销售员每月的销售额比较图

在"三年总计"工作表中，选中图表的数据源（A1:D4 区域），选择"插入"选项卡→"图表"组→"柱形图"下拉列表→"簇状柱形图"命令或者"所有图表类型"命令，打开"插入图表"对话框，再选择"簇状柱形图"后单击"确定"按钮即可，如图 4-63 所示。

添加图表标题"不同销售员每月的销售额比较"：选中图表，单击打开"布局"选项卡，单击"标签"组"图表标题"在弹出的菜单中单击下拉列表的"图表上方"按钮，输入图表标题。

修改垂直轴刻度。在垂直轴刻度的数字上双击，弹出"设置坐标轴格式"对话框，单击左列的"坐标轴选项"，修改"主要刻度单位""固定"为 15000，如图 4-64 所示。去掉垂直轴的小数位：在"设置坐标轴格式"对话框左侧，单击"数字"选项，将"数字"栏的"类别"修改为货币，修改小数位数为 0。或者利用图表工具"布局"选项卡→"坐标轴"组→"坐标轴"下拉列表→"主要纵坐标轴"→"其他主要纵坐标轴选项"命令完成修改。

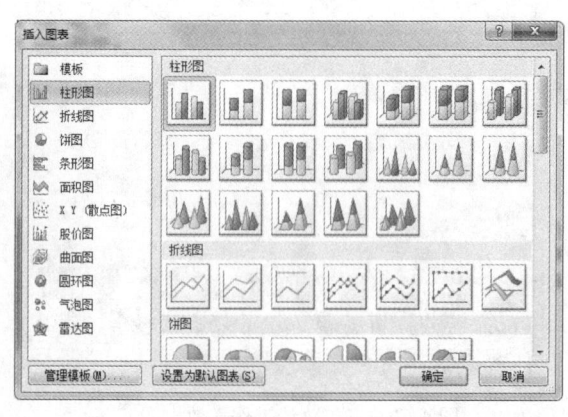

图 4-63　"插入图表"对话框

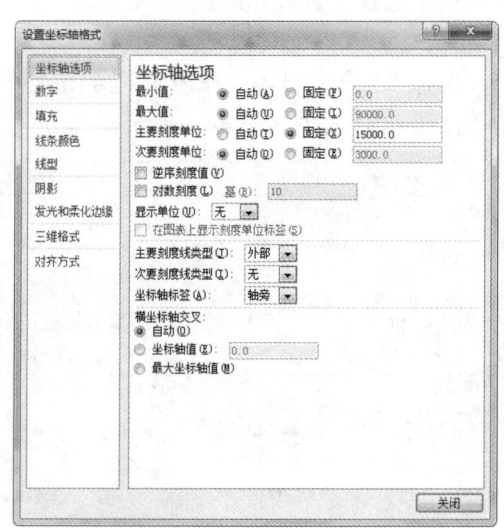

图 4-64　设置坐标轴格式

③ 设置图表区格式：其中，"图案填充"选择为"窄竖线"，前景色设置为"水绿色，强

调文字颜色 5，淡色 40%"，背景色设为"白色"。设置图表区内文字为"宋体，11 号"。

3. 每月不同销售员的销售额比较

① 复制"不同销售员每月的销售额比较"图表。

② 对已有图表进行图表转置，比较每月不同销售员的销售额，如图 4-65 所示。右击图表，在弹出的快捷菜单中单击"选择数据"命令，打开"选择数据源"对话框，单击"切换行/列"按钮，即按照月份进行分类。

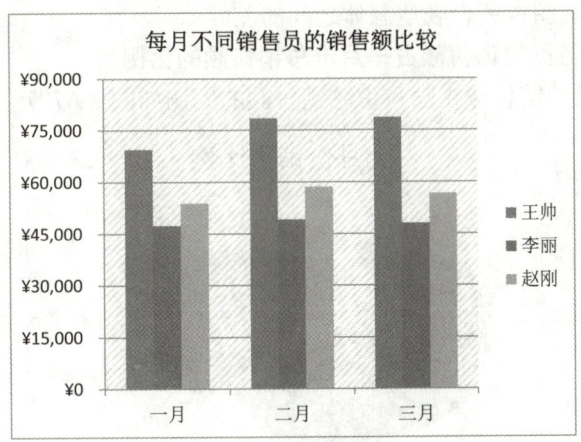

图 4-65　柱形图和条形图的图表转置

③ 修改图表标题为"每月不同销售员的销售额比较"。

④ 修改图表区和背景墙填充。将图表区填充设置为"无填充"，背景墙填充设置为"图案填充""浅色上对角线"，前景色为"黄色"，背景色为"白色"。

4. 一季度每月的总体销售业绩比较

① 确定图表类型：使用堆积图表描述总体之间的差异。

② 制作堆积条形图表，表达每月销售额的整体差异，如图 4-66 所示。

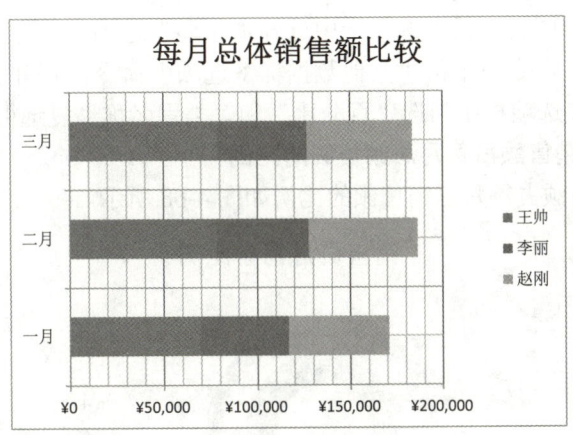

图 4-66　堆积条形图

- 图表数据源：A1:D4 区域。
- 图表类型：条形图中的"堆积条形图"。
- 图表标题："每月总体销售额比较"。

- 水平轴无小数位,主要刻度单位为 50000。

③ 主要次要网格线设置。单击图表,在"图表工具"选项卡中选择"布局"选择,在"坐标轴"组中选择"网格线"→"主要纵网格线"→"其他主要纵网格线选项"命令,将线条颜色设置为红色。

在"图表工具"选项卡选择"布局"选项,在"坐标轴"组中选择"网格线"→"主要纵网格线"→"主要网格线和次要网格线"命令。

④ 同样,堆积柱形图也适合表达总体之间的差异。

5. 一月份每个销售员的销售额占一月份总销售额的比例

一月份每个销售员的销售额占一月份总销售额的比例如图 4-67 所示。

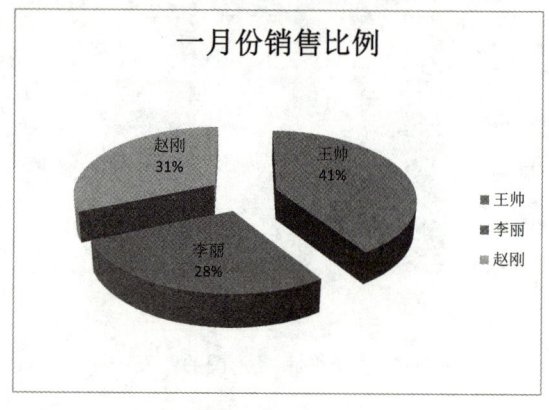

图 4-67　饼图

① 确定图表类型:使用饼图描述部分占整体的比例关系。
② 制作饼图。
- 图表数据源:A1:B4 区域。
- 图表类型:饼图中的"分离型三维饼图"。
- 图表标题:"一月份销售比例"。
- 数据标签:在"图表工具"选项卡中选择"布局"选项→"标签"组→"数据标签"→"最佳匹配"命令,单击"其他数据标签选项"命令,打开"设置数据标签格式"对话框,在标签选项栏中勾选"百分比"和"类别名称"复选框。

6. 每月销售员的销售额占每月总销售额的比例

每月销售员的销售额占每月总销售额的比例如图 4-68 所示。

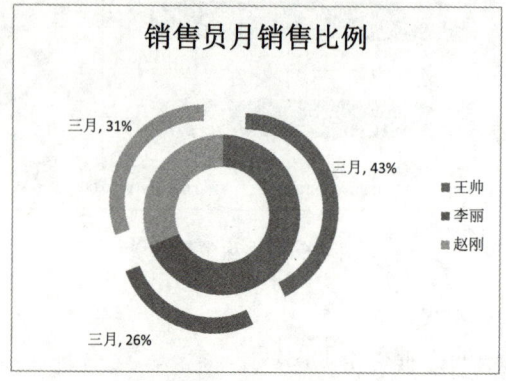

图 4-68　圆环图

① 饼图只适合表现一个数据系列，使用圆环图可以表示多个数据系列的部分与整体的关系，还可以使用百分比堆积柱形图或百分比堆积条形图。

② 制作分离型圆环图（数据源为 A1:D4 区域）。

- 图表数据源：A1:D4 区域。
- 图表类型：选择"插入"选项卡→"图表"组→"其他图表"→圆环图中的"分离型圆环图"选项。
- 图表转置，要求姓名为图例：图表工具"设计"选项卡→"数据"组→"切换行/列"按钮。
- 图表标题："销售员月销售比例"。

为系列"三月"添加数据标签：用鼠标单击选中系列"三月"（外层圆环），选择"图表工具"选项卡"布局"选项→"标签"组→"数据标签"→"其他数据标签选项"命令，打开"设置数据标签格式"对话框，在标签选项栏中勾选"系列名称"和"百分比"复选框。

③ 单击选中图表中的对象（如图例、数据标志等），拖动鼠标光标可以改变其位置；右击或双击图表中的对象（如数据点、数据系列等），可以为选中对象设置格式（如改变颜色、字体等）。

④ 请大家自行制作：百分比堆积柱形图和百分比堆积条形图。

7. 销售员 2016 年第一季度与最近三年总销售业绩的比较

① 单击工作表标签上的"插入工作表"按钮即插入一张工作表，将该表重命名为"2Y 图表"。

② 按照图 4-69 所示，输入行列标题，并为行列标题设置单元格样式。注意，列标题月份（如 2015-01）可以设置为"文本"或自定义成数字格式 yyyy-mm。

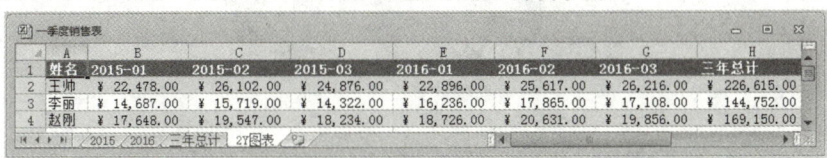

图 4-69　制作 2Y 图表所需的数据表

③ 使用公式将 2015、2016 表中的"一月到三月"和"三年总计"表中的"一季度总计"数据导入到新表中，结果如图 4-70 所示。

导入 2015 表中的"一月到三月"数据：B2 ='2015'!B2。

导入 2016 表中的"一月到三月"数据：E2 ='2016'!B2。

导入"三年总计"表中的"一季度总计"数据：H2='三年总计'!E2。

使用填充柄完成其他单元格的自动填充。

注意：不能使用"复制"与"粘贴"命令来导入新表中的数据，因为这样的数据不能随原始数据的变化而变化。

④ 根据数据源（A1:A4，E1:H4）制作 2Y 图表，如图 4-70 所示。

所谓 2Y 图表是指建立第二个数值轴的图表，把两组数据分别表示在不同的数值轴上，使数据清晰地显示在同一个图表中。

使用 Ctrl 键选择不相邻的单元格区域（A1:A4，E1:H4）。

选择"插入"选项卡→"图表"组→"柱形图"→"簇状柱形图"命令选项。

图表转置：单击"图表工具"选项卡"设计"选项下"数据"组的"切换行/列"按钮，结果如图 4-71 所示。

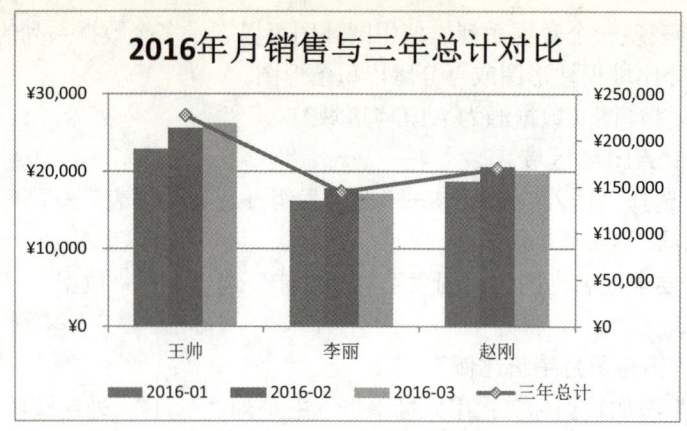

图 4-70　2Y 图表—2016 年第 1 季度月销售与三年总计对比

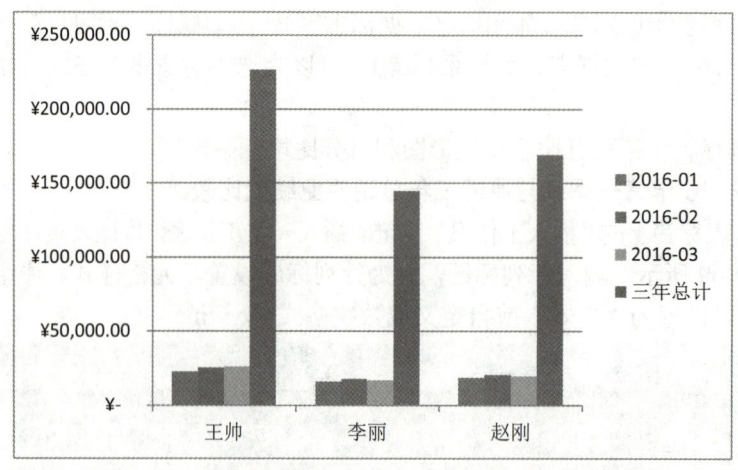

图 4-71　按默认设置生成的图表

右击"三年总计"数据系列，在弹出的快捷菜单中选择"设置数据系列格式"→"系列选项"栏→"次坐标轴"命令，结果如图 4-72 所示。

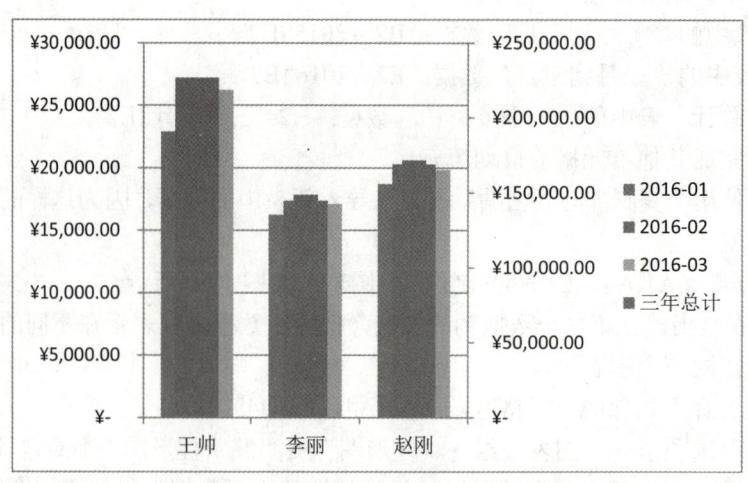

图 4-72　设置次坐标轴的图表

右击"三年总计"数据系列,在弹出的快捷菜单中单击"更改系列图表类型"→选择"折线图"命令。

修改折线图的"数据标记选项",可以自行选择数据标记的类型和大小。

在图表上方添加图表标题:"2016 年月销售与三年总计对比"。

将主坐标轴主要刻度单位设置为 10000,次坐标轴主要刻度单位设置为 50000,两个坐标轴的数字小数均设为 0 位,货币格式。

单击"图表工具"的"布局"选项卡→"图例"→"在底部显示图例"命令。

8. 销售员 2016 年与 2015 年第一季度销售业绩的比较

① 在"2Y 图表"工作表中,选择数据源(A1:G4)。

② 插入堆积柱形图,切换行/列,使图例为月份,如图 4-73 所示。

③ 使用次坐标轴表示 2015 年数据系列,如图 4-74 所示。

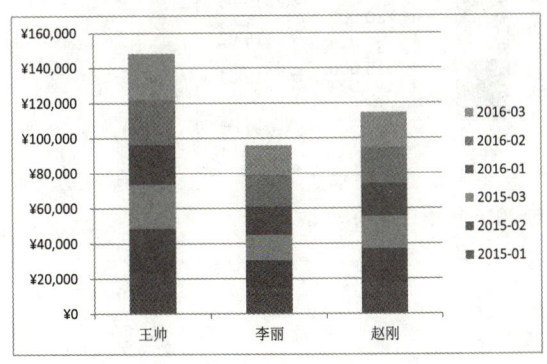

图 4-73　默认生成的堆积柱形图　　　　图 4-74　设置次坐标轴后的图表

- 右击数据系列 2015-01,在弹出的快捷菜单中单击"设置数据系列格式"→"系列选项"栏→选择系列绘制在"次坐标轴"。
- 选择"图表工具"的"布局"选项卡→"当前所选内容"组→下拉列表框中系列"2015-02",在"设置所选内容格式"对话框的"系列选项"栏中选择系列绘制在"次坐标轴"。
- 同样设置系列 2015-03 绘制在次坐标轴上。

④ 调整"2015"数据系列的分类间距,以便同时显示两组数据。

打开"图表工具"的"布局"选项卡→"当前所选内容"组,在下拉列表框中选择 2015 的任意数据系列(如系列"2015-01"),在"设置数据系列格式"对话框的"系列选项"栏中设置"分类间距"为 500%,如图 4-75 所示。

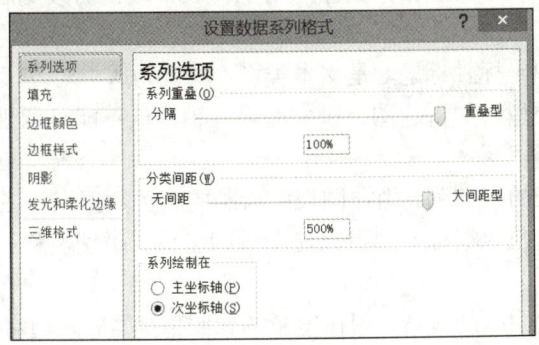

图 4-75　设置分类间距

⑤ 添加图表标题"2015年与2016年销售业绩对比"。

⑥ 设置数据系列的纹理填充（右击数据系列，在弹出的菜单中选择"设置数据系列格式"命令，弹出对话框，在"填充"栏设置"图片或纹理填充"），制作完成的2Y图表如图4-76所示。

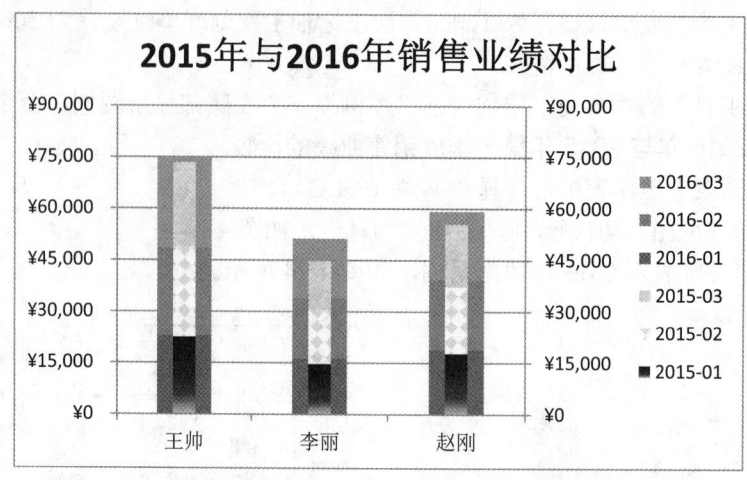

图 4-76　2Y 图表—2015 年与 2016 年销售业绩对比

9. 保存工作簿

完成上述工作后，保存工作簿即可。

4.4.3　相关知识点

1. 图表的组成

图表主要由图表区、绘图区、标题、数据系列、坐标轴、图例和模拟运算表等组成。打开 Excel 2010 的任意一个图表，在图表中移动鼠标光标，在不同的区域停留时会显示鼠标光标所在区域的名称。

（1）图表区。

整个图表以及图表中的数据称为图表区。选中图表后，将显示"图表工具"选项卡，其中包含"设计""布局"和"格式"3个选项卡。

（2）绘图区。

绘图区主要显示数据表中的数据，数据随着工作表中数据的改变而自动更新。

（3）标题。

标题包括图表标题和坐标轴标题，是文本类型，默认为居中对齐，可以通过单击标题来进行重新编辑。有些图表类型（如雷达图）虽然有坐标轴，但不能显示坐标轴标题。

（4）数据系列。

数据系列来自数据表的行和列，由在图表中绘制的相关数据点构成。可以使用数据标签来快速标识图表中的数据，在数据标签中可以显示系列名称、类别名称、值和百分比等。

（5）坐标轴。

坐标轴是界定图表绘图区的线条，用作度量的参照框架。Y轴通常为垂直坐标轴并包含数据，X轴通常为水平坐标轴并包含分类。坐标轴都标有刻度值，默认的情况下，Excel 会自动确定图表中坐标轴的刻度值,但也可以自定义刻度,以满足使用需要。当在图表中绘制的数值涵盖范围非常大时,还可以将垂直坐标轴改为对数刻度。

(6)图例。

图例用方框表示,用于标识图表中的数据系列所指定的颜色或图案。创建图表后,图例以默认的颜色来显示图表中的数据系列。

(7)模拟运算表。

模拟运算表是反映图表中源数据的表格,默认情况下图表一般不显示模拟运算表。可以通过设置来显示模拟运算表,方法是:单击"图表工具"下"布局"选项卡→"标签"组→"模拟运算表"→"显示模拟运算表"选项。

2. 增加、删除图表的内容与图表的格式化

(1)添加图表内容。

方法1:选中所需单元格区域,右击,在弹出的菜单中单击"复制"命令,选中图表,右击,在弹出的菜单中单击"粘贴"命令,即可将数据加入到图表中。

方法2:用鼠标右击图表,在弹出的快捷菜单中单击"选择数据"命令,打开"选择数据源"对话框,单击"图表数据区域"输入框旁的"引用"按钮,重新选择整个图表的数据源,此方法也可用来删除系列。

方法3:用鼠标右击图表,在弹出的快捷菜单中单击"选择数据"命令,打开"选择数据源"对话框,单击"添加"按钮。在"编辑数据系列"对话框中,分别单击"系列名称"和"系列值"输入框旁的"引用"按钮,用鼠标在工作表中选择相应的单元格区域,单击"确定"按钮。

方法4:扩展选取框。单击图表,此时数据源所在的单元格区域边框显示为高亮的蓝色,移动鼠标光标,指向边框的四个角的控制点中的任一个,当指针变为斜向双箭头时,拖动鼠标光标,重新选取区域,此方法也可以用来删除系列。

(2)删除图表中的内容。

对于图表中不需要的显示内容,可以将其删除。方法是:删除图表中的某一对象,只要选中该对象后按 Delete 键即可。如果要删除整个图表,用鼠标光标选中图表,按 Delete 键即可。

(3)右击图表的不同对象,可以对这些对象进行格式化设置。

3. 添加趋势线

如果想要查看 Excel 图表某一系列数据的变化趋势,可以为图表中的数据系列添加趋势线。方法是:在图表中右击某个数据系列,在弹出的快捷菜单中单击"添加趋势线"命令,打开"设置趋势线格式"对话框,完成相应设置即可。

4.5 案例 5——销售清单

知识目标:

- 创建数据清单。
- 复制工作表。
- 数据的排序:简单排序、多重排序、自定义序列排序。
- 数据的筛选:自动筛选、高级筛选。
- 分类汇总。

● 数据透视表。

4.5.1 案例说明

在本例中，将介绍 Excel 的数据管理功能：包括如何创建数据清单、根据数据清单对数据进行排序、筛选、分类汇总以及建立数据透视表等操作。

“数据清单”是工作表中包含一组相关数据的一系列数据行，且第一行一定是列标题（列标题使用的字体，对齐方式、格式、图案、边框和大小样式，应当与数据清单中的其他数据的格式相区别）。数据清单在 Excel 中被看做是一个数据库，即数据清单的列是数据库中的字段，数据清单的行是数据库中的记录。数据清单中不能有空白的行或列，不包含表格标题，要尽量避免对单元格的合并；如果数据清单中有合并单元格，则合并单元格都具有相同大小，即相同数量的单元格分别合并后可进行数据操作。

每张工作表避免使用多个数据清单，一张工作表最好只有一个数据清单；工作表中的数据清单与其他数据间至少留出一个空行和空列。对于数据清单中记录和字段的增加、删减等操作，可以参照单元格的基本操作方法。

4.5.2 制作步骤

1. 建立数据清单

① 启动 Excel 2010，新建一个空白工作簿，将其保存为“商品销售清单.xlsx”。

② 用鼠标右击 Sheet1 工作表标签，在弹出的菜单中单击“重命名”命令，输入工作表名称为“1 数据清单”。

③ 从文本文件导入数据或使用“记录单”工具或直接输入数据，创建数据清单，并设置第一行的列标题为加粗、居中对齐、填充黄色底纹，如图 4-77 所示。

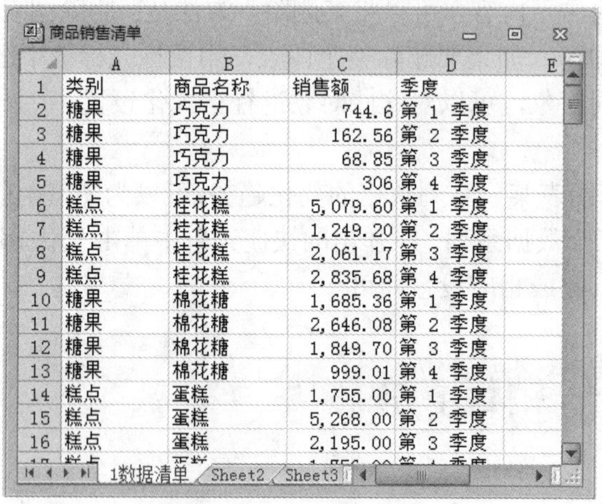

	A	B	C	D
1	类别	商品名称	销售额	季度
2	糖果	巧克力	744.6	第 1 季度
3	糖果	巧克力	162.56	第 2 季度
4	糖果	巧克力	68.85	第 3 季度
5	糖果	巧克力	306	第 4 季度
6	糕点	桂花糕	5,079.60	第 1 季度
7	糕点	桂花糕	1,249.20	第 2 季度
8	糕点	桂花糕	2,061.17	第 3 季度
9	糕点	桂花糕	2,835.68	第 4 季度
10	糖果	棉花糖	1,685.36	第 1 季度
11	糖果	棉花糖	2,646.08	第 2 季度
12	糖果	棉花糖	1,849.70	第 3 季度
13	糖果	棉花糖	999.01	第 4 季度
14	糕点	蛋糕	1,755.00	第 1 季度
15	糕点	蛋糕	5,268.00	第 2 季度
16	糕点	蛋糕	2,195.00	第 3 季度

图 4-77 商品销售清单

将文本文件导入到数据清单：单击“数据”选项卡“获取外部数据”组的“自文本”命令，选取数据源（本例为“商品销售清单.txt”），根据“文本导入向导”完成导入。

2. 复制工作表

本案例中需要 10 张工作表，它们的数据都是基于刚才导入的数据清单，那么剩余的 9 张可以逐张复制，也可以一次性利用工作组复制生成。
- 单张复制工作表：在"1 数据清单"工作表上用鼠标右键单击，选择"移动或复制工作表"命令，在弹出的对话框中勾选"建立副本"复选框，就可以复制一张工作表了，在新得到的工作表上用鼠标右键单击重命名即可。
- 同时复制多张工作表：多次单击插入工作表按钮，依次生成 Sheet4 到 Sheet10。从 Sheet2 到 Sheet10 依次重命名为"2 排序一""3 排序二""4 排序三""5 自动筛选""6 高级筛选""7 分类汇总""8 多重分类汇总""9 嵌套分类汇总""10 数据透视表"，如图 4-78 所示。打开"1 数据清单"，全选数据（按 Ctrl+A 快捷键），复制数据（按 Ctrl+C 快捷键），然后选择"2 排序一"，再按住 Shift 键选择"10 数据透视表"，粘贴数据（按 Ctrl+V 快捷键），这样就完成了 9 张表的复制。

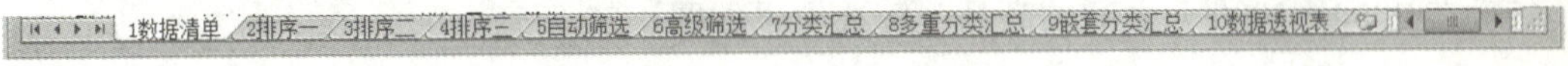

图 4-78 10 张工作表命名

3. 数据排序

所谓排序，是指数据清单中的记录顺序跟随关键字排序的结果发生了变化，但记录信息本身并不改变。

排序的基本方式有升序和降序两种，但空白单元格无论升序、降序总是排在最后。

Excel 排序的三种方法：简单排序、多重排序和自定义排序。

要希望排序的数据还能恢复到原始的输入顺序，可以在排序前为数据清单增加一个"序号"列，输入连续的序号即可。

① 在"2 排序一"工作表中按类别（升序）简单排序。

按照某一列数据排序称为简单排序。

用鼠标单击"类别"列的任意单元格，再单击"开始"选项卡"编辑"组→"排序和筛选"下的"升序"按钮即可；也可以单击"数据"选项卡"排序和筛选"组的"升序"按钮完成排序。

② 在"3 排序二"工作表中按类别（升序）、销售额（降序）进行多重排序。

选定参与排序的数据区域：用鼠标单击数据清单中的任意单元格即表示对整个数据清单排序；也可以只对当前选定的区域排序。

单击"数据"选项卡"排序和筛选"组的"排序"按钮，按要求设置主、次关键字，"排序"对话框如图 4-79 所示。

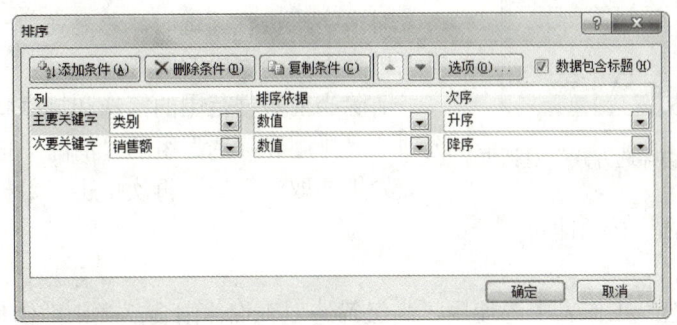

图 4-79 "排序"对话框

③ 在"4 排序三"工作表中按"类别"的自定义序列排序。

添加自定义序列：单击"文件"→"选项"命令，在弹出的对话框中打开"高级"选项卡，单击"编辑自定义列表"按钮，输入序列（休闲食品、糖果、糕点、饼干、饮料、乳制品、肉/家禽、海鲜、谷类/麦片、调味品，按 Enter 键分隔序列条目），单击"添加"按钮后再单击"确定"按钮完成操作。

选取数据清单中的任一单元格，单击"数据"选项卡"排序和筛选"组的"排序"按钮。在"排序"对话框中，设置主关键字"类别"、次序"自定义序列"，选择添加的自定义序列，单击"确定"按钮即可。

4．自动筛选

任务：在"5 自动筛选"工作表中，使用"筛选"查询类别为"乳制品"或者"调味品"的销售额在 2000～3000 元之间的商品，筛选结果如图 4-80 所示。

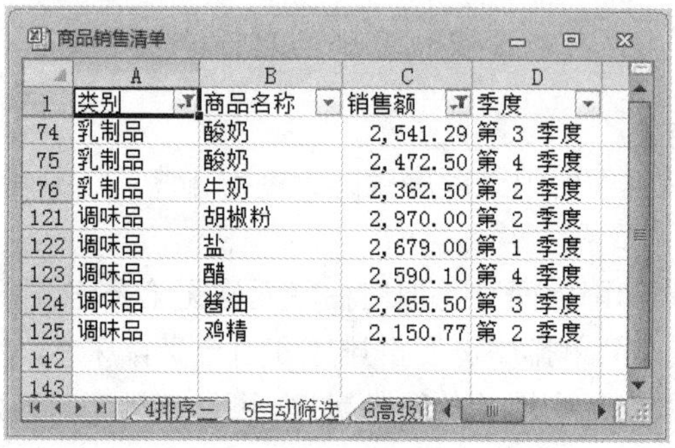

图 4-80　筛选结果

数据筛选可以把数据清单中所有不满足条件的记录暂时隐藏起来，只显示满足条件的记录。因此利用数据筛选可以方便地查找符合条件的数据，一般有筛选和高级筛选两种。

① 单击数据清单的任意一个单元格，再单击"数据"选项卡"排序和筛选"组的"筛选"按钮，则所有列标题旁显示出下拉箭头。

② 单击"类别"列箭头，在列筛选器中仅勾选"乳制品"和"调味品"复选框。

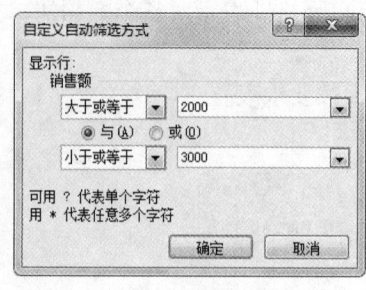

③ 单击"销售额"列箭头，在列筛选器中选择"数字筛选"→"自定义筛选"命令，按要求设置筛选条件（大于或等于 2000、与、小于或等于 3000），如图 4-81 所示。

对多字段进行筛选时，总是在前一个字段的筛选结果上进行下一个字段的筛选。

清除当前数据范围的筛选和排序状态：单击"数据"选项卡"排序和筛选"组的"清除"按钮。

图 4-81　"自定义自动筛选方式"对话框

如果要取消筛选，再次单击"数据"选项卡"排序和筛选"组的"筛选"按钮即可。

5．高级筛选

在"6 高级筛选"工作表中，使用"高级筛选"查询休闲食品类别中销售额大于 1000 元的商品记录，以及第 1 季度中销售额在 5000～10000 元的商品记录。

自动筛选设置各列的条件后列与列之间是"与"的关系，而高级筛选则用于更复杂的情况，可以显示满足指定条件区域的数据。

使用高级筛选，需要定义 3 个单元格区域：数据区域、条件区域、筛选结果区域。

① 设置条件区域：在单元格区域 G1:J3 中输入筛选条件，如图 4-82 所示。

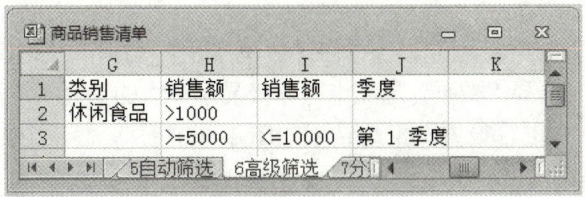

图 4-82 "高级筛选"的条件区域

选择工作表的空白区域设置筛选条件，条件区域与数据清单之间要留有一个空行或空列。

条件区域的第一行是列标题（可以从数据清单中复制过来），列标题下方是设置的筛选条件，可以有多行条件。

同一行的条件是"与"的关系。

不同行的条件是"或"的关系。

② 单击数据清单，单击"数据"选项卡"排序和筛选"组的"高级"按钮，打开"高级筛选"对话框，分别设置"列表区域""条件区域"，选择显示结果的"方式"，然后单击"确定"按钮。

本例中"高级筛选"对话框的设置如图 4-83 所示，筛选结果如图 4-84 所示。

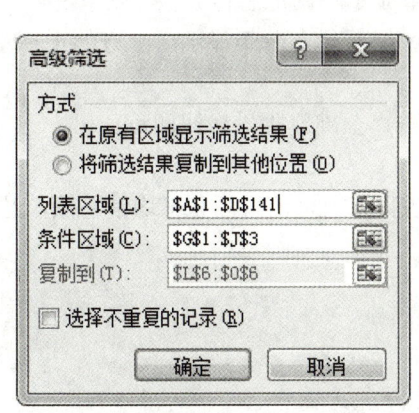

图 4-83 "高级筛选"对话框

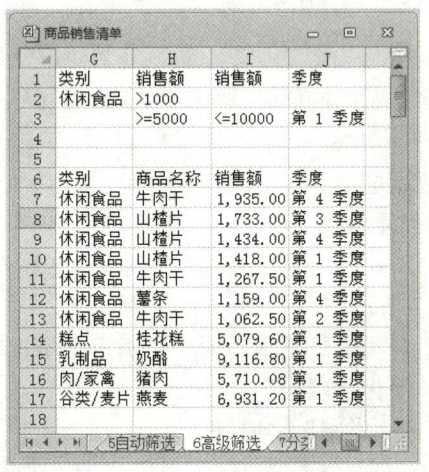

图 4-84 高级筛选结果

设置"列表区域"，可输入或选择列表区域（如果之前激活数据清单中任意一个单元格，则默认的区域即是列表区域）。

设置"方式"，有两个单选按钮供用户选择，本例选择"将筛选结果复制到其他位置"单选按钮，在"复制到"列表框中选取 G6 单元格。

6. 分类汇总

在"7 分类汇总"工作表中，使用"分类汇总"功能对不同类别商品的销售额进行求和汇总。

分类汇总是按某个字段汇总有关数据。所以汇总之前一定要先按分类字段排序，再选择汇总方式和汇总列进行汇总，生成局部汇总数据和总计数据。

Excel 提供的数据"汇总方式"提供了求和、计数、平均值、方差，以及最大和最小值等用于汇总的函数。

① 将数据清单按"分类字段"进行排序：本例中用"类别"关键字排序。

② 单击数据清单，选择"数据"选项卡"分级显示"组的"分类汇总"命令，在如图 4-85 所示"分类汇总"对话框进行设置，汇总结果如图 4-86 所示。

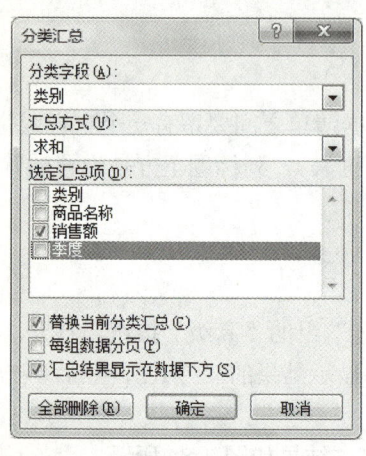

图 4-85　"分类汇总"对话框

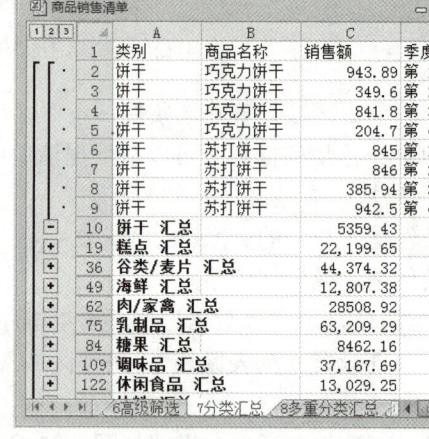

图 4-86　分类汇总结果

分类汇总的结果是在原数据清单中插入的，如果希望显示不同汇总样式，可以单击窗口左侧的分级显示区的展开（"＋"）和折叠（"－"）按钮，或用鼠标在分级显示区上方的 1、2、3 按钮间进行切换。

如果要取消分类汇总，在"分类汇总"对话框中单击"全部删除"按钮即可。

7. 多重分类汇总

在"8 多重分类汇总"工作表中，分别汇总每个类别商品的总销售额和平均销售额，结果如图 4-87 所示。

多重分类汇总是指对同一分类进行多重汇总。

具体操作步骤如下：

① 按"类别"字段排序。

② 第一次分类汇总，汇总方式为"求和"，汇总项"销售额"。

③ 第二次分类汇总，汇总方式为"平均值""销售额"，取消选中"替换当前分类汇总"复选框。

8. 嵌套分类汇总

在"9 嵌套分类汇总"工作表中，统计不同类别商品的总销售额，以及每种商品的总销售额，结果如图 4-88 所示。

嵌套分类汇总是指在一个已有的分类汇总表中再进行另一种分类汇总，两个分类汇总的分类字段不同。

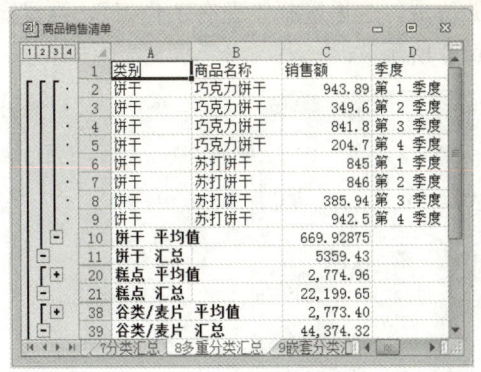
图 4-87 多重分类汇总

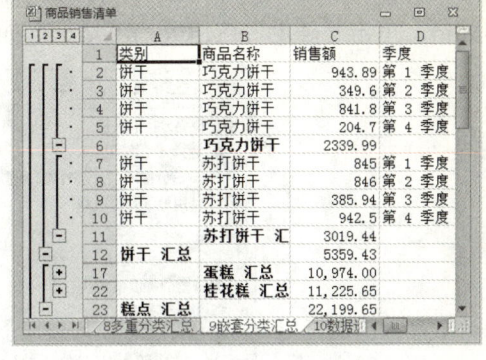
图 4-88 嵌套分类汇总

具体操作步骤如下：

① 多重排序。主关键字"类别"，次关键字"商品名称"。

② 第一次分类汇总，分类字段"类别"，汇总方式"求和""销售额"。

③ 第二次分类汇总，分类字段"商品名称"，汇总方式"求和""销售额"，取消选中"替换当前分类汇总"复选框。如图 4-89 所示。

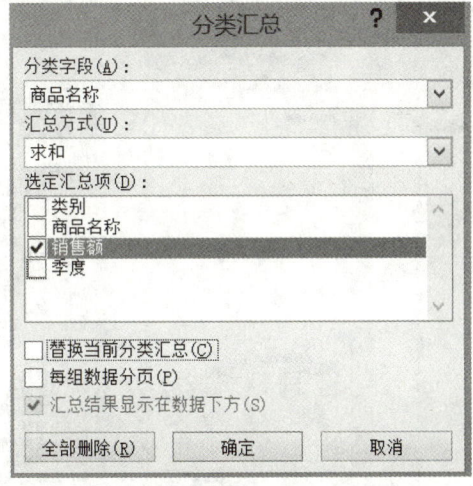
图 4-89 嵌套分类汇总二次汇总设置

9. 使用"数据透视表"

在"10 数据透视表"工作表中，使用"数据透视表"分别统计第 1～4 季度的每个类别商品的销售额，每个类别不同商品的销售额的数据透视表产生在当前工作表中。

所谓数据透视表就是从不同角度对源数据进行排列和汇总而得到的数据清单，是"分类汇总"的延伸，一般的分类汇总只能针对一个字段进行分类汇总，而数据透视表可以按多个字段进行分类汇总，生成适应各种用途的分类汇总表格，并且汇总前不用预先排序。利用数据透视表工具可以方便地改变源数据表的布局结构。

① 在"数据清单"工作表中单击数据清单，再"插入"选项卡"表格"组的"数据透视表"按钮，打开"创建数据透视表"对话框。

② 在"创建数据透视表"对话框中，选择一个表或区域作为要分析的数据（默认位置为

数据清单的有效范围），然后选择放置数据透视表的位置，这里选择"现有工作表"，位置指定 I1 单元格，单击"确定"按钮关闭对话框，如图 4-90 所示。

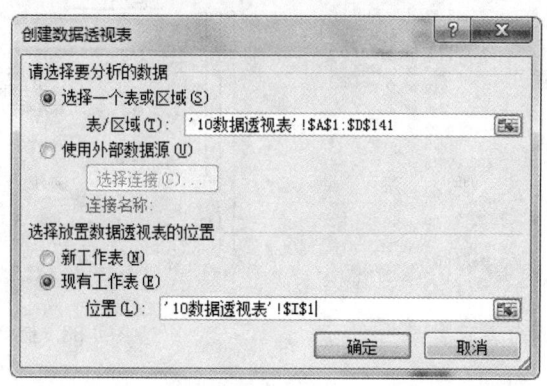

图 4-90 "创建数据透视表"对话框

③ 在右侧小窗口"数据透视表字段列表"中，将"季度"拖放到"报表筛选"中，将"类别"和"商品名称"拖放到"行标签"中，将"销售额"拖放到"数值"中求和，将"商品名称"拖放到"数值"中计数，这样就将每个类别的商品销售总额和商品的名称总数统计出来了，如图 4-91 和图 4-92 所示。

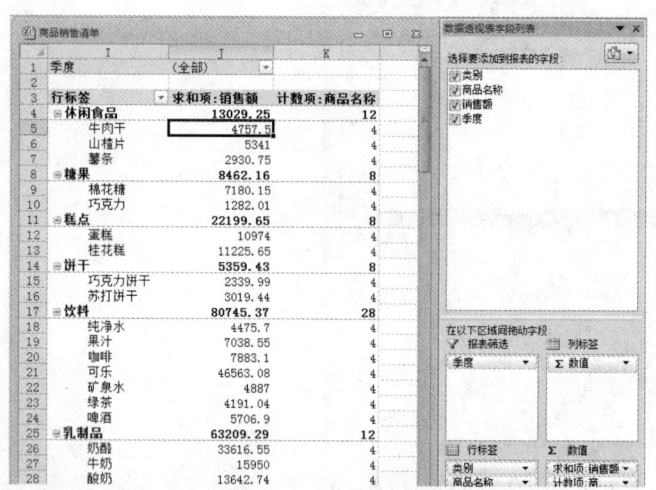

图 4-91 数据透视表字段列表与数据透视表样例

图 4-92 每类商品汇总明细

④ 单击行、列标签右侧的下拉箭头可以对显示的内容进行筛选或排序。

⑤ 编辑数据透视表的常用方法。

在"数据透视表字段列表"中，拖动字段名可以改变数据透视表的布局。

用鼠标双击值字段名（如"求和项:销售额"），可以打开"值字段设置"对话框修改值汇总方式，如图 4-93 所示。

用鼠标右击数据部分，通过弹出的快捷菜单可以实现对数据的排序、筛选等操作。

用鼠标双击数据部分，则可以在新工作表中显示明细数据。

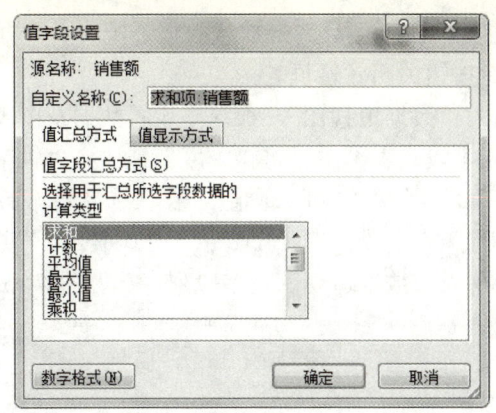

图 4-93 "值字段设置"对话框

4.5.3 相关知识点

1. 筛选式分类汇总

筛选分类汇总是指先利用筛选提取满足条件的记录,再通过汇总函数得到需要的汇总结果。

例如,计算不同类别商品在第一季度的总销售额,结果如图 4-94 所示。

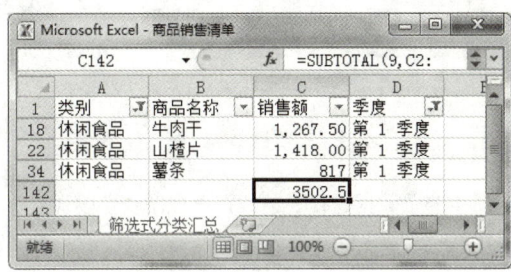

图 4-94 筛选式分类汇总

具体操作步骤如下。

① 设置筛选:单击"数据"选项卡"排序和筛选"组的"筛选"按钮,筛选查询"第一季度"的商品信息。

② 在筛选结果中,用鼠标单击"销售额"列数据下方单元格(存放汇总结果),单击"公式"选项卡"函数库"组的"求和"按钮,此时公式显示分类汇总函数 SUBTOTAL。

③ 改变筛选条件(如类别为"休闲食品"),可以查看相应的分类汇总。

2. 数据透视图

数据透视图既具有数据透视表的交互性,也有图表的直观性。数据透视图与数据透视表基于相同的源数据,因此,如果其中一个改变,则另一个也随之改变。

创建数据透视图:

① 在"数据清单"工作表中,单击数据清单,再单击"插入"选项卡"表格"组"数据透视表"下拉列表的"数据透视图"按钮,打开"创建数据透视表及数据透视图"对话框。

② 在"创建数据透视表及数据透视图"对话框中,选择一个表或区域作为要分析的数据

（默认位置为数据清单的有效范围），然后选择放置数据透视表及数据透视图的位置，这里选择"新工作表"，单击"确定"按钮关闭对话框。

③ 将新工作表重命名为"数据透视图"，在这里设置数据及图表的显示方式。

例如：在"数据透视表字段列表"中，将"季度"拖放到"轴字段（分类）"，将"类别"拖放到"图例字段"，将"销售额"拖放到"数值"。在"选择要添加到报表的字段"栏中单击"类别"字段右侧箭头，设置类别字段筛选（仅显示"休闲食品""糖果""糕点""饼干"这4类商品），则建立的数据透视表与数据透视图及字段列表，如图4-95所示。

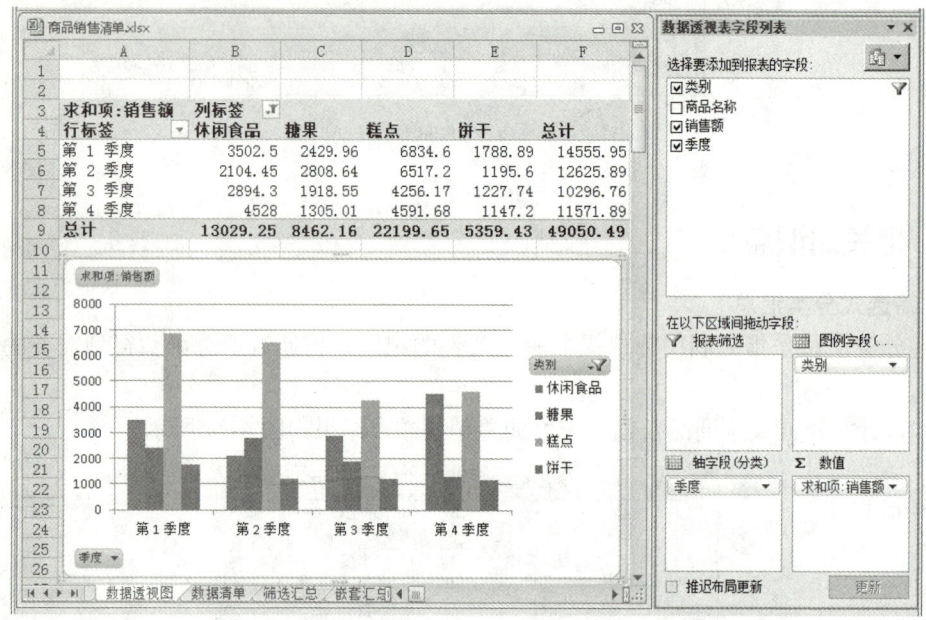

图4-95 数据透视表与数据透视图及字段列表

4.6 综合实训

实训目的

① 复习、巩固Excel 2010的知识技能，使学生熟练掌握Excel电子表格的使用技巧。
② 提高学生运用Excel 2010的知识技能分析问题、解决问题的能力。
③ 培养学生信息检索技术，提高信息加工、信息利用能力。

实训任务

任务1：

使用函数和公式计算并填写如图4-96所示表格中的"折扣价格、货运费用、七月份费用"。

要求

① 表格格式设计和显示效果要求与样例相同。将H3:K3区域的底纹图案类型设置为6.25%灰色。
② 使用公式计算"折扣价格"（折扣价格=售价*折扣比例）。
③ 设置数据有效性，完成"订单明细表"中"交货方式"的选择性输入。

④ 使用 VLOOKUP 函数计算"货运费用"（提示：= VLOOKUP (D18,$B$11:$D$14,3,FALSE)）。
⑤ 使用 SUMIF 函数计算"七月份费用"（提示：=SUMIF($I$4:$I$12,H16,$K$4:$K$12)）。
并利用分离型三维饼图反映出各项费用在七月份总支出费用中所占的比例。

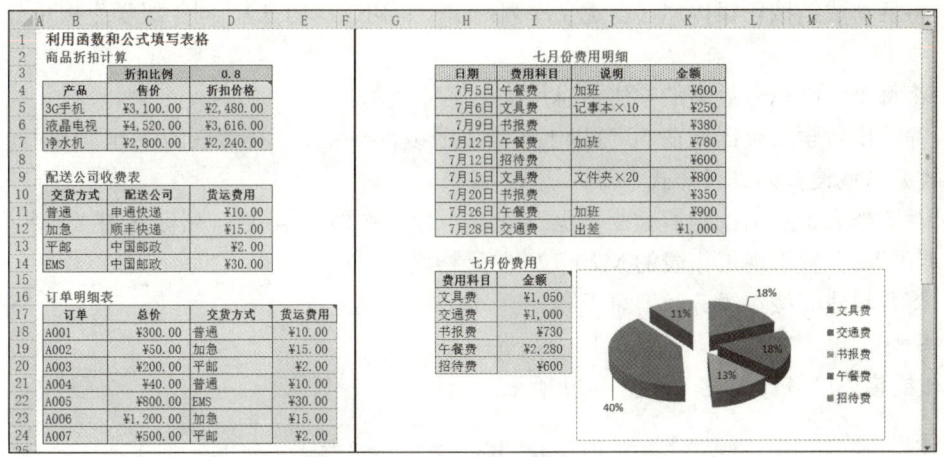

图 4-96　使用函数和公式计算

任务 2：

根据图 4-97 所示的表格数据完成下列操作，结果如图 4-98 所示。

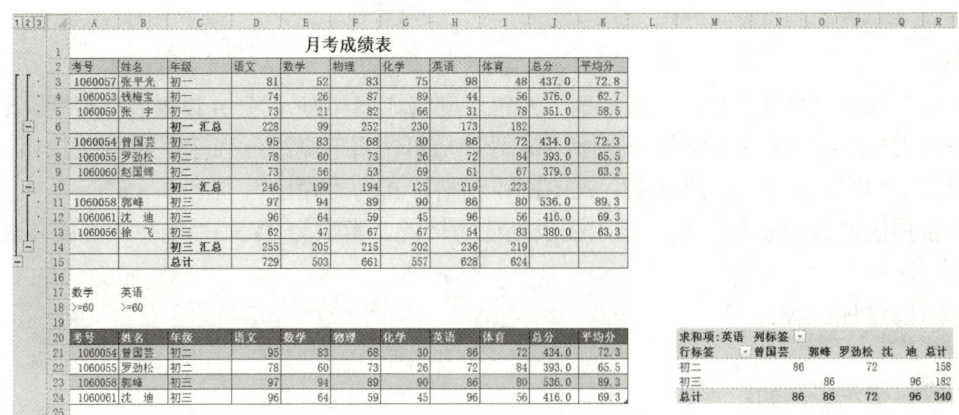

图 4-97　月考成绩表数据

图 4-98　月考成绩表样例

要求

① 插入一条记录，数据为"1060058，初三，郭峰，97，94，89，90，86，80"。

② 将年级列和姓名列互换（按住 Shift 键并拖动选中区域边框）。
③ 添加表格标题"月考成绩表"，设置工作表名称为"月考成绩"。
④ 计算总分和平均分，保留 1 位小数。
⑤ 将各科成绩按年级排序（自定义序列：初一、初二、初三），同年级学生按总分从高到低排列。
⑥ 将每个年级总分最高的学生信息用红色字体表示。
⑦ 筛选出数学及英语均在 60 分以上的学生成绩，结果显示在该表的下方，利用套用表格格式将数据区域设置为"表样式中等深浅 19"。
⑧ 对工作表筛选后的内容建立数据透视表，行标签为"年级"，列标签为"姓名"，求和项为"英语"，并置于现工作表的 M20:R25 单元格区域。
⑨ 将各科成绩按年级分类汇总求和。

任务 3：
制作销售进度统计图表，如图 4-99 所示。

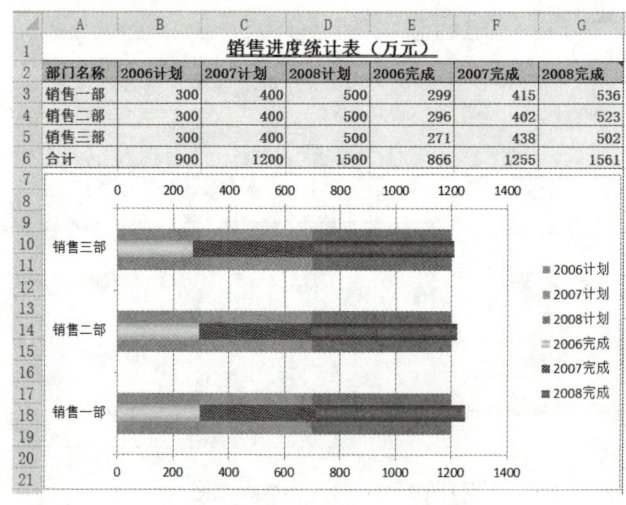

图 4-99　销售进度统计图表

要求

① 计算表中"合计"项，添加标题"销售进度统计表（万元）"并设置表格格式，表格标题文字 A1:G1 合并后居中，字体为宋体、14 号、加粗、双下画线；列标题 A2:G2 加粗，主题单元格样式"40%-强调文字颜色 4"；A3:G6 单元格样式为"输出"。
② 根据区域 A3:G5 的数据，运用图表处理的转置、类型与 2Y 轴功能生成进度图表。

任务 4：
完成计算机成绩表。

要求

① 平时成绩表，如图 4-100 所示。
利用公式计算平时成绩=作业成绩+作品成绩+小考成绩+课堂表现−考勤成绩。
数据有效性：作业成绩及作品成绩 0～15 小数，小考成绩及课堂表现 0～10 小数（输入信息：提示，成绩为 0～10 小数）。
页面布局：A4 纸，纵向。页边距：上下左右均为 1.5 厘米，页眉、页脚均为 0.5 厘米。页眉：居中，"学生平时成绩表"，字体为宋体、加粗、14号。页脚：从左到右为"页码/总页数"、"14级汽车"（宋体、倾斜、12号）、日期。工作表：顶端标题行第1行。打印预览。

学生平时成绩表

学号	姓 名	考勤成绩（ ）分	作业成绩（15）分	作品成绩（15）分	小考成绩（10）分	课堂表现（10）分	合计
140750101	孙小静		14.8	15	9.2	9	48
140750102	杜佳		14.4	15	6.9	9.7	46
140750103	杜倩		14.1	13	8.9	10	46
140750104	董丽		14.5	12	9.5	10	46
140750105	高明健		14.5	9	8.5	10	42
140750106	高健林		14.4	10	8.3	9.3	42
140750108	高雪		14.5	10.5	10	10	45
140750109	葛利奇		14.8	14	9.2	10	48
140750111	何静		14.3	13	7.1	9.6	44
140750112	李国成	1	12.9	8	8.8	9.3	38
140750113	李煜任	2	11.6	9	5.8	9.6	34
140750114	李月月		8.8	9	2.3	8.9	29
140750117	刘晨		13.5	10	8.3	9.2	41
140750118	刘雨曦	1	14.3	13	0	9.7	36
140750119	刘鸿江		11	8	2.9	9.1	31
140750121	鲁同哲		12.1	6	7.2	9.7	35
140750122	聂小帅		13.5	9	6.2	9.3	38
140750123	任超越		14.4	10	9.1	10	43.5
140750124	孙楠		13.9	13	9.1	10	46
140750125	孙祖阳		13.5	12	7.1	9.4	42
140750128	田野		14.5	12	10	10	46.5
140750129	王福多		13.9	14.5	9.8	9.8	48
140750130	王明亮		12.5	9	7.4	9.1	38
140750131	王明启		14.5	10	7	10	41.5
140750132	王野宗	3	13.4	8	7.7	9.9	38
140750201	夏丰		12.8	8	8.1	9.1	38
140750202	邢郁		11.3	9	7.9	9.8	38
140750203	邢烟之		14	9	7.5	10	40.5
140750204	杨楠		14.3	9	8.2	10	41.5
140750206	陈小晨		13.5	12	7.3	9.2	42
140750207	陈泽园	4	11.1	9	3.9	9	29
140750208	程冰	2	14.8	14	0	9.2	36
140750209	褚楠		14.7	10	7.3	10	42
140750210	都旭阳		14.1	9	6.8	8.1	38
140750211	胡陈留	3	7.4	8	0	8.6	21
140750212	李明星		14.1	9	7.6	9.3	40
140750213	刘元		12.7	13	4.2	9.1	39
140750214	陆永乐		12.1	9	5.4	9	35.5
140750215	马晓桥		14.1	15	8.4	10	47.5
140750216	潘昭君		14.2	12.5	8.8	10	45.5
140750217	秦可		14.3	9.5	8.7	10	42.5
140750218	孙文	2	13.8	9	0	9.2	30
140750219	孙洪亮		13.4	13	6	9.6	42
140750220	王静		14.9	12.5	8.6	10	46
140750221	徐晓林		13.8	9	7.1	9.1	39
140750222	徐延衍		14.6	9	8.6	10	42
140750223	闫越		12	8	7.7	8.3	36
140750224	尹淑琴		13.6	9	7.8	8.6	39
140750225	尹成		14.6	8	9.4	10	42

1/2　　　　　　　　　　*14级汽车*　　　　　　　　　2017-2-19

图 4-100　平时成绩表完成效果

② 计算机成绩表，如图 4-101 所示。

利用 VLOOKUP 函数通过学号分别从"平时成绩"表及"期末成绩"表中，查找平时成绩及期末成绩填入相应列中（提示：=VLOOKUP(A3,平时成绩!$A$2:$H$58,8,FALSE)；=VLOOKUP(A3,期末成绩!$A$2:$J$58,10,FALSE)）。

计算总成绩=平时成绩+期末成绩*50%（不保留小数 ROUND）。

计算名次（rank）（提示：=RANK(E3,$E$3:$E$59)）。

计算最高分（max）、最低分（min）、平均分（average）（保留 1 位小数）。

计算及格率（公式：60 分及以上人数/总人数，countif/count）（百分比，保留 2 位小数）。

计算补考人数（countif）。

设置格式、条件格式突显不及格（即总分小于 60 分），字体为红色、加粗。

拆分窗格，冻结窗格。

	A	B	C	D	E	F
1			计算机成绩			
2	准考证号	姓名	平时成绩	期末成绩	总成绩	名次
3	140750101	孙小静	48	91.3	94	3
4	140750102	杜佳	46	81.7	87	6
5	140750103	杜倩	46	80.1	86	7
6	140750104	董丽	46	78.2	85	10
7	140750105	高明健	42	60.9	72	23
8	140750106	高健林	42	62.9	73	20
9	140750108	高雪	45	72.3	81	14
10	140750109	葛利奇	48	94.1	95	2
11	140750111	何静	44	70.8	79	15
12	140750112	李国成	38	51.6	64	40
13	140750113	李煜任	34	45.5	57	51
14	140750114	李月月	29	43.5	51	54
15	140750117	刘晨	41	56.5	69	31
16	140750118	刘雨曦	36	49.1	61	45
17	140750119	刘鸿江	31	44.2	53	52
18	140750121	晏同哲	35	46.3	58	50

	A	B	C	D	E	F
55	140750229	赵薇薇	46	77.8	85	10
56	140750230	赵旭	43	64.2	75	17
57	140750231	钟福	42.5	63.5	74	18
58	140750232	钟梦楚	39.5	55.2	67	35
59	140750233	周明	45.5	72.3	82	13
60		最高分	48	95.5	96	
61		最低分	21	41.8	42	
62		平均分	40.1	61.0	70.6	
63				及格率	84.21%	
64				补考人数	9	

图 4-101　计算机成绩表完成效果

③ 新建工作表"成绩分析表"，如图 4-102 所示。

	A	B	C	D	E	F
1	准考证号	姓名	平时成绩	期末成绩	总成绩	名次
2	1407502*					<=10
3						
4	准考证号	姓名	平时成绩	期末成绩	总成绩	名次
8	140750215	马晓桥	47.5	86.9	91	4
13	140750220	王静	46	79.2	86	7
15	140750229	赵薇薇	46	77.8	85	10

图 4-102　成绩分析表完成效果

复制计算机成绩表 A2:F59 数据，选择性粘贴数值至成绩分析表 A1 中。

排序：按主要关键字"总成绩"的降序次序和次要关键字"准考证号"的升序次序进行排序。

高级筛选：（在数据清单前插入 3 行，条件区域设在 A1:F2 单元格区域，将筛选条件写入条件区域的对应列上）二班且前十名（提示：准考证号 1407502*，名次<=10）。

任务 5：

Excel 的网页应用，如图 4-103 所示。

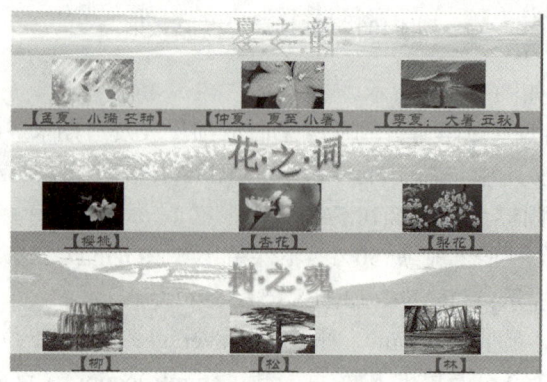

图 4-103　Excel 的网页应用

要求

用 Excel 制作一个网页文件“Excel 网页”。

① 填写基本文字，如图 4-104 所示。

	A	B	C
1			
2			
3	【孟夏：小满 芒种】	【仲夏： 夏至 小暑】	【季夏： 大暑 立秋】
4			
5			
6	【樱桃】	【杏花】	【梨花】
7			
8			
9	【柳】	【松】	【林】
10			

图 4-104 网页文字内容

② 插入图片及艺术字，文字背景图片可设置图片颜色为“冲蚀”效果，设置对应单元格底纹及边框，取消网格线，选择“页面布局”选项卡“页面设置”组的“背景”命令，选择素材中的“页面背景.jpg”图片设置页面背景，如图 4-105 所示。

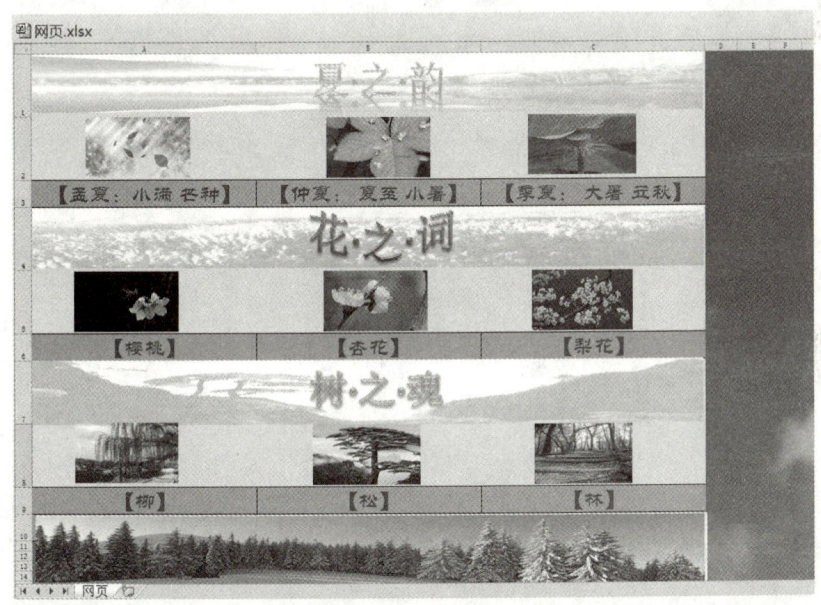

图 4-105 图片及文字效果

③ 创建超链接。

选定单元格 A3，单击“插入”选项卡“链接”组的“超链接”按钮。

查找范围选择素材文件夹中相应位置的“孟夏.htm”文件。

插入超链接后，原来文字的字体等格式化设置将被取消，若对超链接的文字字体不满意，可以在“开始”选项卡的“字体”组单独设置每个超链接文字，也可在“样式”组中设置超链接文字的样式进行统一修改。

打开“开始”选项卡“样式”组，右击“超链接”样式（注：只有设置超链接后才会出现此样式），单击“修改”→“格式”→“字体”命令，“华文隶书，30 号，紫色”，单击“确定”

按钮。

其他文字超链接采用同样的操作,超链接到相应位置。

④ 保存网页文件,单击"文件"→"保存"命令,设置保存位置,保存类型选择"单个文件网页",文件名为"Excel 网页",单击"确定"按钮,即保存为一个.htm 文件。

另:保存时选择保存类型为"网页",将在保存位置中有一个.htm 和一个.files 文件夹。

第 5 章

PowerPoint 2010 的使用

PowerPoint 2010（简称 PPT）是商务办公领域中最常用的演示工具，它可以制作出集文字、图片、声音和视频剪辑等多媒体元素于一体的演示文稿（幻灯片），它广泛应用于企业宣传、工作报告、项目宣讲、培训课件、咨询方案、婚庆礼仪、竞聘演说等方面。

5.1 案例 1——果蔬趣图欣赏

知识目标：
- PowerPoint 2010 的相册功能与基本操作。
- 幻灯片版式与主题应用。
- 幻灯片母版设计。
- 幻灯片动作设置。
- 插入图片与图片处理技巧。
- 幻灯片切换与自动放映。
- 添加背景音乐。

5.1.1 案例说明

在本例中，将使用 PowerPoint 2010 提供的"相册"功能来创建一个相册集，在制作过程中读者可以学会如何新建、打开、保存一份演示文稿，学习如何应用幻灯片版式和主题、如何使用母版设计幻灯片、如何利用动作设置实现超链接效果及添加、移动、复制和删除幻灯片等 PowerPoint 2010 基本操作。

制作好的相册集如图 5-1 所示。

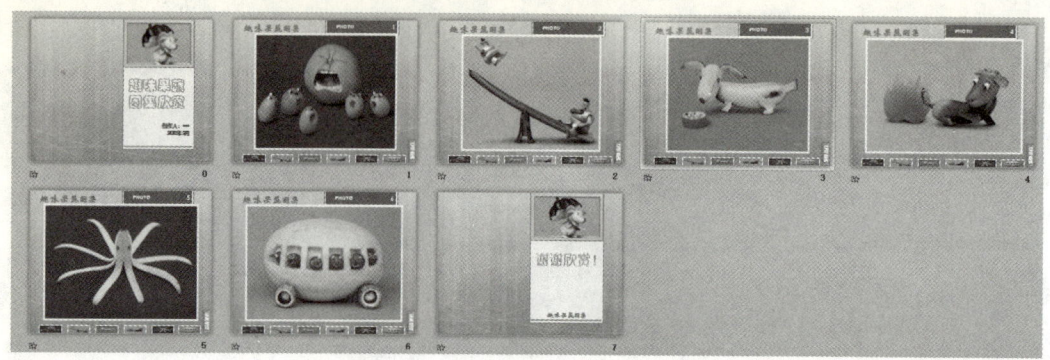

图 5-1　电子相册——果蔬趣图欣赏

5.1.2　制作步骤

1. 创建相册框架

（1）单击"开始"按钮，选择"所有程序"→Microsoft Office→Microsoft Office PowerPoint 2010 命令，启动 PowerPoint 2010，如图 5-2 所示。

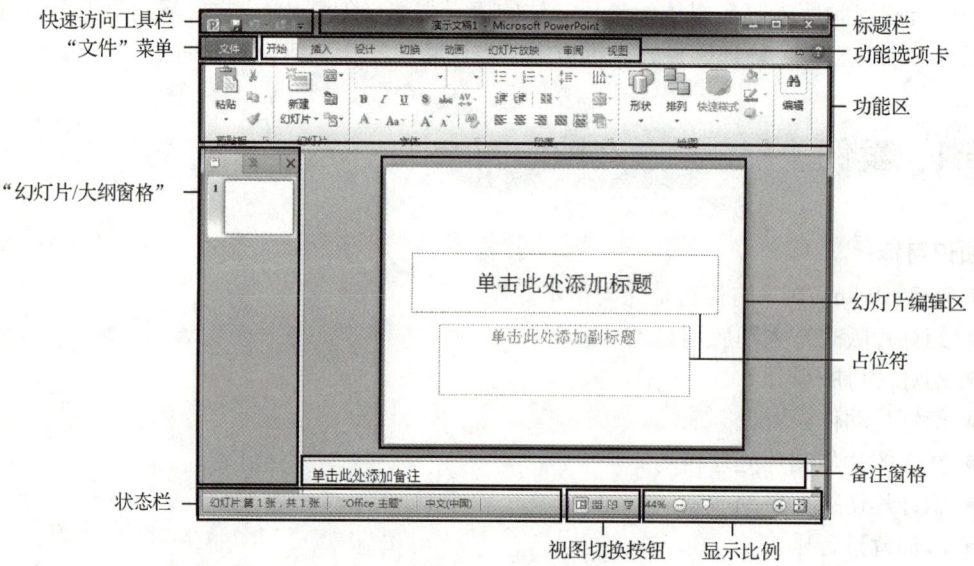

图 5-2　PowerPoint 2010 窗口界面

（2）单击"插入"选项卡"图像"组中的"新建相册"按钮。

（3）在如图 5-3 所示的"相册"对话框中，单击"文件/磁盘"按钮可以插入多个图片，还可以调整图片次序、设置相册版式等，单击"创建"按钮即可完成相册的创建。

设置要求如下：

- 插入素材文件夹中的 6 张图片。
- 按图片序号调整次序。
- 图片版式为 1 张图片。
- 相框形状为简单框架、白色。

● 主题为 Austin.thmx。

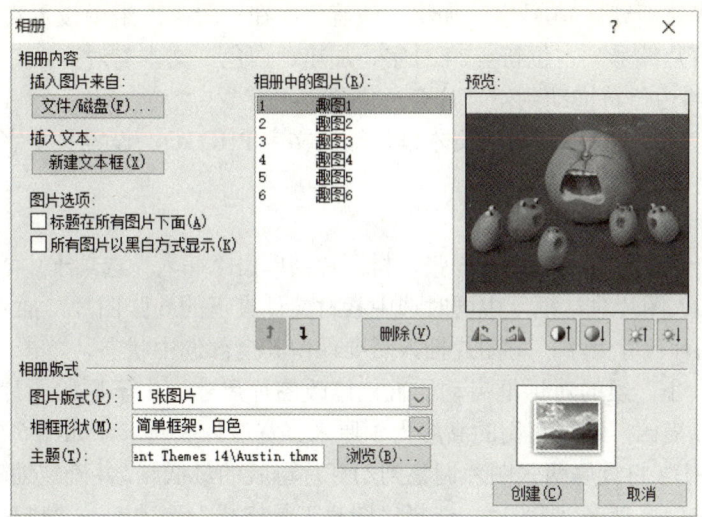

图 5-3 "相册"对话框

（4）保存演示文稿：单击快速访问工具栏中的"保存"按钮，或者使用"文件"菜单中的"保存"→"另存为"命令，保存类型为 PowerPoint 演示文稿（*.pptx）。

2. 使用母版设计幻灯片

本例中，幻灯片母版设计效果如图 5-4 所示。

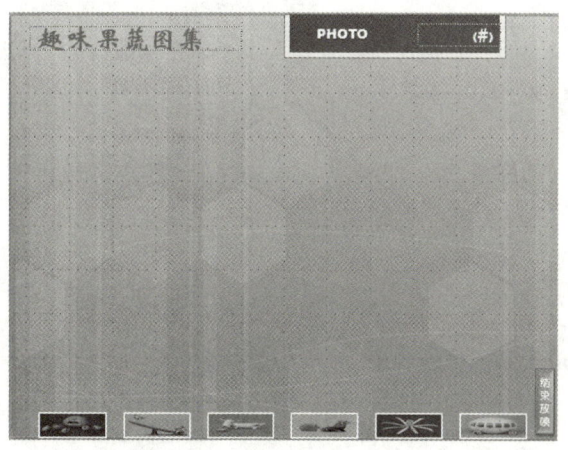

图 5-4 幻灯片母版设计

（1）切换到幻灯片母版视图。

单击"视图"选项卡"母版视图"组中的"幻灯片母版"按钮。

（2）在通用母版中删除白色背景图片。

用鼠标单击奥斯汀幻灯片母版（左侧第一个缩略图），选中白色背景图片，按 Delete 键。

（3）在空白母版中设置页脚和幻灯片编号格式。

用鼠标单击空白版式母版（左侧缩略图第 8 个），删除日期占位符，即选中日期文本框，按 Delete 键。

设置占位符格式：

- 页脚占位符格式　用鼠标单击选中页脚占位符，单击打开"开始"选项卡，在"字体"组中设置华文新魏、36 号字、加粗、浅蓝色；在"段落"组中设置文本左对齐。
- 数字（幻灯片编号）占位符　24 号字、加粗、白色、文本右对齐。

参照图 5-4，将占位符拖动到幻灯片合适位置。

（4）在幻灯片合适位置添加透明文本框，输入文字 PHOTO，设置文字字体为 Arial Black，格式为白色、加粗、阴影。

（5）制作图片缩略图效果。

在幻灯片空白母版中一次性插入 6 张素材图片：单击"插入"选项卡中"图像"组的"图片"按钮，在"插入图片对话框"中同时选中素材文件夹下的 6 张图片，插入即可。

- 统一设置图片尺寸大小：将图片插入后要保留其全部选中状态，单击"图片工具格式"选项卡"大小"组的对话框启动器直接修改图片尺寸，由于原始图片的大小不一致，取消锁定纵横比，设置它们的高度为 1 厘米、宽度为 3 厘米，如图 5-5 所示。
- 统一对齐图片：将首尾两张图片调整到幻灯片母版的最低端，并确定缩略图的左右边界，之后再次选中全部 6 张图片，选择"图片工具格式"选项卡→"排列"组→"对齐"→"横向分布"和"底端对齐"两个命令完成缩略图的布局。
- 利用"图片工具格式"选项卡的"图片样式"组为缩略图添加白色、2.25 磅图片边框。

（6）制作图片缩略图链接。

选中第 1 张缩略图，选择"插入"选项卡→"链接"组→"动作"命令，在"动作设置"对话框中选择"单击鼠标"选项卡，设置"超链接到"对应幻灯片，如图 5-6 所示。

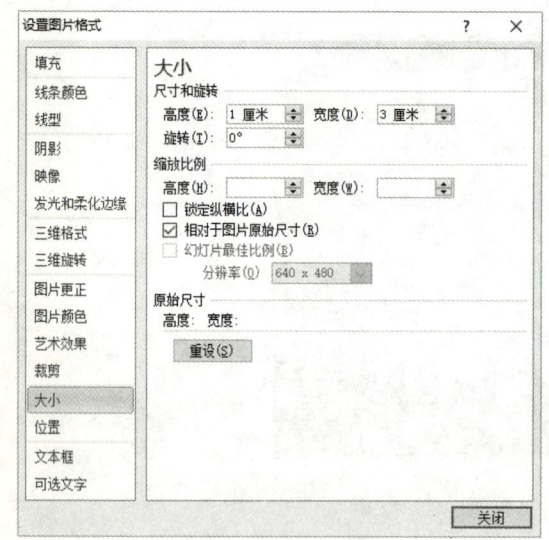

图 5-5　设置图片尺寸

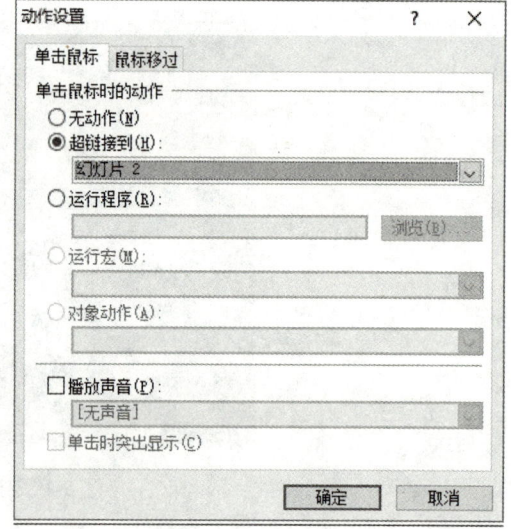

图 5-6　动作设置

其他缩略图的设置方法同上。

（7）添加结束放映动作按钮。

在"插入"选项卡的"插图"组中，选择"形状"按钮中的"动作按钮：自定义"，在幻灯片右下角绘制"结束放映"按钮，设置"单击鼠标"超链接到"最后一张幻灯片"。

在"开始"选项卡的"绘图"组"快速样式"中，选择"强烈效果-绿色"样式。

用鼠标右击动作按钮，选择"编辑文字"命令，输入按钮文本"结束放映"，设置文本格式为 14 号字、加粗、白色。

（8）标题幻灯片版式设计如图 5-7 所示。

图片设置：插入图片，选择"图片工具格式"选项卡中"图片样式"组的"金属框架"选项。

设置页脚：输入文本"趣味果蔬图集"，设置为华文新魏、24 号字、加粗、浅蓝色，左对齐。

（9）单击打开"幻灯片母版"选项卡，选择"关闭母版视图"命令，返回幻灯片普通视图。

3. 制作封面（标题幻灯片）

即制作第一张幻灯片，默认"标题幻灯片"版式，如图 5-8 所示。

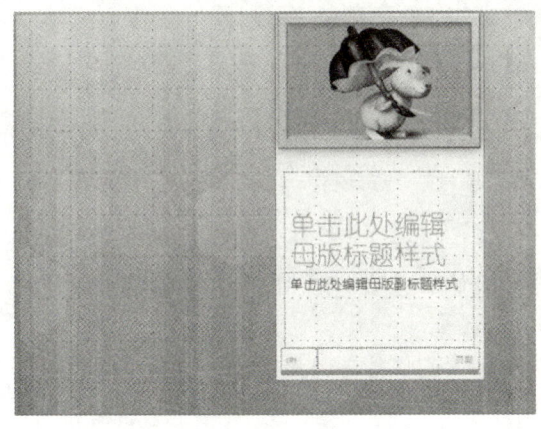

图 5-7 标题幻灯片版式　　　　　　　图 5-8 标题幻灯片

（1）在标题与副标题占位符中分别输入标题文字"趣味果蔬图集欣赏"和制作人信息。

（2）使用"开始"选项卡"字体→段落"组设置：标题文字为华文彩云、54 号字、加粗、阴影、左对齐；副标题文字为幼圆、20 号字、黑色、加粗、阴影、底端对齐（"对齐文本"）、右对齐。

4. 插入页眉页脚

单击"插入"选项卡中"文本"组的"页眉和页脚"按钮，设置如图 5-9 所示，最后单击"全部应用"按钮即可。

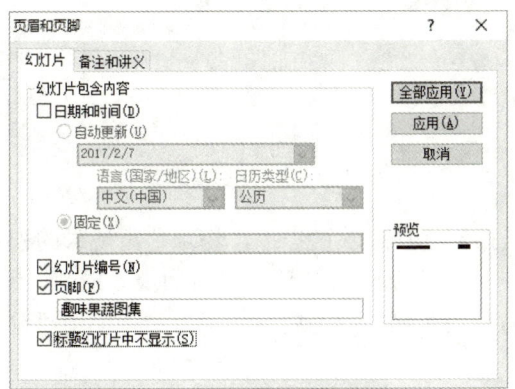

图 5-9 设置页眉和页脚

注： 默认情况下，演示文稿是不显示页眉和页脚信息的，只有进行插入设置后才会在演示文稿中显示。

由于幻灯片上显示的数字是幻灯片编号，因此不能正确显示出图片序号，要解决图片序号与幻灯片编号差 1 的问题，只需要设置幻灯片起始编号从 0 开始即可。单击"设计"选项卡中"页面设置"组的"页面设置"按钮，设置如图 5-10 所示。

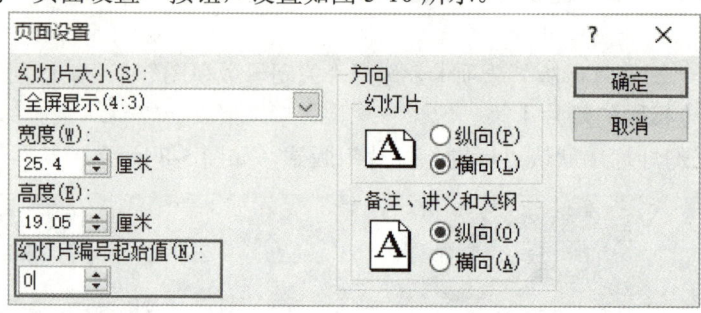

图 5-10　设置幻灯片编号

5. 制作封底（结束页）

（1）插入结束页：选中最后一张幻灯片，单击"开始"选项卡中"幻灯片"组的"新建幻灯片"按钮。

（2）设置标题幻灯片版式：单击"开始"选项卡中"幻灯片"组"版式"下的"标题幻灯片"按钮。

（3）输入标题文字"谢谢欣赏！"，并设置格式。

（4）显示页脚：单击"插入"选项卡中"文本"组的"页眉和页脚"按钮，在"页眉和页脚"对话框中，撤选"标题幻灯片中不显示"复选框，勾选"页脚"复选框，单击"应用"按钮即可。

6. 设置幻灯片切换效果与换片方式

（1）设置幻灯片切换：选中幻灯片，在"切换"选项卡的"切换到此幻灯片"组中，单击要应用于该幻灯片的幻灯片切换效果，如图 5-11 所示。

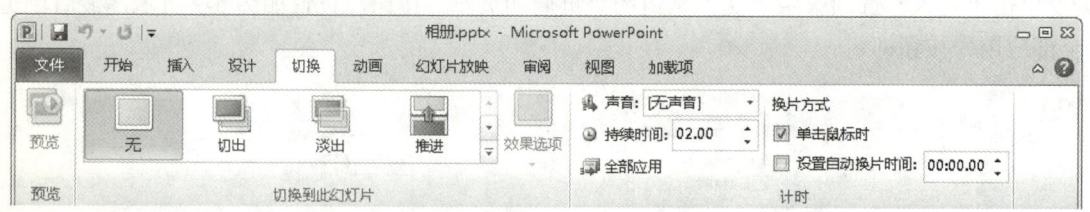

图 5-11　幻灯片切换选项卡

"幻灯片切换效果"是指幻灯片放映过程中，幻灯片出现时的视觉效果。在"切换"选项卡中可以控制切换效果的速度，添加声音，还可以对切换效果的属性进行自定义。

请为第 1～7 张幻灯片应用不同的动态内容切换方案，使用"预览"按钮对所设幻灯片的切换效果进行预览。

（2）设置换片方式。

要求第 1～6 张幻灯片只能使用动作设置进行换片，即单击鼠标时不能换片。同时选中第

1~6张幻灯片,在"切换"选项卡的"计时"组中,取消勾选换片方式的两个复选框。

同时设置换片方式中的"单击鼠标时"和"设置自动换片时间"时,PowerPoint 自动在两者之间选择一个较短时间进行切换。

7. 保存并放映演示文稿

放映演示文稿:在"幻灯片放映"选项卡的"开始放映幻灯片"组中,单击"从头开始"(或按 F5 键)或者"从当前幻灯片开始"(或按 Shift+F5 快捷键)。

观看幻灯片放映效果是否达到预期要求,如本例中的幻灯片跳转是否正确,如有错误要马上修改;想想还能给幻灯片加点儿什么?能为图片增加文字说明吗?能添加背景音乐吗?请大家参考相关知识点自行补充完善。

反复修改及放映演示文稿直至放映效果满意,保存演示文稿。

5.1.3 相关知识点

1. 新建演示文稿

(1)创建空白演示文稿。

- 使用命令创建:启动 PowerPoint 2010 后,选择"文件"→"新建"命令,在"可用的模板和主题"栏中单击"空白演示文稿",再单击"创建"按钮,即可创建一个空白演示文稿。
- 使用快捷菜单创建:在桌面空白处单击鼠标右键,在弹出的快捷菜单中选择"新建"→"Microsoft PowerPoint 演示文稿"命令,即可在桌面上新建一个空白演示文稿。
- 使用快捷键创建:启动 PowerPoint 2010 后,按 Ctrl+N 快捷键可快速新建一个空白演示文稿。

(2)利用模板创建演示文稿。

启动 PowerPoint 2010,选择"文件"→"新建"命令,在"可用的模板和主题"栏中单击"样本模板"按钮,在打开的页面中选择所需的模板选项,单击"创建"按钮即可创建演示文稿。

(3)利用主题创建演示文稿。

启动 PowerPoint 2010,选择"文件"→"新建"命令,在"可用的模板和主题"栏中单击"主题"按钮,在打开的页面中选择需要的主题,单击"创建"按钮即可创建演示文稿。

2. 保存演示文稿

(1)直接保存演示文稿:选择"文件"→"保存"命令或单击快速访问工具栏中的"保存"按钮,快捷键是 Ctrl+S。

(2)另存为演示文稿:若不想改变原有演示文稿中的内容,可通过"文件"→"另存为"命令将演示文稿保存在其他位置。

(3)将演示文稿保存为模板:可以根据需要将制作好的演示文稿保存为模板,以便后期制作同类演示文稿时使用。选择"文件"→"保存"命令,打开"另存为"对话框,在"保存类型"下拉列表框中选择"PowerPoint 模板"选项。

课堂练习 5-1:将课堂制作的演示文稿另存为 2003 版本的演示文稿。

3. 新建幻灯片

在"幻灯片→大纲"窗格选中一张幻灯片,用鼠标在其上右击,在快捷菜单中选择"新建幻灯片"命令，或单击"开始"→"幻灯片"组→"新建幻灯片"按钮（按 Ctrl+M 快捷键），则在其后插入一张新的幻灯片。

课堂练习 5-2：在封面页后插入一张新幻灯片，将幻灯片版式设置为标题。

4．选择幻灯片

在"幻灯片→大纲"窗格或幻灯片浏览视图中，利用幻灯片缩略图可以方便地选择幻灯片。

（1）选择单张幻灯片：单击幻灯片缩略图。

（2）选择多张连续的幻灯片：单击要选择的第 1 张幻灯片，按住 Shift 键不放，再单击需选择的最后一张幻灯片，释放 Shift 键后，两张幻灯片之间的所有幻灯片均被选中。

（3）选择多张不连续的幻灯片：单击要选择的第 1 张幻灯片，按住 Ctrl 键不放，再依次单击需选择的幻灯片，可选择多张不连续的幻灯片。

（4）选择全部幻灯片：按 Ctrl+A 快捷键，可选择当前演示文稿中所有的幻灯片。

课堂练习 5-3：将第 2、第 4、第 6 张幻灯片的切换方式设置为翻转。

5．移动和复制幻灯片

（1）在"幻灯片→大纲"窗格或幻灯片浏览视图中，利用鼠标直接拖动幻灯片缩略图即可实现幻灯片的移动，若拖动的同时按住 Ctrl 键，则可实现幻灯片的复制。

（2）右击幻灯片缩略图，在快捷菜单中选择"剪切→粘贴"或"复制幻灯片"命令，即可完成移动或复制幻灯片。

课堂练习 5-4：将刚插入的标题版式的幻灯片移动到最后。

6．隐藏和删除幻灯片

（1）隐藏幻灯片：在"幻灯片→大纲"窗格和幻灯片浏览视图中，右击幻灯片缩略图，选择"隐藏幻灯片"命令，幻灯片放映时将自动跳过这些隐藏的幻灯片。

（2）删除幻灯片：选择要删除的幻灯片，按 Delete 键或右击幻灯片缩略图，选择"删除幻灯片"命令。

课堂练习 5-5：将最后一张幻灯片隐藏。

7．为演示文稿应用主题

打开演示文稿，选择"设计"选项卡→"主题"组，在"主题选项"栏中单击所需的主题样式。也可以根据自己的喜好更改当前演示文稿的主题颜色、主题字体或主题效果。

课堂练习 5-6：为相册更改主题。

8．为演示文稿添加背景音乐

（1）选中要添加音乐的幻灯片，单击"插入"选项卡"媒体"组的"文件中的音频"命令，选择要插入的声音文件，单击"插入"按钮，此时幻灯片上将显示一个声音图标。

（2）将鼠标移向声音图标，将显示一个简易播放控件；选中声音图标，将显示音频工具"格式"和"播放"选项卡，在"播放"选项卡的"音频选项"组中设置"开始："为"自动"或者"跨幻灯片播放"。此外，还可以对音频进行剪辑、放映时隐藏声音图标等设置。要隐藏声音图标时，还可以将它直接拖出幻灯片。

（3）选中声音图标，单击"动画"选项卡"高级动画"组的"动画窗格"按钮，将在窗口右侧显示动画窗格，双击其中的播放动画序列，设置"播放音频"对话框中的"停止播放"和"重复"，如图 5-12 所示。注意，如果设置了"跨幻灯片播放"，则"停止播放"将被自动设置在"999 张幻灯片后"，可以直接实现背景音乐跨幻灯片连续播放。

课堂练习 5-7：为相册添加背景音乐，直到结束放映，并隐藏声音图标。

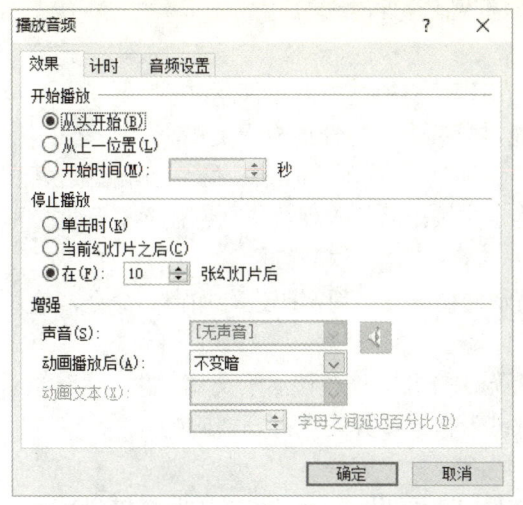 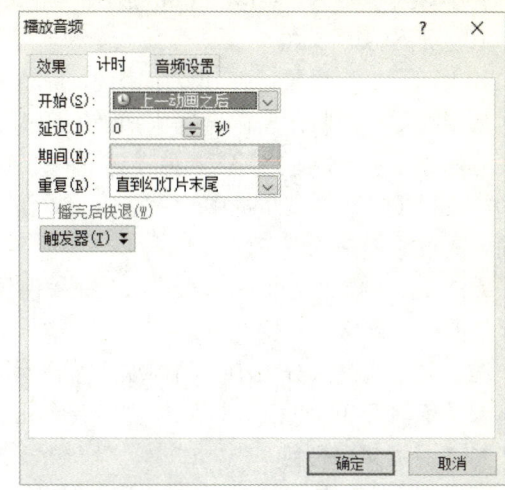

图 5-12 设置"播放声音"对话框

9. 设置放映方式

单击"幻灯片放映"选项卡"设置"组的"设置幻灯片放映"命令,弹出"设置放映方式"对话框,如图 5-13 所示。

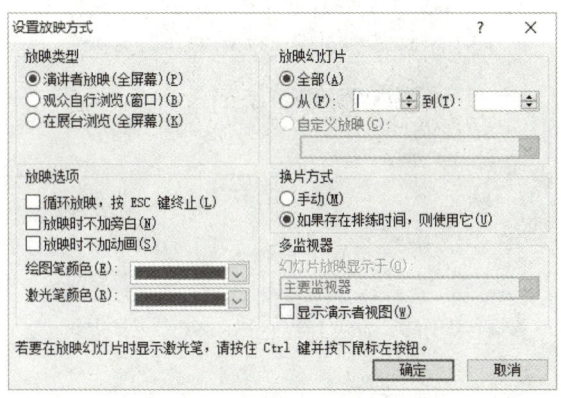

图 5-13 "设置放映方式"对话框

(1)"演讲者放映(全屏幕)":在放映过程中以全屏显示幻灯片。演讲者能控制幻灯片的放映,暂停演示文稿,添加会议细节,还可以录制旁白。

(2)"观众自行浏览(窗口)":在标准窗口中放映幻灯片。这种播放方式提供用于控制的工具栏,也可以按 PageDown 或 PageUp 键使幻灯片前进或后退。

(3)"在展台浏览(全屏幕)":实现自动全屏放映幻灯片,并且循环放映演示文稿,直到按 Esc 键为止。这种方式在放映过程中,除了通过超链接或动作按钮来进行切换以外,其他的功能都不能使用。因此,使用这种方式之前,用户必须为演示文稿设置排练时间(单击"幻灯片放映"选项卡"设置"组中的"排练计时"按钮),否则,演示文稿将永远停止在第 1 张幻灯片。

实现幻灯片自动放映的其他方法:

单击"切换"选项卡"计时"组"换片方式"中的"设置自动换片时间"→"全部应用"按钮,则在达到预设秒数时自动进行幻灯片切换,从而实现幻灯片的自动放映。

将幻灯片保存为"PowerPoint 放映"格式，即扩展名为.ppsx。

10. 加密演示文稿

如果演示文稿设置了打开权限密码，那么不知道密码就不能打开该演示文稿。

如果设置修改权限密码，则不知道密码时只能以只读方式打开该演示文稿。

方法 1：选择"文件"→"另存为"→"工具"→"常规选项"命令，在"打开权限密码"和"修改权限密码"文本框中输入密码，单击"确定"按钮后将出现"确认密码"对话框，再次输入所设置的密码即可。

方法 2：单击"文件"→"信息"→"保护演示文稿"→"用密码进行加密"命令，输入要设定的密码即可。

注意：密码是区分大小写的，如果密码丢失将无法打开或修改该演示文稿。

课堂练习 5-8：将相册保存为"PowerPoint 放映"格式，并设置打开密码为 0。

11. 演示文稿打包

演示文稿打包是指将演示文稿所需要的所有文件、字体和 PowerPoint 播放器打包到某个文件夹内或 CD，便于用户在其他计算机上正常播放演示文稿。

（1）打开需要打包的演示文稿。

（2）单击"文件"→"保存并发送"→"将演示文稿打包成 CD"→"打包成 CD"按钮，弹出"打包成 CD"对话框，如图 5-14 所示。

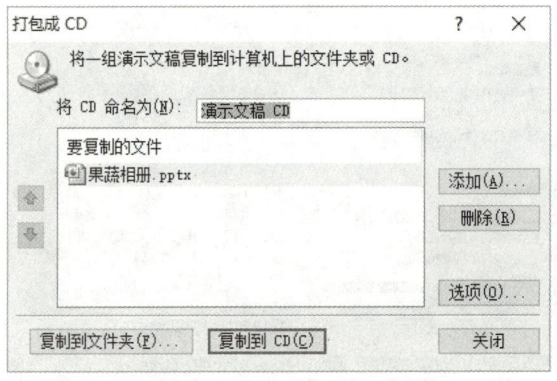

图 5-14 "打包成 CD"对话框

（3）如果要保存到本地计算机，选择"复制到文件夹"命令；如果计算机安装有刻录机，则选择"复制到 CD"命令，可以将打包文件刻录到光盘上。

5.2 案例 2——春节贺卡

知识目标：
- 自定义图形的绘制。
- 进入、强调、退出动画的添加与设置。
- 动作路径动画的设置。
- 动画刷的使用。
- 为同一对象添加多个动画效果。

- 文本动画的设置。
- 图片背景的设置。

5.2.1 案例说明

在本例中,将介绍如何调整图片的背景及为同一对象添加多个动画效果,对不同的动画进行参数设置,并通过卷轴绘制,配合动画特效,以卷轴展开的动感方式为读者呈现字画内容,形式新颖,应用广泛。

案例效果如图 5-15 所示。

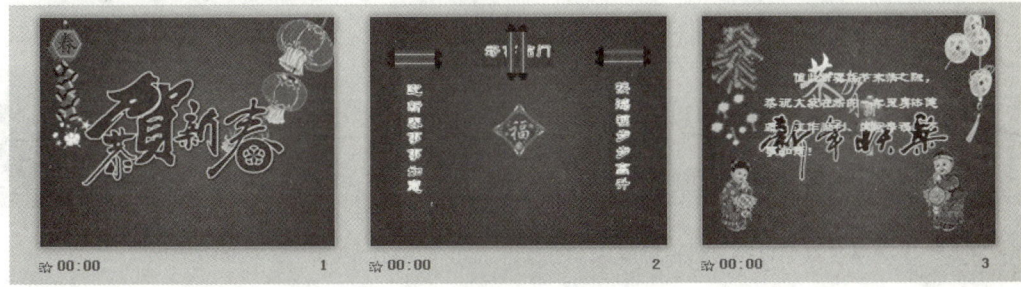

图 5-15 "春节贺卡"浏览视图

5.2.2 制作步骤

1. 制作"封面页"

操作步骤如下。

(1)新建空白演示文稿,设置幻灯片版式为"空白版式"。

单击"开始"选项卡"幻灯片"组的"版式"按钮,选择"空白"选项。

(2)为幻灯片添加背景。

用鼠标右击空白幻灯片,在快捷菜单中选择"设置背景格式"命令,在"填充"选项卡下选择"图片或纹理填充"选项,插入自"文件",选择背景图片文件,单击"全部应用"按钮,再单击"关闭"按钮,如图 5-16 所示。

(3)插入图片。

单击"插入"选项卡"图像"组的"图片"按钮,找到素材文件夹,按住 Ctrl 键,选择"鞭炮 1""灯笼""恭贺新春"3 张图片,单击"插入"按钮。

(4)对图片进行格式设置。

为"灯笼"图片设置背景透明:选中"灯笼"图片,单击"格式"选项卡"调整"组的"颜色"按钮,设置透明色,如图 5-17 所示,然后将鼠标移动到图片的白色背景上单击。

调整全部图片到合适的位置,如图 5-15 所示。

(5)为图片对象添加动画效果。

打开动画窗格:单击"动画"选项卡"高级动画"组的"动画窗格"按钮。

选中"灯笼"图片,单击"动画"选项卡"高级动画"组的"添加动画"按钮,在"进入"效果中设置"淡出",调整开始方式为"与上一动画同时",持续时间为"2 秒",如图 5-18 所示。

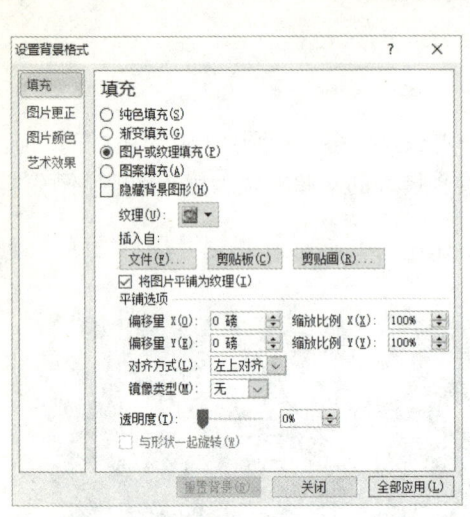

图 5-16 "设置背景格式"对话框

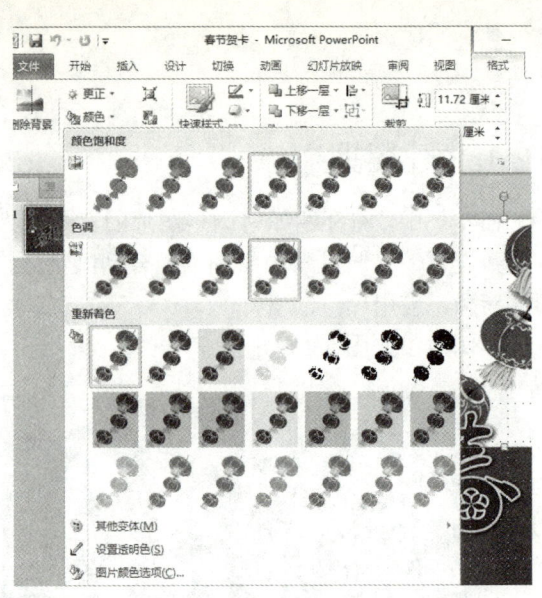

图 5-17 设置透明色

选中"鞭炮"图片,设置动画类型为"进入"效果的"飞入",调整开始方式为"与上一动画同时",持续时间为"2秒",延迟"1秒",效果选项设置为"自顶部",如图 5-19 所示。

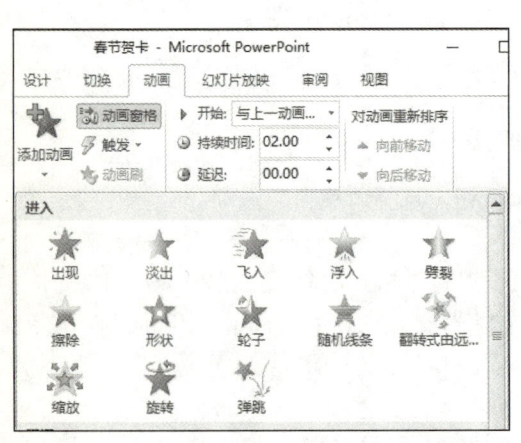

图 5-18 添加动画窗口

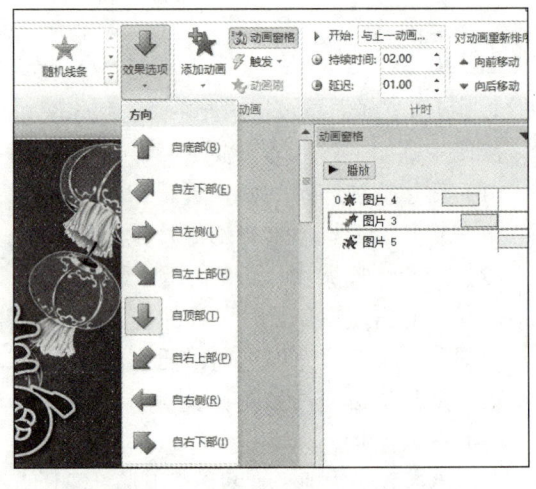

图 5-19 动画的效果选项设置

选中"恭贺新春"图片,设置动画类型为"进入"效果的"翻转式由远及近",调整开始方式为"与上一动画同时",持续时间为"2秒"。

查看幻灯片放映效果,单击"幻灯片放映"选项卡"开始放映幻灯片"组的"从当前幻灯片开始"按钮。

2. 制作"春联"页

(1) 插入一张空白版式的幻灯片:单击"开始"选项卡"新建幻灯片"按钮,单击"新建空白文档"图标。

（2）绘制画轴。

画杆　　　　　　　　　　轴头　　　　　　　　　　　画轴

绘制画杆：单击"插入"选项卡"形状"组的"矩形"选项，在幻灯片上绘制矩形。选中刚刚绘制的"矩形"。

在"格式"选项卡"大小"组中，调整其高度为 0.7 厘米，宽度为 3.4 厘米，如图 5-20 所示。

图 5-20　艺术字的格式选项卡

单击"格式"选项卡"形状样式"组的"形状轮廓"选项，单击"无轮廓"按钮。

单击"格式"选项卡"形状样式"组的"形状填充"选项，在"渐变"列表中选择"其他渐变"，在弹出的对话框中将方向设置为"线性向上"，设置填充颜色 RGB（255,129,129），调整渐变光圈到合适的效果，如图 5-21 所示。

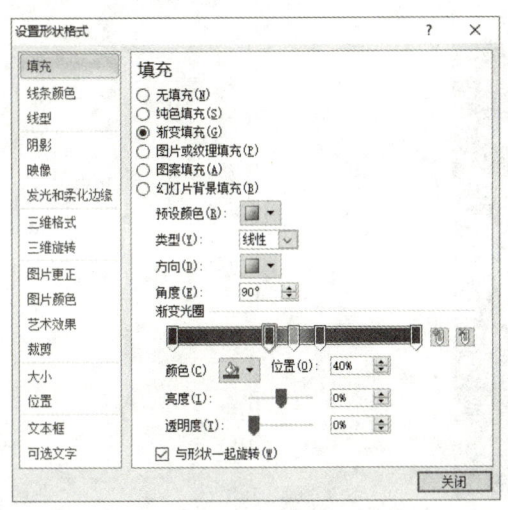

图 5-21　设置渐变填充相关参数

绘制轴头：绘制椭圆，设置"形状填充"为"黑色"，"形状轮廓"为"无轮廓"，"高度"为 1.05 厘米，"宽度"为 0.25 厘米。复制椭圆，设置"高度"为 0.88 厘米。再次复制椭圆，设置"高度"为 0.53 厘米。调整 3 个椭圆使其左右紧密相连（用 Ctrl+方向键进行微调），然后同时选中 3 个椭圆（按住 Shift 键），选择"格式"选项卡"排列"组"对齐"按钮下的"上下居中"命令。

同时选中 3 个椭圆，选择"排列"组"组合"按钮中的"组合"命令，将其组合为一个对象，轴头绘制完毕。复制轴头，然后选择"排列"组的"旋转"按钮下的"水平翻转"命令。

将轴头调整到画杆两端的合适位置，选中 3 个对象，"上下居中"对齐，将此 3 个对象组合在一起成为画轴。

复制画轴，并将两个画轴上下并列放置在幻灯片左侧对联的起始位置，如图 5-22 所示。

（3）绘制画卷。

绘制矩形，"形状填充"为"深红"，"形状轮廓"为"无轮廓"，"高度"为 13.5 厘米，"宽度"为 2.37 厘米。

将画卷移动到画轴的合适位置（画卷的顶端在两个画轴中间），如图 5-22 所示。

将画卷置于底层：选中画卷，单击"格式"选项卡"排列"组"下移一层"右侧的展开按钮，选择"置于底层"命令。

设置画卷文字：在画卷上单击鼠标右键，在弹出的快捷菜单上选择"编辑文字"命令，输入文字"迎新春事事如意"。

设置格式：华文隶书，39 磅，行距固定值 38 磅，设置为四行三列艺术字样式，艺术字白色轮廓粗细为 1.2 磅。

选中文字，在"开始"选项卡中设置字体为"华文隶书"，字号为"39 磅"，单击"段落"组的对话框启动器，设置行距为固定值 38 磅。

选中文字，"格式"选项卡→"艺术字样式"组第四行三列样式，单击"艺术字样式"组"文本轮廓"按钮，选择"粗细"→"其他线条"命令，在对话框中设置其"宽度"为"1.2 磅"，单击"关闭"按钮，如图 5-23 所示。

图 5-22 上联各部分的放置位置

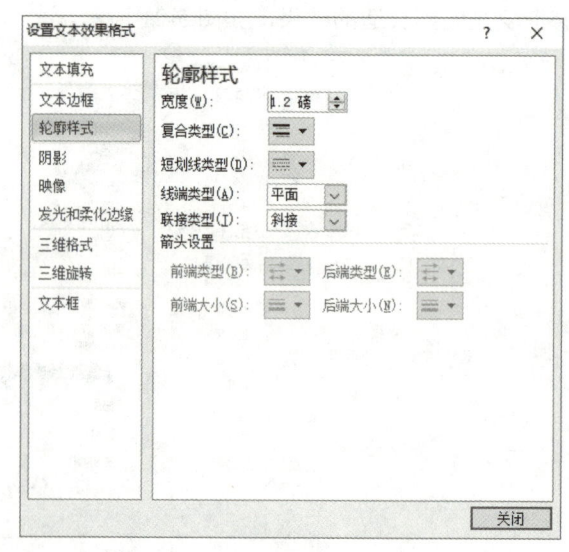

图 5-23 艺术字轮廓样式设置

（4）用卷轴动画制作上联的动画效果。

调出"动画窗格"：单击"动画"选项卡→"高级动画"组"动画窗格"按钮。

画轴飞入效果：用鼠标拖动框选两个画轴，设置为"进入"效果的"飞入"动画，效果选项为"自顶部"。

画卷进入效果：选中画卷，单击"添加动画"→"更多进入效果"→"切入"→"确定"按钮，效果选项为"自顶部"，开始方式为"上一动画之后"，持续时间为"2 秒"。

卷轴展开效果：选中下边的画轴，单击"添加动画"→"其他动作路径"→"向下"→"确定"按钮,按住 Shift 键(用于保持路径垂直)调整动作路径的结束点(红色三角的顶端)至画卷的低端,开始方式为"与上一动画同时",持续时间为"2 秒"。

在"动画窗格"中,用鼠标右击刚添加的动画(动画窗格中最后一个动画),在弹出的快捷菜单中选择"效果选项",修改"平滑开始"为"0.7 秒"(参考值),"平滑结束"为"0 秒",如图 5-24 所示。

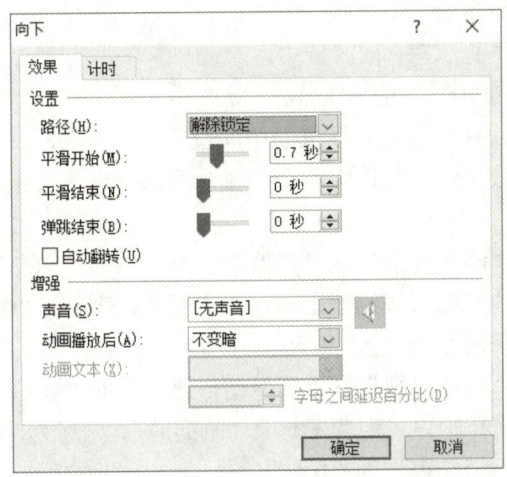

图 5-24　路径动画的效果选项设置

查看幻灯片放映效果,单击"幻灯片放映"选项卡"开始放映幻灯片"组的"从当前幻灯片开始"按钮。

注意:可通过调整画卷的放置位置、卷轴路径的结束位置及向下的动画的平滑开始时间,使卷轴的展开动画达到最佳效果。

为画卷进入时顶部暴露的部分进行遮挡。

插入幻灯片背景图片:单击"插入"选项卡"图像"组的"图片"按钮,找到素材文件夹中的背景图片,插入。

裁剪图片:单击"格式"选项卡"大小"组的"裁剪"按钮,按 Alt 键拖动,进行裁剪,只保留最上边画轴的画杆的上部图片。

通过幻灯片放映,查看图片的剪切是否合适,进行调整。

选中裁剪后的图片,添加"进入效果"的"出现"动画,开始方式为"上一动画之后"。

将这个遮挡图片的动画调整到画卷进入之前,即向前调整两步,在"动画窗格"中,选中该动画,单击"动画"选项卡"计时"组"向前移动"按钮两次。

(5)下联制作方法。

按 Ctrl+A 快捷键选中上联→Ctrl+C 快捷键复制→Ctrl+V 快捷键粘贴(发现对象的动画也一并被复制),用方向键配合移动到右侧合适位置。

删除画卷的文字内容,输入下联内容"接鸿福步步高升"。

删除画轴上部的遮挡图片,裁剪属于下联暴露部分的遮挡图片(参照上联方法)。

设置裁剪图片的动画效果(进入效果及动画顺序,参照上联方法)。

(6)横批制作方法。

绘制矩形:形状填充为"深红",形状轮廓为"无",高度为"2.54 厘米",宽度为"6.2 厘米",放置到合适的位置。

添加文字:"好事临门"。设置格式:华文隶书 39 磅,行距固定值 38 磅,艺术字样式为四行三列的效果,白色轮廓粗细 1.2 磅。

复制画轴:选中上联的两个画轴,进行复制、粘贴,用方向键移动到幻灯片中间。

删除这两个画轴的动画:在"动画窗格"中按住 Shift 键选中最后三个动画,在其上单击鼠标右键,选择"删除"命令。

旋转两个画轴使其为垂直状态:同时选中两个画轴,单击"格式"选项卡"排列"组的"旋转"按钮,选择"向左旋转 90°"选项。

调整两个画轴呈水平并列,移动到横批的中间位置。

设置画轴的抛入动画效果:同时选中两个画轴,添加"进入效果"的"翻转式由远及近"。

设置画轴的展开效果:

选中左侧画轴,单击"添加动画"→"其他动作路径"的"向左"命令,调整路径结束点至横批最左端,设置动画的开始方式为"上一动画之后",延迟为"0.5 秒",效果选项中"平滑开始"为"0.15 秒","平滑结束"为"0 秒"。

选中右侧画轴,单击"添加动画"→"其他动作路径"的"向右"命令,调整路径结束点至横批最右端,设置动画的开始方式为"与上一动画同时",延迟为"0.5 秒",效果选项中"平滑开始"为"0.15 秒","平滑结束"为"0 秒"。

选中横批,设置"进入效果"的"劈裂"动画,开始方式为"与上一动画同时",持续时间为"2 秒",延迟为"0.5 秒",效果选项为"中央向左右展开"。

(7) 为了使春联的动画连贯,可以调整鼠标单击的动画。

选中动画窗格中数字为 1 的动画,设置其开始方式为"上一动画之后",这时此动画前的数字变为 0(上联自动进入)。

选中动画窗格中数字为 1 的动画,设置其开始方式为"上一动画之后"(下联自动进入)。

选中动画窗格中数字为 1 的动画,设置其开始方式为"上一动画之后"(横批自动进入),如图 5-25 所示。

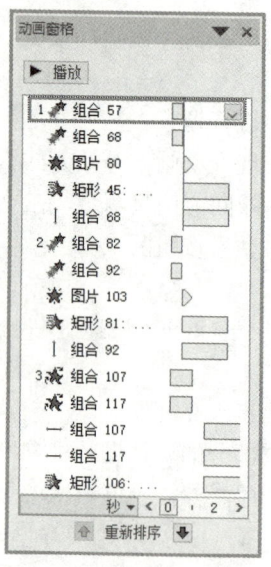 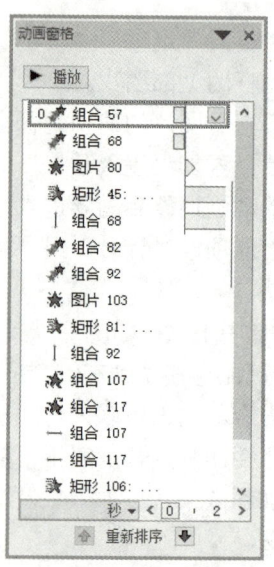

图 5-25 动画开始方式调整前后动画窗格中数字的变化

(8)"福"字特效。

插入图片"福"字。添加动画效果"进入效果"中的"缩放",开始方式为"上一动画之后",持续时间为"2 秒",延迟为"0.3 秒"。添加动画效果"强调效果"中的"陀螺旋",开始方式为"上一动画之后",持续时间为"2 秒",效果选项中方向为"顺时针",数量为"半旋转"。

3. 制作"结束页"

(1)新建一张空白版式的幻灯片。

(2)插入"鞭炮 2""中国结""恭贺新禧""新年快乐""童女""童男"素材图片,调整图片大小,放到合适位置,如图 5-15 所示。

(3)选中"中国结"图片,添加动画"其他动作路径"中的"对角线向右上",调整路径长度,设置开始方式为"上一动画之后"。

选中"中国结"图片,添加动画"强调效果"中的"放大→缩小",设置开始方式为"与上一动画同时",效果选项中方向为"两者",数量为"较小"。

选中"中国结"图片,单击"动画刷"按钮,将鼠标移向"恭贺新禧"图片并单击,即给"恭贺新禧"图片也添加了"中国结"图片中的两个动画。

调整"恭贺新禧"图片的第一个动画开始方式为"与上一个动画同时",调整"对角线向右上"动画路径的结束位置。

为"新年快乐"图片添加"进入效果"的"擦除"动画,开始方式为"上一动画之后",持续时间为"2 秒",效果选项为"自左侧"。

为"新年快乐"图片添加"退出效果"的"淡出"动画,开始方式为"上一动画之后",持续时间为"1 秒",延迟为"0.7 秒"。

插入文本框,并输入新春贺词"值此新春佳节来临之际,恭祝大家在新的一年里身体健康、工作顺利、阖家幸福、万事如意!"设置字体为"华文隶书",字号为"32 磅",字体颜色为"黄色",1.5 倍行距,加粗,阴影,首行缩进 2 字符,放置到幻灯片的合适位置。

为文字设置动画效果:选中文本框,添加"进入动画"的"淡出"效果,开始方式为"上一动画之后",持续时间为"2 秒",在动画窗格中,双击该动画,弹出效果选项,修改动画文本为"按字母"。

4. 幻灯片间的切换

选择"切换"选项卡,按 Shift 键选中前两张幻灯片,设置选中"单击鼠标时"与"设置自动换片时间",最后一张幻灯片的"切换"方式为"鼠标单击",实现单击结束放映。

5. 幻灯片放映与保存

选择"幻灯片放映"选项卡"开始放映幻灯片"组的"从头开始"选项,观看放映效果,保存演示文稿。

5.2.3 相关知识点

关于图片的其他相关实用动画特效简介。

1. 图片的滚动特效

图片滚动特效编辑窗口如图 5-26 所示。

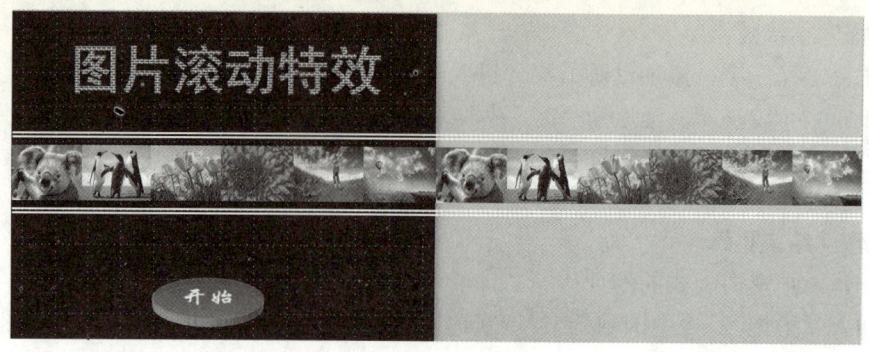

图 5-26　图片滚动特效编辑窗口

（1）新建空白演示文稿，设置幻灯片版式为"仅标题"，将幻灯片背景色设置为黑色，单击"全部应用"按钮。选中标题占位符，设置其字体格式为"白色""88 号""黑体""加粗"，输入标题文字"图片滚动特效"。

（2）砖墙字效果设置。

选中标题占位符，选择"格式"选项卡"艺术字样式"组的"文本填充"→"渐变"→"其他渐变"→"图案填充"单选按钮，指定前景色为白色，背景色为砖红色（RGB(175,26,25)）选择四行六列"横向砖形"效果，如图 5-27 所示。

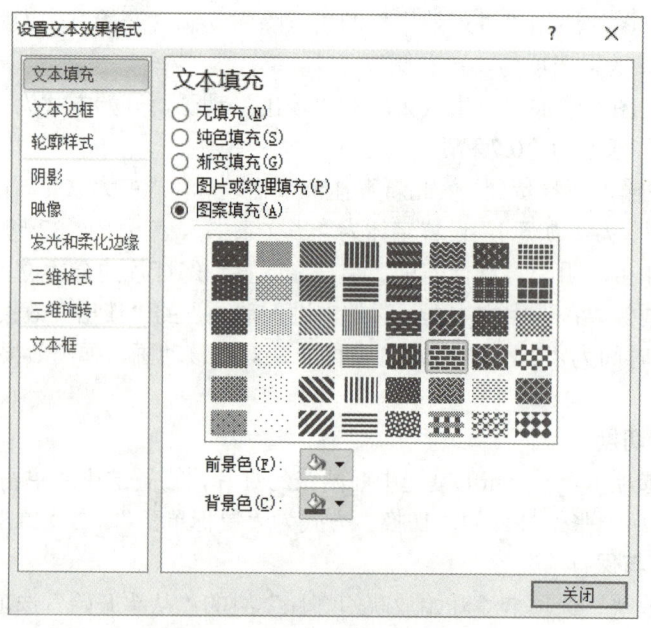

图 5-27　"设置文本效果格式"对话框

（3）图片素材：一次性插入 6 张素材图片，统一设置图片尺寸（取消锁定纵横比，设置高为 3.2 厘米，宽为 4.3 厘米），对齐幻灯片（单击"格式"选项卡"排列"组的"对齐"→"对齐幻灯片"命令），上下居中对齐，横向分布在幻灯片上。

（4）将刚插入的 6 张图片进行组合，选中 6 张图片，单击"格式"选项卡"排列"组的"组合"命令，将组合图片移动到幻灯片的合适位置。

在组合图片的上、下方分别绘制水平直线：线条颜色为"白色，背景 1，深色 25%"，线型为双线,粗细为10磅。

将两条直线和直线之间的组合图片再次组合。

复制带直线的组合图片,将其置于原组合之后,再次将二者组合(组合后包括12张图片,后6张图片在幻灯片之外)。

(5) 图片滚动动画设计。

选中图片滚动素材(组合图片),单击"动画"选项卡"高级动画"组的"添加动画"→"动作路径"→"其他动作路径"→"向左"命令,开始方式为"单击时",持续时间为"2秒",并调整路径长度。

双击动画列表,设置"效果选项"平滑开始时间为"0秒",平滑结束时间为"0秒"。

"计时":设置重复"直到幻灯片末尾"。

(6) 制作开始按钮。

绘制椭圆,选中它,单击"格式"选项卡"形状样式"组的"形状填充"→"渐变"→"其他渐变"命令,将"类型"设置为线性,"角度"设置为270°,按如下参数设置渐变光圈。

将第一个渐变光圈的停止点置于0%的位置,"颜色"设置为RGB(0,176,240),"亮度"设置为0%,"透明度"设置为22%。

添加一个渐变光圈(单击光圈右侧的 按钮),将其停止点移动到6%的位置,"颜色"设置为RGB(0,176,240),"亮度"设置为0%,"透明度"设置为15%。

将第三个渐变光圈的停止点移动到100%的位置,"颜色"设置为RGB(0,112,192),"亮度"设置为0%,"透明度"设置为31%。

将"线条颜色"设置为"无线条","阴影"设置为"居中偏移"。

"三维格式":

设置"棱台"→"顶端"为艺术装饰效果,"宽度"为4磅,"高度"为1.5磅。

设置"棱台"→"底端"为圆,"宽度"为7.5磅,"高度"为2磅。

设置"深度"→"颜色"为自动,"深度"为15磅。

设置"轮廓线"→"颜色"为浅蓝,"大小"为1磅。

设置"表面效果"→"材料"为半透明中的粉,"照明"为冷调中的寒冷。

设置"三维旋转"→"预设"为宽松透视。

为按钮添加文字"开始",自行调整文字的字体、字号与颜色。

(7) 应用触发器。

在动画窗格中选中路径动画,单击"动画"选项卡"高级动画"组的"触发"→"单击"→"选择触发对象"命令,如图5-28所示。

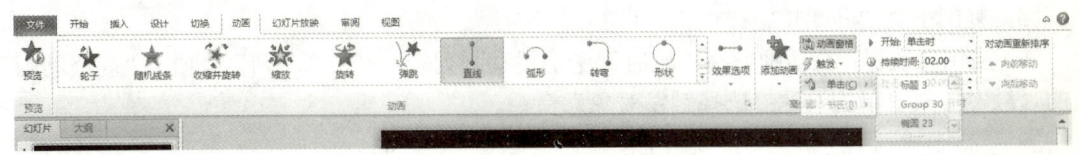

图5-28 触发器的设置

2. 图片的闪烁特效

图片闪烁特效如图5-29所示。

图 5-29　图片闪烁特效

（1）插入新幻灯片,"仅标题"版式,选中标题占位符,设置其字体格式为"红色""96号""黑体""加粗",输入标题文字"图片闪烁特效",文字换行。

（2）阴阳字效果。

用鼠标右键单击文本框,选择"另存为图片"命令,将文字以 PNG 图片形式进行保存。

调整文字颜色为白色。

在文本框上绘制一个圆形（按 Shift 键为正圆）。

单击"格式"选项卡"形状样式"组的"形状轮廓"命令,设置为无轮廓。

单击"形状填充"→"渐变"→"其他渐变"→"填充"项的"图片或纹理",选择刚刚保存的文字图片,勾选"将图片平铺为纹理","对齐方式"设置为"居中"。

根据需要调整偏移量。

（3）图片素材：参照图片滚动特效的方法设置图片。

（4）图片闪烁动画设计。

同时选中图片闪烁素材（6 张图片）,单击"动画"选项卡"高级动画"组的"添加动画"→"进入"→"淡出"命令,设置开始为"与上一动画同时","计时"重复：直到幻灯片末尾。

为相邻的图片设置不同的动画速度,例如 6 张图片的渐变速度依次是 2 秒、3 秒、1 秒、2 秒、3 秒、1 秒,设置不同的延迟时间效果会更好些。

（5）复制上页的开始按钮。

（6）应用触发器：在动画窗格中同时选中上述动画列表,单击"动画"选项卡"高级动画"组的"触发"→"单击"→"选择触发对象"命令。

5.3　案例 3——电影倒计时动画

知识目标：

● 幻灯片背景设置。

- 动作按钮与插入超链接。
- 添加动画效果与延迟设计。
- 设置触发器。

5.3.1 案例说明

在本例中，将介绍电影倒计时特效的制作。案例效果如图 5-30 所示。

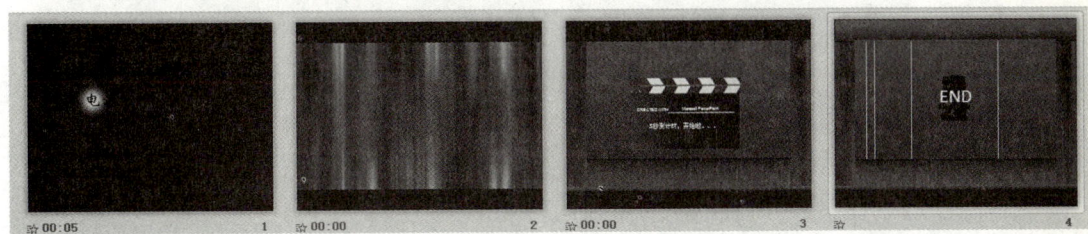

图 5-30 "倒计时动画"浏览视图

5.3.2 制作步骤

1. 制作"封面页"

（1）新建幻灯片，设置为空白版式，设置黑色背景（单击"设计"选项卡"背景"组的"背景样式"命令，用鼠标右击"样式 4"，在弹出的菜单中选择"应用于所有幻灯片"命令）。

（2）插入文本框，放置到合适的位置，输入标题"电影倒计时特效"，设置字体为"华文新魏"，字号为"54 磅"。

（3）制作光晕。

绘制一个正圆：单击"插入"选项卡"插图"组"形状"的"椭圆"按钮，按住 Shift 键进行拖动，绘制正圆。

选中正圆，单击右键，在弹出的菜单中单击"设置形状格式"→"填充"命令，设置"渐变填充"的"类型"为"路径"，再设置渐变光圈。

设置左侧渐变光圈"颜色"为"白色"，透明度设置为"0%"；右侧渐变光圈"颜色"为"白色"，透明度设置为"100%"。删除多余光圈。将"线条颜色"设置为"无线条"。

（4）制作扫光动画特效。

将光晕移动到文本框第一个字的上面。调整图层顺序：文字在顶层，黑色背景在底层，光晕置于中间层。选中文本框，单击"格式"选项卡"排列"组的"上移一层"按钮，选择"置于顶层"选项。

选中光晕，添加"向右"的动作路径，调整路径使其与文本框的长度一致。

在"效果"选项卡中，将"平滑开始""平滑结束"都设置为 0 秒，为了能够让光晕左右来回移动，勾选"自动翻转"选项。

在"计时"选项卡中，将"期间"设置为"慢速（3 秒）"，"重复"设置为"直到幻灯片末尾"，如图 5-31 所示。

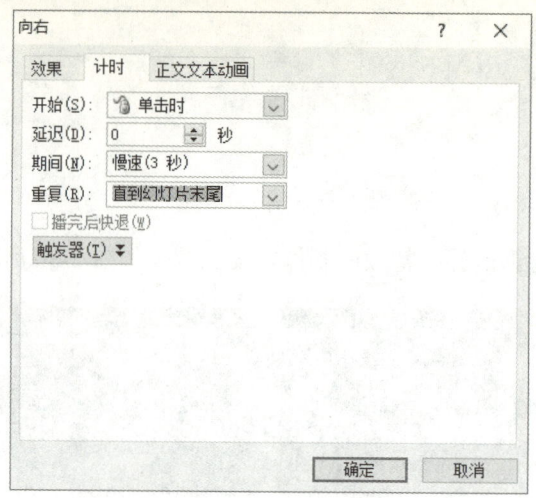

图 5-31 "计时"对话框

将文本框中文字的颜色修改为"黑色"。

2. 制作拉幕后的影院效果

（1）插入红幕图片（单击"插入"选项卡"图像"组的"图片"按钮），并调整大小、位置。

（2）绘制两个矩形，设置形状格式：无线条色、黑色渐变填充，适当调整渐变光圈和亮度，如图 5-32 所示。

（3）第 2 次插入红幕图片，如图 5-33 所示。

   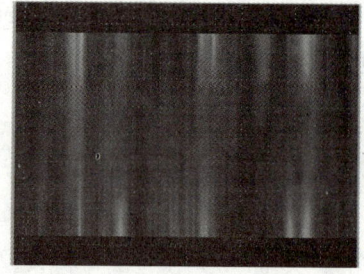

图 5-32 拉幕后的影院效果　　　　　　　图 5-33 第 2 次插入红幕图片

（4）拉幕动画设计：

单击"添加动画"→"退出"命令，分别选中"劈裂""开始：上一动画之后""持续时间 1 秒""效果选项"，设置方向为"中央向左右展开"。

3. 制作开拍效果

复制上一张幻灯片，删除最上端的红幕，即是拉幕后的影院效果。插入图片"道具-1"与"道具-2"，调整大小并置于适当位置。在道具图片上添加透明文本框，输入文本，如图 5-34 所示。

图片"道具-1"动画设计 1：依次单击"添加动画"→"强调"→"陀螺旋""开始：上一动画之后""持续时间 00.50 秒"，双击动画列表，在"效果选项"中设置数量"15°逆时针"。

图片"道具-1"动画设计 2：依次单击"添加动画"→"强调"→"陀螺旋""开始：上一动画之后""持续时间 00.20 秒"，双击动画列表，在"效果选项"中设置数量"15°顺时针"。

图 5-34 道具图片

4. 电影倒计时背景设计

复制上一张幻灯片,删除道具图片及文字,保留拉幕后的影院效果。

在放映处绘制一个矩形,设置灰白色渐变效果,并添加 1.5 磅的黑色横、竖线产生分割效果。

在矩形上绘制两个无填充色、白色线条的同心圆(左右居中、上下居中对齐同心圆),如图 5-35 所示。

5. 5 秒倒计时效果

(1)制作第 5 秒倒计时效果,如图 5-36 所示。

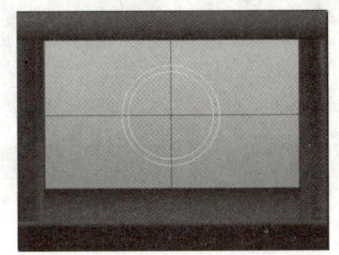   

图 5-35 电影倒计时背景   图 5-36 第 5 秒倒计时

在圆内添加一个透明矩形,添加数字 5,黑色,200 号字。

灰白色矩形动画设计:依次单击"添加动画"→"进入"→"轮子""开始:与上一动画同时""持续时间 1 秒"。

数字 5 动画设计:依次单击"添加动画"→"进入"→"淡出""开始:与上一动画同时""持续时间 1 秒"、"效果选项:播放动画后隐藏"。

黑色背景矩形动画设计:依次单击"添加动画"→"强调"→"彩色脉冲""开始:与上一动画同时""持续时间 1 秒""效果选项:白色,背景 1,深色 25%"。

(2)第 4~1 秒的倒计时动画设计与第 5 秒基本相同,只需要修改每秒的动画列表中的第一个动画,将"开始:与上一动画同时"修改为"开始:上一动画之后"。注意,最后 1 秒不需要设置播放后隐藏。此时数字 5~1 将叠放在一起,只有在播放时才能看到 5 秒倒计时效果。

(3)倒计时结束效果,如图 5-37 所示。

绘制矩形,设置黑色渐变,用于倒计时结束后遮挡灰白色的

图 5-37 倒计时结束

倒计时区域，其动画设计步骤为依次单击"添加动画"→"进入"→"淡出""开始：上一动画之后""持续时间 0.5 秒"。

添加结束文本 END，可以使用艺术字，请自行添加动画效果。

为增添老电影效果，也可以加几条竖线，随着倒计时而前后移动，请自行完成动画设计。（提示：为竖线添加向右直线动作路径，设置不同的路径长度，"开始：与上一动画同时""持续时间 3 秒"设置重复 2 次或"自动翻转"；调整全部竖线动画到动画列表起始处，使得竖线动画开始于倒计时之前，持续到倒计时结束之后。）

6. 设置幻灯片切换，实现电影倒计时的自动放映

选中第 1～3 张幻灯片，单击"切换"选项卡"计时"组的"换片方式"命令，取消单击鼠标时换片，仅勾选"设置自动换片时间"复选框。

7. 幻灯片放映与保存

完成上述操作后，即可放映幻灯片并将其保存。

5.3.3 相关知识点

倒计时的其他效果，如图 5-38 所示。

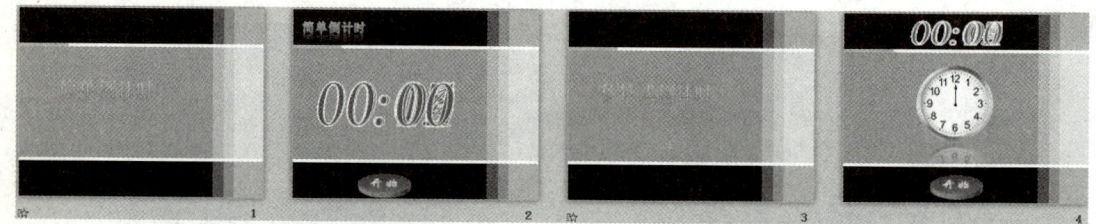

图 5-38 简单倒计时与秒针式倒计时效果图

1. 制作简单倒计时

（1）创建动态封面。

新建一张空白版式的幻灯片。绘制一个与幻灯片等大的矩形，设置矩形的"形状轮廓"为"无轮廓"，背景色为 RGB（149，186，32）。

绘制两个与幻灯片同宽的细长矩形，将矩形的"形状填充"与"形状轮廓"都设置为"黑色"，分别放置于幻灯片的顶部与底部，如图 5-38 所示。

绘制 3 个与幻灯片等高的矩形。选中最右侧的矩形，将其移动到幻灯片的最右侧，"填充颜色"为白色，"透明度"为 66%，"线条颜色"为无线条，设置其置于顶层；

选中设置好的矩形，用"格式刷"将另外两个矩形刷成与设置好的矩形效果一样的格式；

选中一个矩形，设置为中间层（首先将其置于顶层，然后下移一层），调整它的宽度比顶层矩形的宽度宽一点，将两个矩形右对齐；

选中最后一个矩形，设置为底层（首先将其置于顶层，然后下移两层），调整它的宽度比中间层矩形的宽度宽一点，将两个矩形右对齐。

使 3 个矩形构成一种重叠的层次感，如图 5-38 所示。

插入艺术字，输入"简单倒计时"，设置映像效果。

为黑色矩形添加个性边框。绘制一个与幻灯片等宽的矩形，将高度设置为 0.2 厘米，放置在底部黑色矩形顶边上；将矩形的"形状填充"与"形状轮廓"都设置为白色；将这个矩形复

制两个，将其中一个放置于顶部的黑色矩形底边处，将另一个缩短。修改缩短矩形的"形状填充"与"形状轮廓"为"橙色"，与顶部白色矩形组合。

设置动画效果。单击绿色矩形背景，设置其"进入效果"为"淡出"动画、"开始"为"上一动画之后"、持续时间为"2秒"。

单击顶部黑色矩形，设置其"进入效果"为"飞入"动画、"开始"为"上一动画之后"、持续时间为"2秒"、"效果选项"为"自顶部"。

单击橙色与白色组合的图形，设置其"进入效果"为"飞入"动画、"开始"为"与上一动画同时"、持续时间为"2秒"、"效果选项"为"自顶部"。

单击底部黑色矩形与白色边框设置其"进入效果"为"飞入"动画、"开始"为"与上一动画同时"、持续时间为"2秒"、"效果选项"为"自底部"。

选中3个半透明矩形中最上层的矩形，设置其"进入效果"为"飞入"动画、"开始"为"上一动画之后"、持续时间为"0.5秒"、"效果选项"为"自右侧"。

选中3个半透明矩形中中间层的矩形，设置其"进入效果"为"飞入"动画、"开始"为"与上一动画同时"、持续时间为"0.5秒"、延迟为"0.3秒"、"效果选项"为"自右侧"。

选中3个半透明矩形中底层的矩形，设置其"进入效果"为"飞入"动画、"开始"为"与上一动画同时"、持续时间为"0.5秒"、延迟为"1秒"、"效果选项"为"自右侧"。

选中标题，设置其"进入效果"为"展开"动画、"开始"为"上一动画之后"、持续时间为"1秒"、"效果选项"的"动画文本"为"按字母"、"字母之间延迟百分比"为20，如图5-39所示。

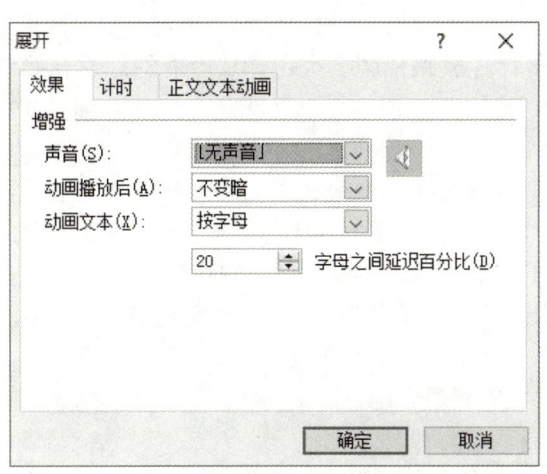

图5-39　展开动画的效果设置

（2）制作10秒倒计时。

复制封面页，将标题字体缩小，放至上端黑色矩形的适当位置，删除动画窗格中的所有动画。插入艺术字00:10（字体、大小、颜色自行设定）。步骤为单击"插入"选项卡"文本"组的"艺术字"命令。利用"插入"选项卡还可以方便地插入图表、图片、表格等幻灯片常用元素。

打开动画窗格：单击"动画"选项卡"高级动画"组的"动画窗格"命令。

第10秒动画设置：选中艺术字00:10，单击"动画"选项卡"高级动画"组的"添加动画"命令，选择"退出"→"消失"选项，在"计时"组中设置"开始：单击时""延迟：01.00秒"。

第 9 秒设置：复制艺术字 00:10，选中置于顶层的艺术字，修改其文本为 00:09。

选中动画窗格下的 00:09 动画效果列表，单击"动画"组→"进入"→"出现"命令，在"计时"组中设置"开始：上一动画之后"，更改已有动画效果。

选中艺术字 00:09，单击"动画"选项组"高级动画"组的"添加动画"命令，选择"退出"→"消失"选项，在"计时"组中设置"开始：上一动画之后""延迟：01.00 秒"。

复制艺术字 00:09，修改顶层艺术字为 00:08。重复此项操作，直至完成全部艺术字文本修改 00:07……00:00，因倒计时结束应停止在 00:00，即不需要 0 秒的退出，所以要删除最后一个动画效果列表（艺术字 00:00 的消失效果），方法是：用鼠标右击要删除的动画列表，在快捷菜单中选择"删除"命令。

分别设置艺术字的左对齐与顶端对齐，并一起拖动到绿色背景的中间区域。

选中全部艺术字：按住鼠标左键，在艺术字的外围拖拉出一个虚线框，即可同时选中虚线框所包围的全部艺术字。或者按 Shift 键的同时单击艺术字，也可以选中全部艺术字。

设置艺术字的对齐：选中全部艺术字，单击"绘图工具""格式"选项卡"排列"组的"对齐"按钮。

插入"开始"按钮，格式自行设置。利用触发器实现单击"开始"按钮启动 10 秒倒计时。

在"动画窗格"中，单击第 1 个效果列表，按 Shift 键的同时单击最后 1 个效果列表，选中全部动画效果列表。

单击"动画"选项卡"高级动画"组的"触发"命令，选择"单击"选项勾选动作按钮"开始"或者单击效果列表右侧箭头，选择"计时"→"触发器"→"单击下列对象时启动效果"选项，在对象列表中选择"开始"动作按钮，单击"确定"按钮即可完成触发器设置。

使用状态栏上的"幻灯片放映视图"按钮，从当前幻灯片开始放映，观看 10 秒倒计时效果。

2. 秒针式倒计时

（1）复制前两张幻灯片：用鼠标右击"幻灯片→大纲窗格"中要复制的幻灯片缩略图（注意，先选中 1～2 页幻灯片），在快捷菜单中选择"复制幻灯片"命令。

（2）将第 3 页的标题改为"秒针式倒计时"，删除第 4 页的标题。

（3）选中第 4 页中倒计时的全部艺术字，统一改变艺术字的大小，拖动至顶部黑色区域的中间位置。

（4）插入表盘图片，放置到适当位置。

（5）绘制秒针。

单击"插入"选项卡"插图"组"形状"下的"箭头"按钮，以圆心为起点，绘制带箭头的线段。用鼠标右击线段，通过快捷菜单设置形状格式，线条为黑色、3 磅宽度、前端类型为"圆形箭头"、后端类型为"箭头"，如图 5-40 所示。

在线段下方绘制与线段等长的矩形，同时选中线段和矩形，设置左右居中对齐，将二者组合并移至圆心处，设置其中的矩形为无线条、无颜色填充，这样组合后的秒针在应用陀螺旋动画时将以圆心为轴顺时针旋转。

（6）秒针动画设计：选中秒针，单击"动画"选项卡"高级动画"组→"添加动画"→"强调"→"陀螺旋"选项，在"计时"组中设置"开始：单击时"，"持续时间：10.00 秒"，"触发"设置是"单击""开始按钮"。

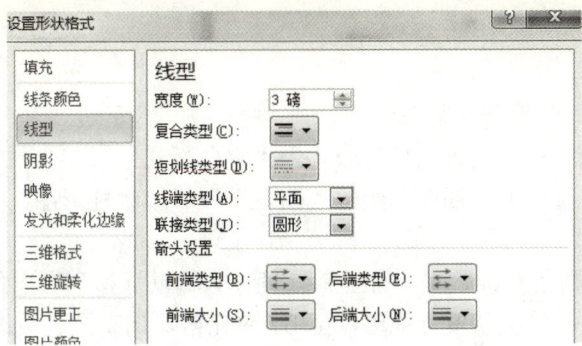

图 5-40　秒针格式设置

此时放映幻灯片，第一次单击"开始按钮"将开始数字倒计时，第二次单击将开始秒针倒计时。

（7）为保证秒针倒计时与数字倒计时同步，需要在"动画"选项卡→"计时"组中修改原有动画的开始时间和延迟设计。

选中动画窗格中的全部动画列表，修改开始时间为"与上一动画同时"。选中"10 秒的消失"和"9 秒的出现"的动画列表，设置延迟 1 秒；则下两个动画"9 秒的消失"和"8 秒的出现"的延迟应该为 2 秒。依此类推，每一对消失和出现动画，延迟时间顺次增加 1 秒。

（8）完成上述操作后，即可放映幻灯片并将其保存。

5.4　案例 4——动态数据图表制作

知识目标：
- 图表中各参数值的修改。
- 图表的各种美化方法。
- 为图表添加并修改动画。
- 自己绘制图形。

5.4.1　案例说明

图表是一种很实用的表现方式，而在幻灯片中插入图表的默认数据和图表样式可能与用户的需求不相符，本案例通过 4 个图表的制作帮读者了解图表的多种美化方法。

案例效果如图 5-41 所示。

图 5-41　"动态数据图表"浏览视图

5.4.2 制作步骤

1. 第一个图表——让图表动起来

（1）新建空白演示文稿，设置幻灯片版式为“空白版式”。

（2）单击“插入”选项卡“插图”组的“图表”→“簇状柱形图”→“确定”按钮。

（3）修改数据。

在弹出的 Excel 表格里修改数据，如图 5-42 所示，将鼠标移到右下角的蓝色控点处，鼠标呈现左前方倾斜双向实心箭头状进行拖动，至 B7 单元格，调整图表数据区域大小（区域外的数据删除与否，对图表没有影响），如图 5-43 所示。

	A	B	C	D	E	F
1		销售数量	系列 2	系列 3		
2	1月	20	2.4	2		
3	2月	35	4.4	2		
4	3月	40	1.8	3		
5	4月	29	2.8	5		
6	5月	37				
7	6月	55				
8	若要调整图表数据区域的大小，请拖曳区域的右下角。					
9						

图 5-42 图表数据

	A	B	C	D	E	F
1		主数据	差值	系列 3		
2	日常开销	36%	64%	2		
3	教育支出	22%	78%	2		
4	保险理财	18%	82%	3		
5	备用金	14%	86%	5		
6						
7		若要调整图表数据区域的大小，请拖曳				
8		区域的右下角。				
9						

图 5-43 调整图表数据区域

关闭 Excel 数据表（重新进入数据表，可选择“图表工具”的“设计”选项卡→“数据”组的“编辑数据”）。

注意：只有在 PPT 中选中图表才会出现“图表工具”的“设计”“布局”“格式”选项卡。

（4）美化图表。

删除“图例”：单击“布局”选项卡“标签”组的“图例”→“无”命令。

删除“标题”、删除“纵坐标轴”、删除“主要横网格线”（方法与删除“图例”类似）。

显示数据标签“数据标签外”。

选中“水平轴”（在水平轴上单击鼠标右键进行设置，或在“布局”选项卡“当前所选内容”组的下拉列表中选择“水平（类别）轴”，切换到“开始”选项卡，调整字号为“24 磅”“加粗”。

调整“数据标签”字号为“28 磅”（参照水平轴格式设置方法，这个名称为“系列销售数量数据标签”）。

修改“水平轴”线的宽度为“5 磅”（单击“布局”选项卡“坐标轴”组的“坐标轴”按钮，设置“主要横坐标轴”的“其他主要横坐标轴选项”，在左侧选择“线型”为“宽度”5 磅。

修改柱形图表颜色：用鼠标两次单击某一月的柱形图（呈现只有该月的柱形图被选中状态），在“格式”选项卡的“形状样式”组中，设置柱形图表的颜色、样式。

（5）设置动画。

选中整个图表，在“动画”选项卡中设置“进入动画”效果为“擦除”动画。

修改效果选项，单击“动画”选项卡“动画”组的“效果选项”→“按类别”命令。

展开动画窗格中隐藏的内容。

更改动画效果：在“动画窗格”中选中要修改的类别，在“动画”选项卡中选择其他动画效果。

注意：直接选中图表中某一分类修改动画时无效。

自行设置动画效果,动画参数设置方法与之前的案例一样。

(6) 请参照图 5-41 为图表添加标题效果和数据表添加设计主题。

2. 美化圆锥图

(1) 新建一张幻灯片,设置为"标题和内容"版式。

(2) 单击占位符中的图表按钮,插入"百分比堆积圆锥图"。

(3) 修改 Excel 表中的数据(其中系列一的数据为真实数据,系列二的值为 100%减去对应系列一的数值),调整数据区域的大小,如图 5-45 所示,关闭 Excel 数据表。

(4) 为图表的背景墙设置颜色(在图表背景墙上单击鼠标右键,在弹出的菜单中单击"设置背景墙格式"命令,或在"布局"选项卡"当前所选内容"组的下拉列表中选择"背景墙"选项,在设置所选内容格式),颜色自行设置。

(5) 选中系列"差值"(圆锥的上部分),单击鼠标右键,在弹出的菜单中选择"设置数据系列格式"命令,在"填充"选项卡中设置"纯色填充"的"颜色"为白色,"透明度"为 60%。

(6) 为每个系列设置不同的颜色,参照柱形图的设置方法。

(7) 设置图表的其他选项,使图表更加美观,如图 5-41 所示。

(8) 为图表添加动画效果、标题效果以及数据表。

3. 智能填充图表(1)

(1) 复制第一个图表的幻灯片(在左侧幻灯片缩略图上单击鼠标右键,在弹出的菜单中选择"复制幻灯片"命令)。

(2) 插入树叶图片,按 Ctrl+C 快捷键复制图片。

(3) 选中系列(图表的柱形),按 Ctrl+V 快捷键将树叶粘贴进各柱形中。

(4) 在系列上单击鼠标右键,在弹出的菜单中选择"设置数据系列格式"命令,在"填充"选项卡中设置"层叠并缩放"为 5 单位/图片(一个树叶代表数值 5),如图 5-44 所示。

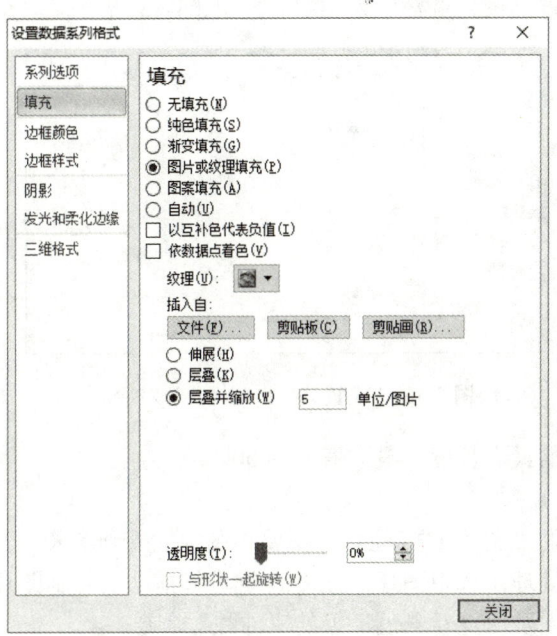

图 5-44 "设置数据系列格式"对话框

（5）插入"大地"图片，调整图片大小与位置，使其置于图表的底层，修改动画，达到最佳效果。

注意： 插入图片前要取消选中图表状态，否则图片将会插入到图表中。

（6）修改数据表中的数据，图表会动态地发生变化。

4．智能填充图表（2）

思路分析：仔细分析图表（以家庭消费支出图表为例），确定只需要两组系列的数据就可以，一组作为辅助，填充浅色的图片，放置在底端，另一组表示主要数据，填充深色的图片，放置在顶端，然后调节"系列重叠"为100%，完全重叠。

操作方法：

（1）新建一张幻灯片，设置为"标题和内容"版式。

（2）单击占位符中的图表按钮，插入"簇状条形图"。

（3）输入数据，调整数据区域的大小，如图 5-45 所示，关闭 Excel 数据表。

	A	B	C	D	E	F
1		辅助数据	主数据	系列 3		
2	日常开支	100	36	2		
3	教育培训	100	22	2		
4	保险理财	100	18	3		
5	备用金	100	14	5		
6						
7						
8		若要调整图表数据区域的大小，请拖曳区域的右下角。

图 5-45　图表数据

注意： 图表中各系列的叠放次序为 B 列底层，其次 C 列、D 列……，系列 1（B 列）的数据为参考值，各类别的参考值都一样，系列 2（C 列）的数据为真实数据。

（4）将两系列进行重叠设置：在任一系列上单击鼠标右键，在弹出的菜单中选择"设置数据系列格式"命令，设置"系列重叠"为100%，如图 5-46 所示。

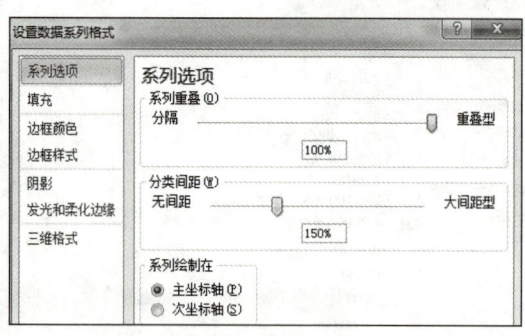

图 5-46　"设置数据系列格式"对话框

（5）设置横坐标轴的最大长度（最大值）为 50。

（6）填充图表。

插入素材文件夹中的"图片 1"（注意，不要将图片插入到图表中）。

复制图片进行冲蚀处理，选中图片，按 **Ctrl** 键进行拖动（复制图片），单击"格式"选项卡"调整"组的"颜色"及"重新着色"组的"冲蚀"命令。

复制图片并进行着色处理，方法同上类似。

选中冲蚀的图片，按 Ctrl+C 快捷键，只选中备用金的"辅助数据"系列（备用金项的长图表，单击两次此分类），按 Ctrl+V 快捷键填充。

在其上单击鼠标右键，在弹出的菜单中选择"设置数据点格式"命令，在"填充"选项卡设置"层叠并缩放"为 5 单位/图片。

选中着色的图片，进行同样的处理，填充备用金的主数据系列。

在其上单击鼠标右键，在弹出的菜单中选择"设置数据点格式"，在"填充"选项卡设置"层叠并缩放"为 5 单位/图片。

用同样的方法处理"保险理财""教育培训""日常开支"类数据。

（7）美化图表。

对坐标轴逆序操作：由于条形图的顺序与原表数据的顺序恰好相反。

单击"布局"选项卡"坐标轴"组"坐标轴"命令，设置"主要纵坐标轴"为"其他主要纵坐标轴选项"，选中左侧"坐标轴选项"选项，勾选"逆序类别"复选框。

其他设置参照效果图。

5.4.3 相关知识点

1. 制作"封面页"

操作步骤如下：

（1）在第一张幻灯片前插入一张新幻灯片，设置幻灯片版式为"空白版式"。

（2）绘制墙面。

插入矩形和梯形。选中矩形，设置"形状填充"为白色主题系列中的第二个（白色，背景1，深色 5%），设置"形状轮廓"为"无轮廓"。

选中梯形，设置"形状填充"为白色主题系列中的第三个，设置"形状轮廓"为"无轮廓"、向右旋转 90°。

调整矩形和梯形的大小及放置位置，参考图 5-41。

（3）插入文本，字号大小以适合左侧矩形排版为准。

（4）选中"数据篇"文本框，按 Ctrl+C 快捷键复制，单击鼠标右键，在弹出的菜单中通过"粘贴选项："命令选择性粘贴为图片（粘贴选项中第二个选项），如图 5-47 所示。按住 Ctrl 键拖动文字图片，再复制一份该图片。

（5）裁剪两张文字图片。

选中两张文字图片，进行"上下居中""左右居中"对齐设置。取消选中两张图片状态（鼠标在图片之外单击一下）。单击上层文字图片，进行裁剪（单击"格式"选项卡"大小"组的"裁剪"按钮，拖动右侧的裁剪控点，再次单击"裁剪"按钮），保留左侧大概 1/2 的内容。

用鼠标拖动框选这两张文字图片，将垂直方向中间的边框线与幻灯片的网格线（单击"视图"选项卡"显示"组的"网格线"命令）对齐（按 Ctrl+方向键进行微调）。

再次取消选中两张图片状态。选中下层文字图片（单击文字图片偏右侧的部分），进行裁剪，裁剪至刚刚对齐的网格线位置，保留右侧的图片内容。

移动图片，可以看到两张图片可以精准地拼合在一起。

（6）制作折叠效果。

选中右侧文字图片，单击"格式"选项卡"图片样式"组的"图片效果"→"三维旋转"

→"透视"中的"右透视"选项。

进入图片格式详细设置菜单(单击"图片样式"组右下角的对话框启动器),选择"三维旋转",调整"X 轴旋转""透视旋转"的角度,如图 5-48 所示,以使图片符合墙面透视的视觉效果。

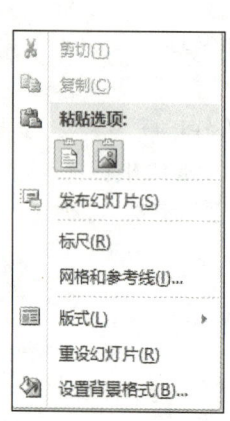

图 5-47　快捷菜单

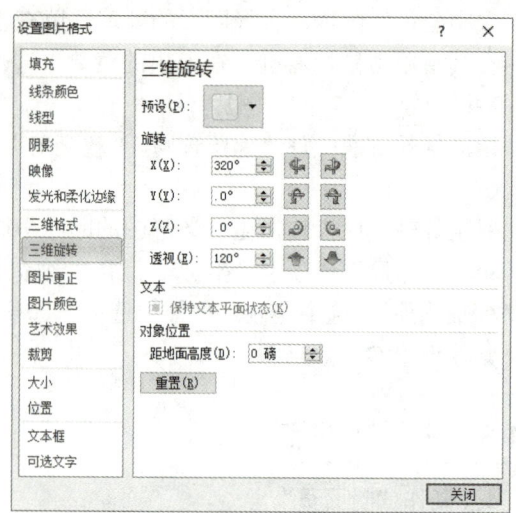

图 5-48　"设置图片格式"对话框

移动左右两张文字图片到墙面上,适度调整图片的大小,使两张图片达到完美结合。

2. 树叶绘制

添加功能:依次单击"文件"→"选项"→"自定义功能区"→主选项卡"开始"→"新建"组→"不在功能区中的命令"→"形状剪除"→"添加"→"形状联合"→"添加"→"形状交点"→"添加"→"形状组合"→"添加"命令按钮,重命名"新建组"为"合并形状",单击"确定"按钮,如图 5-49 所示。

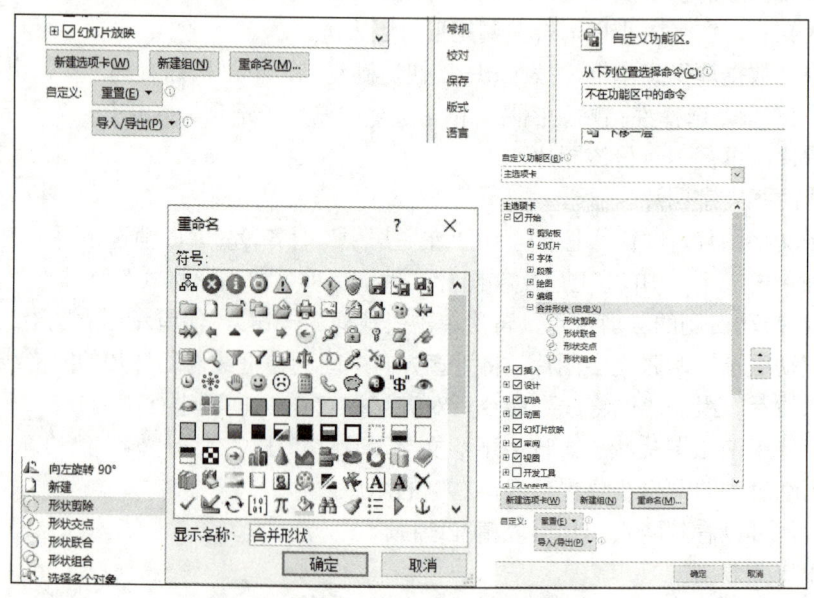

图 5-49　"合并组合"组添加步骤截图

绘制一个正圆（按 Shift 键），设置"形状填充"为 RGB（161，195，72）、"形状轮廓"为"无轮廓"。

复制该圆，调整两个圆的位置，使它们重叠部分正好为树叶的形状。

选中两个圆，单击"开始"选项卡"合并形状"组的"形状交点"。

复制树叶，拖动绿色"旋转"控点调整两个树叶的角度。

插入矩形，做树枝，调整矩形大小，设置"形状填充"为 RGB（161，195，72），"形状轮廓"为"无轮廓"。

移动 3 个图形到合适的位置，组合成一个图形。

5.5 综合实训

实训目的

（1）复习、巩固 PowerPoint 2010 的知识技能，使学生熟练掌握 PowerPoint 演示文稿的使用技巧。

（2）提高学生运用 PowerPoint 2010 的知识技能分析问题、解决问题的能力。

（3）培养学生信息检索技术，提高信息加工、信息利用能力。

实训任务

任务 1：

根据提供的素材（文字、图片、模板）制作"沈阳旅游资讯"演示文稿。

样例效果如图 5-50 所示。

图 5-50　沈阳旅游资讯样例

要求

（1）根据素材文件夹中的旅游模板建立演示文稿，幻灯片显示与样例效果图一致。

（2）为目录页设置相应的超链接跳转。

（3）要求不同幻灯片应显示对应标题的图片资料。

（4）要求至少应用两种不同的幻灯片版式，并设置 3 种不同的幻灯片切换效果。

（5）为幻灯片上的各项元素设置至少 3 种不同的动画效果。

任务 2：

根据提供的图片素材制作"美食趣图欣赏——翻页特效"演示文稿。
样例效果如图 5-51 所示。

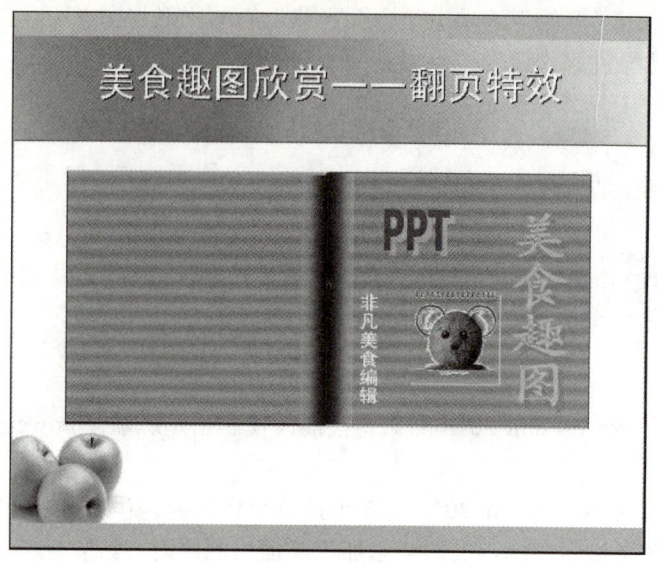

图 5-51　美食趣图欣赏样例

要求

（1）演示文稿中只有一张幻灯片，幻灯片普通视图显示与样例效果图一致。

（2）制作多个图片的翻页特效，如图 5-52 所示，请参考操作提示。

封皮正面　　　　封底背面

第一组翻页

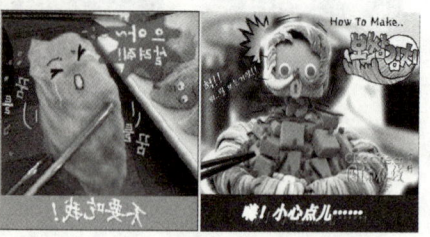

第二组翻页

第三组翻页

图 5-52　图片的翻页效果

操作提示

（1）封皮是由矩形、图片、文本框和艺术字组合而成。其中圆柱书脊效果是设置长条矩形的颜色渐变填充、调整渐变光圈及渐变方向获得的，图片的凹陷效果是对图片设置透明色后产生的（选中图片，单击"格式"选项卡"调整"组→"颜色"→"设置透明色"命令）。

（2）复制封皮（组合后图形）到左侧，选中复制的图形，单击"绘图工具""格式"选项卡→"排列"组→"旋转"→"水平翻转"命令制作封皮背面。

（3）使用动画刷复制素材文件夹"动画库"演示文稿中的"退出-层叠"动画效果，设置开始"单击时"、效果选项中方向为"到左侧"、持续时间为"0.5 秒"，完成封皮动画设计。

（4）使用动画刷为其添加"进入-伸展"动画，设置开始"上一动画之后"、效果选项中方向为"自右侧"、持续时间为"0.5 秒"，完成封皮背面动画设计。

（5）重复①～④步即可实现多页图片的翻页效果，注意，正、反书页的叠放次序。

任务 3：

参考操作提示制作"单词变形动画"演示文稿。

样例效果如图 5-53 所示。

图 5-53　单词变形动画样例

要求

（1）完成单词变形动画设计。将 school 变形为 Is cool，设计 Inserting 字母 r 的插入，U 变形为 I ♥ U。

（2）使用幻灯片母版为第 1～3 张幻灯片统一在右下角添加"单词变形"文本框。

操作提示

（1）单词 school 变形为 Is cool。

步骤一：参照效果图添加 5 个文本框,分别输入 s、c、h、I、ool，并设置字体为 Arial Unicode MS、148 号、颜色自拟，注意，将 I 与 h 重合，将 5 个文本框底端对齐。

步骤二：动画设计（添加 4 个动画效果）。

① 字母 I（设置动作路径到字母 s 前）　设置开始为"单击时"，动作路径为"向上弧线"，效果选项为"反转路径方向"，调整动作路径到适当位置。

② 字母 I　设置开始为"与上一动画同时"，强调为"陀螺旋"，360°逆时针。

③ 字母 h　设置开始为"与上一动画同时"，退出为"淡出"。

④ 字母 C　设置开始为"上一动画之后"，动作路径为"向右"，调整到适当位置即可。

（2）Inserting 插入字母 r。

步骤一：参照效果图插入两个文本框（分别输入 Inse 和 ting，设为 Arial Unicode MS 字体、130 号字）和艺术字（字母 r 为 Arial Unicode MS 字体、130 号字、红色填充、蓝色线条、旋转 340°）。

步骤二：动画设计。

① 艺术字 r　上一动画之后，强调"陀螺旋"，10°逆时针；与上一动画同时，动作路径向上，反转路径方向；上一动画之后，强调"陀螺旋"，30°顺时针。

② 文本框 inse　与上一动画同时，动作路径向左。

③ 文本框 ting　与上一动画同时，动作路径向右。

④ 艺术字 r　与上一动画同时，动作路径向下；与上一动画同时，强调"字体颜色"，效果选项字体颜色"蓝色"。

（3）U 变形为 I ❤ U。

步骤一：参照效果图添加两个文本框，分别输入字母 I、U，并设置字体为 Arial Unicode MS，颜色自拟，注意，将字母 I 的字号适当调小，以便与 U 的一条边重合，绘制一个心形，填充颜色与字母颜色相同，线条为无轮廓，放置在幻灯片的窗体外。

步骤二：动画设计。设计内容如下。

① 心形　向下直线路径，上一动画之后；再次添加向下直线路径，上一动画之后，此路径的起始点与上一路径的终点重合，适当旋转路径方向；"强调效果"组的"跷跷板"，与上一动画同时；"强调效果"组的"填充颜色"，与上一动画同时，填充颜色设置为红色。

② 文本框 I　向左路径，上一动画之后；"跷跷板"动画，与上一动画同时；"字体颜色"动画，与上一动画同时，填充颜色为红色。

③ 文本框 U　向右路径，上一动画之后；"跷跷板"动画，与上一动画同时；"字体颜色"动画，与上一动画同时，填充颜色为红色。

④ 心跳效果　心形添加"放大→缩小"动画，"效果选项"110%，再添加"放大→缩小"动画，"效果选项"90%，上一动画之后，实现一次心跳，自己设定心跳次数。

任务 4：

参考操作提示制作"流程图"演示文稿。

参考样例设计图表，如图 5-54 所示。

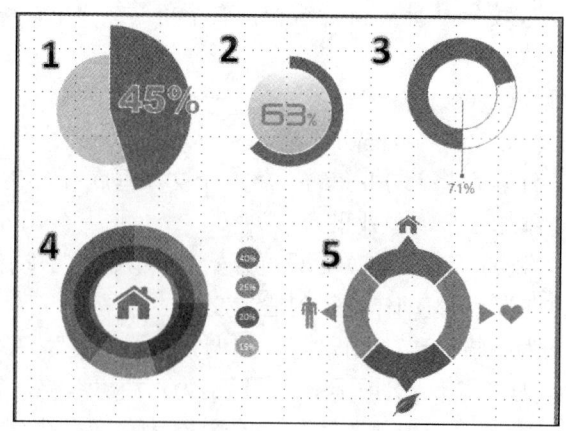

图 5-54　流程图样例

操作提示

（1）设计要点：图表由灰底圆、主体扇区及数字标签构成。其中主体扇区（图表类型为饼图）设置 55%的扇形区域及边框为无色，45%的区域设置为目标颜色、边框设置为白色，如图 5-55 所示。

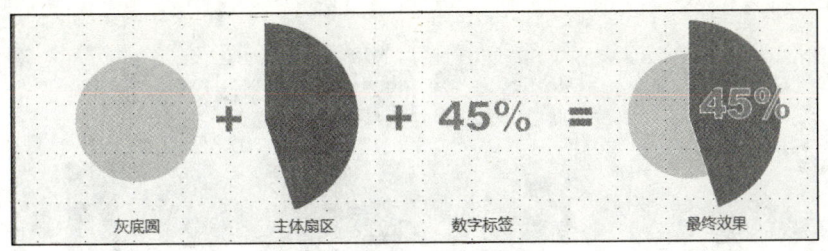

图 5-55　样例图表 1

（2）设计要点：主体圆环（图表类型为圆环图）设置 37%的环形区域及边框为无色，63%的区域设置为目标颜色、边框设置为无色，如图 5-56 所示。

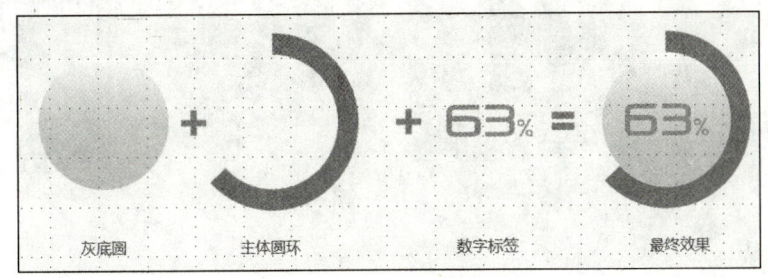

图 5-56　样例图表 2

（3）设计要点：主体圆环设为目标比例及目标颜色，其他部分设为无色，边框统一为目标颜色。

注意：第一扇区起始角度设为 180°（设置数据系列格式，系列选项）。

（4）设计要点：

按照比例设置圆环，并着色。画一个黑色圆环，透明度设为 77%。二者居中组合，调整主圆环或辅助圆环的内径使之完美对齐。

辅以数据标签。

辅以文字内容或图标。

（5）设计要点：

按照四等份比例设置圆环，并着色。圆环第一扇区起始角度设为 45°。圆环图分离程度设为 2%。圆环图内径大小设为 60%。

画同样大小的等腰三角形 4 个，并着色后放置到相应位置。辅以图标或文字。

任务 5：

参考所学 PowerPoint 案例，自拟主题（如我的家乡、大学生活、环保、国庆 60 周年、产品宣传、童话缩编、卡通相册等），从互联网上搜集相关的图片、文字、背景音乐、视频等素材，运用所学知识设计与制作一个条理清晰、布局合理、美观大方、有创意的作品。

学生作品"我的家乡"样例如图 5-57 所示。

图 5-57　学生作品"我的家乡"样例

要求

（1）演示文稿主题明确，文字简练，无错别字，无科学性和知识性的错误，并能够充分运用文字、图表、图片、声音、视频等多种表现元素。

（2）演示文稿结构清晰，逻辑性强，能够灵活运用超链接跳转、动作设置、幻灯片切换设置、母版统一风格等效果。

（3）演示文稿要求有封面、目录、内页、封底，不低于6页，版面设计与动画效果设计要求有一定创意。

参 考 文 献

[1] 闫保权,熊军林. 计算机应用基础实用教程[M]. 北京:北京理工大学出版社,2012.
[2] 石利平,蒋桂梅. 计算机应用基础实例教程[M]. 北京:中国水利水电出版社,2013.
[3] 刘若慧. 大学计算机应用基础案例教程[M]. 北京:电子工业出版社,2014.
[4] 吴银芳,薛继成. 计算机应用基础立体化教程[M]. 北京:人民邮电出版社,2015.

反侵权盗版声明

电子工业出版社依法对本作品享有专有出版权。任何未经权利人书面许可，复制、销售或通过信息网络传播本作品的行为，歪曲、篡改、剽窃本作品的行为，均违反《中华人民共和国著作权法》，其行为人应承担相应的民事责任和行政责任，构成犯罪的，将被依法追究刑事责任。

为了维护市场秩序，保护权利人的合法权益，我社将依法查处和打击侵权盗版的单位和个人。欢迎社会各界人士积极举报侵权盗版行为，本社将奖励举报有功人员，并保证举报人的信息不被泄露。

举报电话：（010）88254396；（010）88258888
传　　真：（010）88254397
E-mail：　dbqq@phei.com.cn
通信地址：北京市海淀区万寿路173信箱
　　　　　电子工业出版社总编办公室
邮　　编：100036